普通高等教育"十二五"部委级规划教材（高职高专）

染整设备原理·操作·维护

金　灿　主　编

李　军
夏筛根　副主编

中国纺织出版社

内 容 提 要

本书以染整工艺为纽带，结合生产的实际要求，着重对棉织物以及针织物、纱线、丝绸和成衣染整加工设备的类型、工作原理、结构特点、使用方法、故障分析和维护保养知识进行了详细介绍，同时，讲解了产品质量和安全生产方面的知识，并对一些新设备进行了详细介绍。本书既可作为高等职业技术学院染整技术专业的教材，也可供染整生产企业、设备制造和研究单位的技术人员阅读参考。

图书在版编目(CIP)数据

染整设备原理·操作·维护 / 金灿主编. —北京：中国纺织出版社，2013.12（2024.7重印）
普通高等教育“十二五”部委级规划教材. 高职高专
ISBN 978-7-5064-9813-5

Ⅰ. ①染… Ⅱ. ①金… Ⅲ. ①染整机械—操作—高等职业教育—教材②染整机械—维护—高等职业教育—教材
Ⅳ. ①TS190.4

中国版本图书馆CIP数据核字(2013)第114538号

策划编辑：孔会云 张晓蕾 责任编辑：张晓蕾 责任校对：寇晨晨
责任设计：李 歆 责任印制：何 艳

中国纺织出版社出版发行
地址：北京市朝阳区百子湾东里A407号楼 邮政编码：100124
邮购电话：010—67004461 传真：010—87155801
http://www.c-textilep.com
北京虎彩文化传播有限公司印刷 各地新华书店经销
2024年7月第8次印刷
开本：787×1092 1/16 印张：14.25
字数：275千字 定价：38.00元

出版者的话

《国家中长期教育改革和发展规划纲要》(简称《纲要》)中提出“要大力发展职业教育”。职业教育要“把提高质量作为重点。以服务为宗旨,以就业为导向,推进教育教学改革。实行工学结合、校企合作、顶岗实习的人才培养模式”。为全面贯彻落实《纲要》,中国纺织服装教育学会协同中国纺织出版社,认真组织制订“十二五”部委级教材规划,组织专家对各院校上报的“十二五”规划教材选题进行认真评选,力求使教材出版与教学改革和课程建设发展相适应,并对项目式教学模式的配套教材进行了探索,充分体现职业技能培养的特点。在教材的编写上重视实践和实训环节内容,使教材内容具有以下三个特点:

(1)围绕一个核心——育人目标。根据教育规律和课程设置特点,从培养学生学习兴趣和提高职业技能入手,教材内容围绕生产实际和教学需要展开,形式上力求突出重点,强调实践。附有课程设置指导,并于章首介绍本章知识点、重点、难点及专业技能,章后附形式多样的思考题等,提高教材的可读性,增加学生学习兴趣和自学能力。

(2)突出一个环节——实践环节。教材出版突出高职教育和应用性学科的特点,注重理论与生产实践的结合,有针对性地设置教材内容,增加实践、实验内容,并通过多媒体等形式,直观反映生产实践的最新成果。

(3)实现一个立体——开发立体化教材体系。充分利用现代教育技术手段,构建数字教育资源平台,开发教学课件、音像制品、素材库、试题库等多种立体化的配套教材,以直观的形式和丰富的表达充分展现教学内容。

教材出版是教育发展中的重要组成部分,为出版高质量的教材,出版社严格甄选作者,组织专家评审,并对出版全过程进行跟踪,及时了解教材编写进度、编写质量,力求做到作者权威、编辑专业、审读严格、精品出版。我们愿与院校一起,共同探讨、完善教材出版,不断推出精品教材,以适应我国职业教育的发展要求。

中国纺织出版社
教材出版中心

前言

本书依据96型染整设备的标准、《印染行业准入条件》(2010年修订版)和《印染行业"十二五"发展规划》而编写,其目的是满足印染行业的发展需求,服务于高等职业技术学院染整技术专业的教学。本书由成都纺织高等专科学校染整设备专业教师与染整企业的专家共同编写,可作为高等职业技术学院染整技术专业的教材,也可供有关大专院校、企业、研究单位等参考。

本课程是高等职业技术学院染整技术专业的一门主干课程。它的任务是使学生具备高素质劳动者和中高级专门人才所必需的染整设备的基本知识和基本技能,培养学生分析问题和解决问题的能力,为全面提高学生素质,增强适应职业变化的能力和继续学习的能力打下一定的基础。

在编写过程中,立足高等职业技术教育项目化教学,按照染整行业生产的特点,将染整工艺和机械设备相结合,传统工艺设备和新型工艺设备相结合。在内容上,着重对棉织物以及针织物、纱线、丝绸和成衣染整加工设备的类型、工作原理、结构特点、使用方法、故障分析和维护保养知识进行了详细介绍,同时,讲解了产品质量和安全生产方面的问题,并对一些新设备进行了详细介绍。计算机应用和在线控制以及节能减排、注重环境保护是我们编写的重点。由于加工对象具有一定的宽度、长度和厚度及其本身所具有的特殊性,抓住均匀性这一质量的根本,这也是我们编写中注重的一个要点。

本书共分为四个项目,编写分工如下:项目一由江苏靖江市华夏科技有限公司夏筛根总经理编写;项目二由青神华榕纺织印染有限公司李军总经理编写;项目三单元1、单元2由刘晓东编写;项目三单元3由王强编写;项目四由金灿编写。全书由金灿统稿。本书由成都纺织高等专科学校郑光洪教授主审。

本书编写采用了盛慧英教授和陈立秋高级工程师的一些文献、资料,对本书参考文献中所列出资料的作者以及未列出的作者均表示感谢。

由于编者水平有限,书中难免存在错误或不妥之处,欢迎广大读者批评指正。

编者
2013年2月

课程设置指导

课程名称:染整设备原理·操作·维护

适用专业:染整技术

总 学 时:64

理论教学时数:48

实验(实践)教学时数:16

课程性质:本课程为染整技术专业的核心专业课程,是必修课。

课程目的:

本课程的教学目的是使学生具有染整设备的知识,培养学生分析问题和解决问题的能力,为增强适应职业变化的能力和继续学习的能力打下一定的基础。通过本课程的学习,掌握染整设备与染整工艺的辩证关系,了解染整设备的现状和发展趋势,基本掌握染整设备常见的类型、特点、基本结构和工作原理,对设备的常见故障有判断能力,熟悉设备维护保养、调整和操作的方法。具有染整生产的专业实践能力,能从事现场管理以及设备管理工作,同时培养学生严谨的工作态度、合作精神和创新能力。

课程教学的基本要求:

教学环节包括课堂教学、现场教学、作业、课堂练习、阶段测验和考试。通过各教学环节重点培养学生对理论知识理解和运用能力。

1. 课堂教学　在讲授设备结构、工作原理、操作与维护知识的基础上,采用启发、引导的方式进行教学,举例说明染整设备在生产实际中的应用,并及时补充最新的发展动态。

2. 实践教学　本课程中为现场教学,安排学生到印染厂生产一线,通过现场讲解染整设备的结构、工作原理、操作方法以及维护要点等,提高同学们理论联系实际的能力。

3. 课外作业　每单元给出若干思考题,尽量系统反映该单元的知识点,布置适量书面作业。

4. 考核　采用课堂练习、阶段测验进行阶段考核,以考试作为全面考核。考核形式根据情况采用开卷、闭卷笔试方式,题型一般包括填空题、判断题、简答题、论述题。

教学学时分配

项目	单元	讲授内容	学时分配
项目一 绪论		染整设备的特点;染整设备与工艺的关系;染整设备的现状及发展趋势	2

续表

<table>
<tr><th>项目</th><th>单元</th><th>讲 授 内 容</th><th>学时分配</th></tr>
<tr><td rowspan="7">项目二
通用装置</td><td>单元 1　导布辊</td><td>导布辊的类型与工作原理;导布辊的使用要求</td><td rowspan="7">6</td></tr>
<tr><td>单元 2　吸边器</td><td>吸边器的类型与工作原理;吸边器的操作与维护</td></tr>
<tr><td>单元 3　扩幅器</td><td>扩幅器的类型与工作原理;扩幅器的操作与维护</td></tr>
<tr><td>单元 4　整纬器</td><td>整纬器的类型与工作原理;整纬器的操作与维护</td></tr>
<tr><td>单元 5　线速度调节器</td><td>线速度调节器的类型与工作原理</td></tr>
<tr><td>单元 6　对中装置</td><td>对中装置的类型与工作原理</td></tr>
<tr><td>单元 7　进出布装置</td><td>进出布装置的类型与工作原理</td></tr>
<tr><td rowspan="3">项目三
单元机</td><td>单元 1　浸轧机</td><td>浸轧机的类型与工作原理;浸轧机的操作与维护;其他脱水设备</td><td rowspan="3">12</td></tr>
<tr><td>单元 2　净洗机</td><td>净洗机的类型与工作原理;净洗机的操作与维护</td></tr>
<tr><td>单元 3　烘燥机</td><td>烘燥概述;烘筒烘燥机的类型与工作原理;烘筒烘燥机的操作与维护;热风烘燥机的类型与工作原理;温度测控;热风烘燥机的操作与维护;红外线烘燥机的类型与工作原理;红外线烘燥机的操作与维护;射频式烘燥机</td></tr>
<tr><td rowspan="5">项目四
专用设备</td><td>单元 1　前处理机</td><td>烧毛机的类型与工作原理;烧毛机的操作与维护;练漂机的类型与工作原理;练漂机的操作与维护;丝光机的类型与工作原理;丝光机的操作与维护;在线检测与自动配加碱系统</td><td rowspan="5">26</td></tr>
<tr><td>单元 2　染色机</td><td>卷染机的类型与工作原理;卷染机的操作与维护;溢流喷射染色机的类型与工作原理;溢流喷射染色机的操作;气流喷射染色机的类型与工作原理;气流染色机的操作;经轴染色机的工作原理;经轴染色机的操作与维护;轧卷式染色机;连续轧染机的类型与工作原理;热熔染色机的操作与维护;纱线染色设备;成衣染色设备的类型与工作原理;成衣染色机的操作与维护</td></tr>
<tr><td>单元 3　印花机</td><td>平网印花机的类型与工作原理;平网印花机的操作与维护;圆网印花机的类型与工作原理;圆网印花机的操作与维护;转盘式筛网印花机;转移印花机;喷墨印花机;激光雕花机</td></tr>
<tr><td>单元 4　蒸化机</td><td>蒸化机的类型与工作原理;蒸化机的操作与维护</td></tr>
<tr><td>单元 5　整理机械</td><td>拉幅机的类型与工作原理;轧光、电光及轧纹整理设备的工作原理;轧光机的操作与维护;预缩机的类型与工作原理;预缩机的操作与维护;磨毛机的类型与工作原理;磨毛机的操作与维护;起毛机;剪毛机;柔软整理机;树脂整理机;涂层整理机;液氨整理机;臭氧处理装置;验布设备的类型与工作原理;验布设备的操作与维护</td></tr>
<tr><td colspan="3">实践教学</td><td>16</td></tr>
<tr><td colspan="3">机　　动</td><td>2</td></tr>
<tr><td colspan="3">合　　计</td><td>64</td></tr>
</table>

目录

项目一　绪　　论

✲ **本项目重点：**

1. 掌握染整设备的特点。
2. 了解染整设备的现状及发展趋势。
3. 了解“十二五”印染行业发展的重点任务。
4. 掌握印染行业准入条件对资源消耗的规定。

一、染整设备的特点

染整加工的目的是使坯布获得所要求的物理和化学变化（其中以化学变化为主），使其成为具有各种服用性能且有高附加值的织物。染整设备属于纺织设备的一个分支，但又有其特殊性。

1. 设备性质　染整工艺的化学加工性质决定了染整设备中有较多的容器结构和热绝缘装置。

2. 外形尺寸　要满足高压力和零件高刚度的要求，并满足加工对象所需的作用时间和较高的车速，故染整设备外形尺寸比较庞大。

3. 传动要求　对于总长达数十米的染整联合机来说，织物从进布到出布，在机内有数百米到数千米的长度，保证织物承受的张力尽可能小，并保持各单元织物张力基本恒定是极为重要的。

由于被加工织物品种和工艺不同，要求联合机速度可变，最低车速与最高车速之比可为1∶3。印花联合机经常需要低车速以进行对花操作，最低车速与最高车速之比可达1∶10。此外，不少染整设备的主要机件，由于直径大，转速低，有的每分钟仅几转。

4. 通用性要求　由于染整工艺复杂多变，为了减少单元机种类，组成联合机的各单元机和装置应加强其通用性和系列化。

5. 自动化要求　为了保证设备的正常运转和良好的加工质量以及减轻操作者的劳动强度，染整设备机电一体化技术正在迅速发展。如染整工艺参数的自动检测和自动调节；某些机械动作自动控制；电子计算机测色、配色系统的应用；染色、印花工艺过程和给液、加料过程的自动控制等。

二、染整设备与工艺的关系

质量优良的染整产品是通过合理的工艺取得的，但是，合理工艺的可靠实施离不开正常运行的设备。设备是基础，是衡量一个厂是否先进的一个极为重要的因素。

工艺与设备是相互依托的，设备的产生是由于工艺的需要，工艺的进步推动着设备的发展，而发展的设备又不断促使工艺的改进和更新。

三、染整设备的现状及发展趋势

1. 我国染整设备现状及发展趋势 国产染整设备通过1954年、1965年、1971年、1974年、1996年五次选型制造,即有54、65、71、74、96型五种型号,机幅多为1600mm和1800mm系列。根据《印染行业准入条件》(2010年修订版)和《印染行业"十二五"发展规划》的要求,强制淘汰落后的机型势在必行。新建或改扩建印染项目要采用先进的工艺技术,采用污染小、节能环保的设备,主要设备参数要实现在线检测和自动控制。禁止选用列入《产业结构调整指导目录》中的限制类、淘汰类的落后生产工艺和设备,限制采用使用年限超过5年以及达不到节能环保要求的二手前处理、染色设备;另外,优先选用高效、节能、低耗的连续式处理设备和工艺;连续式水洗装置要求密封性好,并配有逆流、高效漂洗及热能回收装置;间歇式染色设备浴比要能满足1:8以下的工艺要求;拉幅定形设备要具有温度、湿度等主要工艺参数在线测控装置,具有净化废气和回收余热装置,箱体隔热板外表面与环境温差不大于15℃。现有印染企业要加大技术改造力度,逐步淘汰使用年限超过15年的前处理设备、热风拉幅定形设备以及浴比大于1:10的间歇式染色设备。淘汰流程长、能耗高、污染大的落后工艺。

近年来,随着改革开放的进行,诸多从事染整行业的技术人员通过自行设计、中外合作、技术引进等方式开发了一批新型染整设备,这对于我国纺织品出口创汇、技术改造和替代进口设备起到了良好的作用。

(1)前处理设备。新型设备有双喷射式火口、螺旋喷射式火口的烧毛机,动态火焰温度可达1450℃,节能20%左右,还有气体与铜板组合式烧毛机;退煮漂工艺的缩短与合并不仅解决了张力大的老大难问题,而且品种的适应性也较好,提高了漂白产品的质量。如R型蒸箱(用于退煮工艺)、退煮漂联合机、丝光机等设备的性能都有较大的改善和提高。另外,松式绳漂高速联合机采用了微机控制温度、压力和酸碱浓度检测系统,并能对蒸汽压力进行自动调控,对浸渍槽的轧液浓度进行测定,还能在屏幕的相应位置上显示。

(2)染色设备。染色设备中出现了适应小批量、多品种、低张力、小浴比和节能型的设备。如小批量连续轧染机、高温高压喷射染色机、卷染机、移门式高温高压卷染机、常温常压溢流染色机等。与国外合作生产的射流染色机和筒子纱染色机带有可编程序控制器(PC),可根据工艺的要求追踪升温、保温、降温曲线进行自动控制,还可进行工艺操作控制,如关闭、启动循环泵,加工结束待温度降到一定值后自动放液等,并设有自动报警装置。

(3)印花设备。自动化程度高、精度高、生产效率较高、品种适应性强的装备也相继出现。如黄石纺织机械厂在荷兰斯托克(Stork)公司的RDIV-AF型圆网印花机的基础上生产的圆网印花机,郑州纺织机械厂与瑞士布塞(Buser)公司合作生产的平网印花机,上海印染机械厂生产的圆网、平网印花机和长环蒸化机等都具有较好的性能。

(4)整理设备。小布铗拉幅呢毯整理机采用进布和给湿自动控制系统、轨道倾斜保护装置、红外传感探边器等控制技术;装有微机控制系统的全自动整纬器,用于轻薄和厚重织物的整纬,运行速度可达200m/min;新型定形机配置了定形时间控制装置和计算机系统,可随时测定进入定形机烘房的织物升温情况,在屏幕上可以清楚地看到织物的升温曲线。当织物到达设定的定形温度时,根据定形时间的要求,计算出运转车速,并立即进行控制,使车速始终保持在最佳状态,从而保证了织物的定形质量。

近年来,我国染整设备虽然有了较大发展,但与国外相比仍有较大的差距。主要表现在设备的功能和适应性较差,工艺技术水平不高。目前各染整厂配置的设备还不能适应小批量、多品种、多功能、高附加值、流行性的快节奏变换品种的纺织品外贸要求;加工体系柔性差,不适应于一机多用、加工品种广泛、工艺路线灵活多变等要求;机电一体化水平较为落后,自动化程度较低;微电子技术推广应用不够,软件开发水平较低;传感器、执行元件品种不齐全,质量不高;计算机在染整设备上应用还处于起步阶段,不少项目是在老设备上进行技术改造,没有形成批量生产的能力;引进设备开发不够,不能完全发挥其功能。此外,设备加工比较粗糙、外观欠佳、品种不齐全、传动部分调速性能较差等也是我国染整行业设备现状与国外先进水平的差距。

2. 国外染整设备现状及发展趋势 近年来,纵观国外染整设备的发展状况,总的发展趋势可以概括为:计算机技术已普遍应用,设备的自动化程度不断提高,机电一体化已经取得很大的发展,设备运行高速、高效。

(1)前处理设备。前处理设备向短流程、高速、高效、节能、提高自动化程度和一机多用等方向发展。

①烧毛机。烧毛机的发展趋势是:自动点火,自动灭火,火焰调幅、转向或平移调节智能化;对织物烧毛强度和冷却水温度自动控制和报警;燃烧完全,火焰温度高;燃料的适应性强,并不断改进和开发新型火口;提高速度、加宽门幅、增强对品种的适应性。

②练漂设备。练漂设备向高效、短流程的方向发展。例如含烧毛机的高温高压连续退煮漂联合设备,可适应不同的前处理工艺。

③丝光设备。丝光设备仍然以直辊和布铗为主,同时向高速直辊布铗丝光机的方向发展。注意改进设备的性能,提高自动化程度,力求适应不同的丝光工艺。例如能适应冷、热丝光工艺,采用计算机控制碱液浓度,使出布含碱量控制到0.5%,缩水率在2%~3%。

(2)染色设备。染色设备向小批量、多品种、高质量,低张力、小浴比,节约水、电和染化料,减少废液排放的方向发展。近年来特别突出的是提高了机台的自动化程度。

①间歇式染色机。为适应小批量、多品种的产品加工,近年来间歇式染色机发展很快。压力控制、升温曲线跟踪、保温时间自控、染化料溶液的配制与供给,均采用计算机控制,并有指示、报警等多项功能。例如溢流喷射机配有布速检测装置,使织物上色均匀,获得良好的外观和手感。自动卷染机除采用计算机控制外,还使用液压传动,在运行中基本上实现恒速、恒张力。

②连续染色机。连续染色机向提高染色机的自动化程度和开发生产高质量、小批量产品的机型发展。用微波检测器检测织物的含湿量,增加自动高压冲洗装置,便于快速清洗机台,缩短生产准备时间。

(3)印花设备。目前大量使用且发展较快的是圆网印花机和平网印花机。

①圆网印花机。圆网印花机由于其适应性强,可满足不同类型纤维织物印花的需要,故在印花设备中的比重逐步增加,并有取代滚筒印花机的趋势。

②平网印花机。平网印花机的许多功能已实现计算机监控,包括液压系统、推进循环系统、花回调节、粘布、刮印、印花导带清洗、织物烘燥等。

另外,不少机台可以平网与圆网共用。

(4)整理设备。整理设备向深加工、多功能、高层次的方向发展。拉幅、定形、烘燥设备趋向高速、高效、节能、低张力。数显、程控技术被普遍采用,变频调速技术得到重视和发展,并作为传动的主要发展方向。

目前,国内外染整工业主要围绕小批量、多品种、快交货的市场需求而进行染整设备、工艺和产品等方面的发展和改造。染整工业总的技术特征是:广泛采用以计算机为代表的高新技术,开发高速、高效、多功能、短流程、低张力的染整设备,并提倡向节能、少公害或无公害方向的发展。

3."十二五"印染行业发展的重点任务 对数字化技术、信息技术和生物技术的充分应用是"十二五"印染技术进步的主要方向。"十二五"期间,印染行业的科技发展集中于节能减排和清洁生产技术的深度开发和应用,以及提高产品质量和品质的染整加工技术的重点突破,重点发展自动化程度高、生产效率高、资源消耗少、污染物排放少的清洁生产技术和提高产品档次和附加值的各种后整理技术,突破产业化生产,加大推广应用力度。

(1)加强节能环保重点技术研发攻关。突破生物酶精练技术、棉织物低温漂白关键技术、茶皂素退煮漂等高效短流程技术,突破活性染料湿短蒸染色、新型转移印花、泡沫染色等少水印染技术,突破退浆废水聚乙烯醇(PVA)的回收利用、碱减量废水对苯二甲酸(PTA)的回收利用、热定形机高温废气热回收利用等技术,突破色差、平方米克重、纬移、疵点、带液量等在线检测及控制技术,突破印染生产过程全流程的网络监控系统、染液中央配送系统、高效数字化印花集成技术等印染在线检测及数字化技术。

(2)加大节能环保先进技术的推广应用面。积极推广高效短流程前处理、生物酶退浆、冷轧堆前处理、冷轧堆染色、气流染色、匀流染色、小浴比溢流染色、退染一浴、涂料连续轧染、数码印花、印花自动调浆、泡沫整理等少水或无水染整加工技术,扩大应用比例。推广织物含湿率、热风湿度、液位、门幅、卷径、边位、长度、温度、速差、预缩率等在线检测与控制技术,扩大应用比例。推广三级计量、冷凝水、冷却水回收利用、丝光淡碱回收利用、印染高温排水余热回收利用、印染废水分质分流及深度处理回用等技术,扩大应用比例。

(3)发展提高产品质量和品质的染整加工技术。发展防辐射、阻燃、拒水、拒油、抗菌、防水透湿、吸湿快干等功能性整理及多种功能的复合整理技术,赋予民用纺织品特殊的功能性;研究开发赋予纺织品特殊的光电和催化等性能的加工技术,实现纺织品的智能化;研究开发适用于高温差、高光热辐射、火场和高能射线等苛刻环境下的特殊纺织品;研究开发低目标特性纺织品,应用于人体等活动目标的热红外隐身。

发展连续化机械柔软、磨毛、磨绒、磨花、剪花、轧光、轧花等机械整理技术,改变染整以化学加工为基础的模式,在改善产品风格、提高产品品质的同时,节约用水,减少污染物排放。

发展新型纤维及多组分纤维短流程染整加工技术,节能降耗,提高产品档次和附加值。

(4)构建产业创新体系。产业创新能力不是单个企业创新能力的简单叠加,而是更大范围、更深层次的社会协作分工,处于纺织工业产业链中间环节的印染业,形成产学研之间、上下游之间、产业链之间的集成创新体系尤为重要。建设产学研、上下游研发平台,完善以企业为主体、产学研相结合的集成创新模式，实现资源的最佳配置和效益最大化，是当前科技创新推进我国印染行业的着力点。

建立公共技术服务平台，充分利用社会资源，解决中小企业的共性技术问题及一些特殊产品的技术要求。充分利用现有的国家级技术中心和省级、市级技术中心，建设印染行业研发支撑资源服务体系，聘请高端科研人才，加大投入，加强合作。在产业集群内以企业为主体建立研发中心、信息中心、检测中心、营销中心、人才培养中心、示范基地等公共创新平台，明确分工，战略性地进行有效而协调的研究开发，避免产品趋同和恶性竞争。

4. 印染行业准入条件

(1)工艺与装备要求。

①新建或改扩建印染项目要采用先进的工艺技术，采用污染小、节能环保的设备，主要设备参数要实现在线检测和自动控制。禁止选用列入《产业结构调整指导目录》限制类、淘汰类的落后生产工艺和设备，限制采用使用年限超过 5 年以及达不到节能环保要求的二手前处理、染色设备。新建或改扩建印染生产线总体水平要接近或达到国际先进水平[棉、化纤及混纺机织物印染项目设计建设要执行《印染工厂设计规范》(GB 50426—2007)]。

②新建或改扩建印染项目应优先选用高效、节能、低耗的连续式处理设备和工艺；连续式水洗装置要求密封性好，并配有逆流、高效漂洗及热能回收装置：间歇式染色设备浴比要能满足1∶8以下的工艺要求：拉幅定形设备要具有温度、湿度等主要工艺参数在线测控装置，具有废气净化和余热回收装置，箱体隔热板外表面与环境温差不大于 15℃。

③现有印染企业要加大技术改造力度，逐步淘汰使用年限超过 15 年的前处理设备、热风拉幅定形设备以及浴比大于 1∶10 的间歇式染色设备，淘汰流程长、能耗高、污染大的落后工艺。支持采用先进技术改造提升现有设备工艺水平，凡有落后生产工艺和设备的企业，必须与淘汰落后结合才可允许改扩建。

(2)资源消耗。

①新建或改扩建印染项目单位产品能耗和新鲜水取水量要达到规定要求，如下表所示。

新建或改扩建印染项目印染加工过程综合能耗及新鲜水取水量

分　类	综合能耗	新鲜水取水量
棉、麻、化纤及混纺机织物	≤35(42)kg 标煤/100m	≤2(2.5)t 水/100m
纱线、针织物	≤1.2(1.5)t 标煤/t	≤100(130)t 水/t
真丝绸机织物(含煮练、漂白)	≤40(45)kg 标煤/100m	≤2.5(3.0)t 水/100m
精梳毛织物	≤190(230)kg 标煤/100m	≤18(20)t 水/100m

注 1. 机织物标准品为布幅宽度 152cm、布重 10 ~ 14kg/100m 的棉染色合格产品，真丝绸机织物标准品为布幅宽度 114cm、布重 6 ~ 8kg/100m 的染色合格产品，当产品不同时，可按相关标准进行换算。

2. 针织或纱线标准品为棉浅色染色产品，当产品不同时，可按相关标准进行换算。

3. 精梳毛织物印染加工是指从毛条经过条染复精梳、纺纱、织布、染整、成品入库等工序加工成合格毛织品精梳织物的全过程。粗梳毛织物单位产品能耗按照精梳毛织物 1.3 系数折算，新鲜水取水量按照 1.15 系数折算。

②现有印染企业应加快技术改造，单位产品能耗和新鲜水取水量要达到规定要求（详见上页表中括号内数字）。

☞ 思考题：

1. 说明染整设备与染整工艺的关系。
2. 简叙“十二五”印染行业发展的重点任务。
3. 说明印染行业准入条件对资源消耗的规定。

项目二　通用装置

✻ 本项目重点：

1. 掌握通用装置的类型和作用。
2. 掌握通用装置的工作原理。
3. 了解通用装置的安装方法。
4. 了解通用装置的操作方法。

在染整设备中，有一类装置从染整工艺角度看，并没有相应的工艺目的，但是，它们可使织物按照一定的要求，如方向、速度、张力等，正常运行于机台之中，以保证织物的染整质量。不仅对织物的整个染整过程起着辅助作用，并且对安全顺利生产也起到保证作用，因而成为不可缺少的装置，被普遍地安装在各单元机和联合机中。尽管它们具有很强的通用性，但是，对它们的选择、安装和使用恰当与否，直接影响着织物在机台中的物理状态和机台的正常运行，最终影响到织物的染整质量。

单元1　导布辊

本单元重点：

1. 掌握导布辊的结构。
2. 了解织物通过导布辊张力变化情况。
3. 掌握紧布器工作原理。
4. 掌握导布辊的使用方法。
5. 掌握对导布辊的要求。

一、导布辊的类型与工作原理

导布辊是一种最常见的通用装置，在平幅染整设备中随处可见。如图2－1所示，它的主要作用是支撑和引导平幅织物，使织物按一定的方向运行。同时，也给予织物一定的张力。

根据支撑轴承的型式和导布辊的活动情况，轴头可由1Cr18Ni9Ti或Q235－A钢材做成不同形状的台阶形短轴。外层辊体用1Cr18Ni9Ti或Q235－A钢板制成；内层辊体用Q235－A钢板制成。闷头是轴头和辊体的连接件，用Q235－A钢板制成。

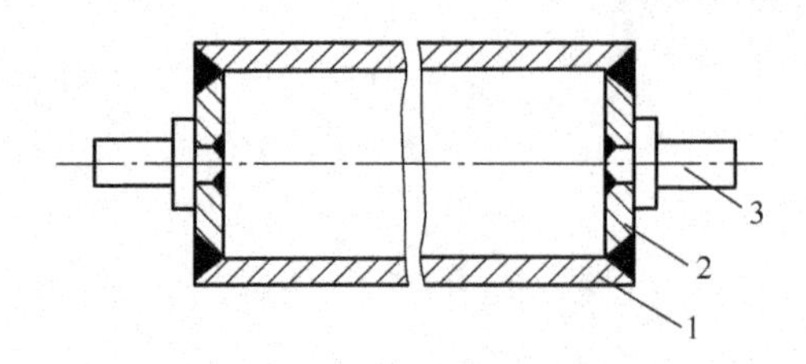

图 2-1 导布辊结构示意图

1—辊体 2—闷头 3—轴头

导布辊的公称宽度 b 为 1100～10400mm（与壁厚和质量等级有关）；直径 d_1 有 60mm、80mm、100mm、120mm、125mm、135mm、150mm、160mm、180mm、200mm、215mm；轴径 d_2 应根据其受力情况选择，且应为 5 的倍数（最小尺寸为 15mm）。

按导布辊的运动状态，导布辊可分为转动轴式（图 2-2）和固定轴式导布辊（图2-3）。前者又可根据动力的来源分为被动导布辊和主动导布辊。

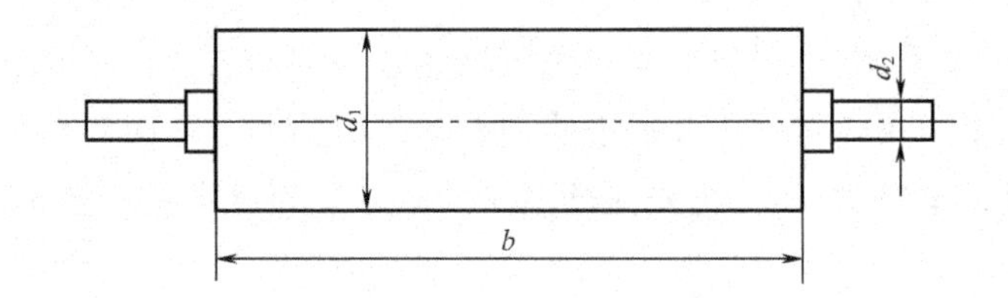

图 2-2 转动轴式导布辊

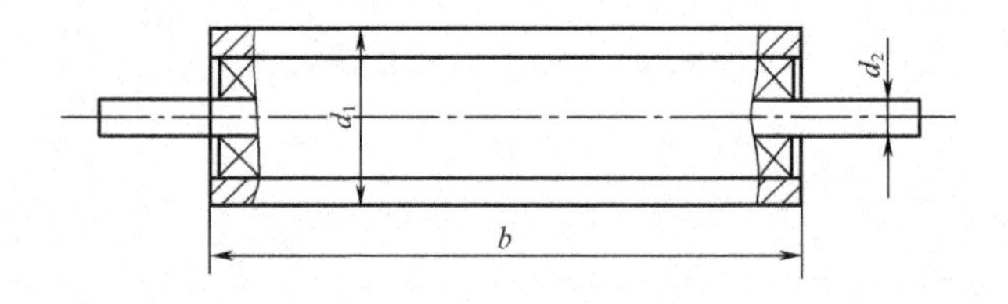

图 2-3 固定轴式导布辊

平幅织物与导布辊辊面间存在着各种不同的摩擦作用，影响着平幅织物的张力状态，对平幅织物的染整质量有很大影响。因此，深入地分析平幅织物与导布辊间的摩擦作用，了解它与平幅织物张力（尤其是经向张力）的关系是很有意义的。

为便于讨论，暂不分析导布辊的表面状态和平幅织物的柔性变形，只研究处于不同运动状态的导布辊对平幅织物经向张力的影响。

（一）平幅织物以卷绕角 α 滑过固定轴式导布辊时的经向张力分析

设织物进入导布辊一端的经向张力为 T_0，输出一端的经向张力为 T_1，如图 2-4 所示，导布辊辊面与织物间的滑动摩擦力为 f_1，则有：

$$T_1 = T_0 + f_1$$

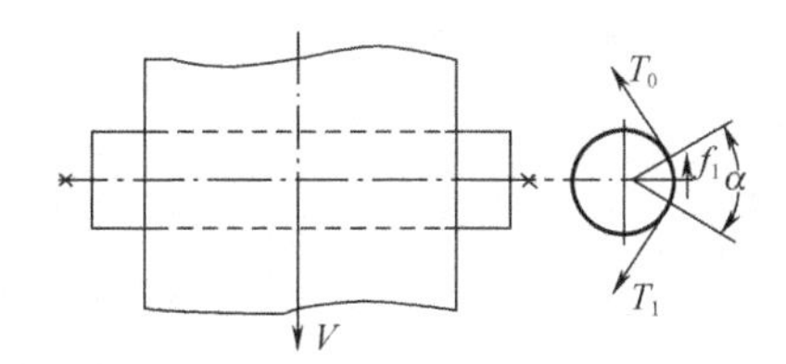

图 2－4　平幅织物以卷绕角 α 滑过固定轴式导布辊时的经向张力分析

根据欧拉定律：

$$T_1 = T_0 e^{\mu_1 \alpha}$$

式中：μ_1——织物与辊面的滑动摩擦系数。

代入上式得：

$$f_1 = T_0 (e^{\mu_1 \alpha} - 1)$$

由此可知，f_1 的值是随 α 的增大而增大，因此，平幅织物经过固定轴式导布辊后，其经向张力必然增大。而且，卷绕角越大，经向张力的增加也越大。

绷布辊就是利用这个原理工作。紧布器（图 2－5）是一种组合的可调式绷布辊。它由支架、紧布杆及调节机构三部分组成。调节机构是一组蜗轮副。当操作者转动手轮时，通过蜗杆传动蜗轮，使与蜗轮相连的支架也随之转动。这样，固定在支架上的两根紧布杆的相对位置，就由Ⅰ－Ⅰ′变到Ⅱ－Ⅱ′。织物在紧布杆上的绕卷角，也就由 α_1 变到 α_2。显然 $\alpha_2 > \alpha_1$，织物的经向张力增大了，因此，紧布器可在一定的范围内增加并调节平幅织物的经向张力。

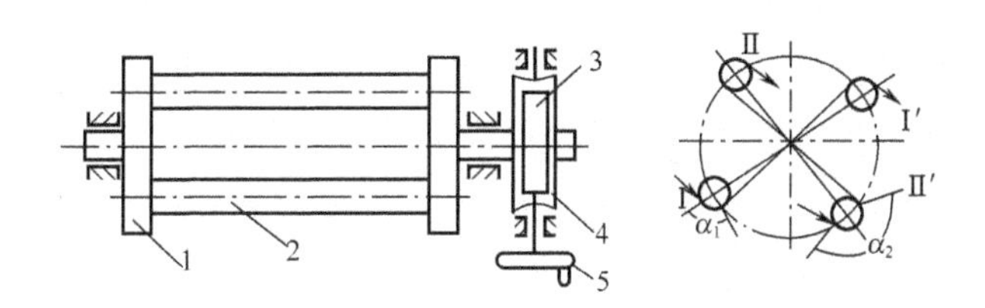

图 2－5　紧布器

1—支架　2—紧布杆　3—蜗杆　4—蜗轮　5—手轮

（二）平幅织物经过被动转动轴式导布辊时的经向张力分析

设织物进入导布辊一端的张力为 T_0，输出一端张力为 T_2，如图 2－6 所示，导布辊辊面与织物的静摩擦力为 f_2，则有：

$$T_2 = T_0 + f_2$$

f_2 的反作用力 f_2' 用来克服轴颈与轴承间的摩擦阻力，使被动转动轴式导布辊转动。

设导布辊体的半径为 R，轴的半径为 r（m），加到导布辊轴颈上的压力 P（Pa），轴颈与轴承的摩擦系数为 μ_2，根据力矩平衡方程：

$$f_2 R = \mu_2 P_r$$

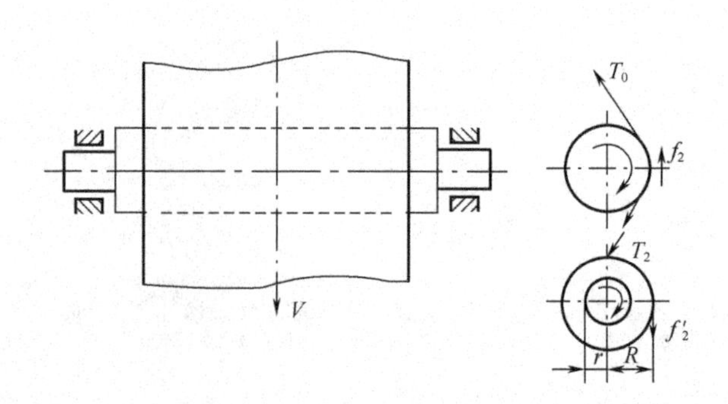

图2-6　平幅织物经过被动转动轴式导布辊时的经向张力分析

则
$$f_2 = \frac{\mu_2 P_r}{R}$$

因此，平幅织物经过被动转动轴式导布辊后，其经向张力也会增大。经过的被动转动轴式导布辊越多，经向张力的增加越大。

平幅织物拖动多根导布辊的情况在染整设备中是很常见的。例如，在平洗机的平洗槽中，上下排列着许多被动转动轴式导布辊。织物在其间迂回穿行，以增加洗涤次数和洗涤时间。为了减小织物的经向张力，必须保持导布辊轴承的良好润滑状态。

（三）平幅织物经过主动转动轴式导布辊时的经向张力分析

设平幅织物进入导布辊一端的经向张力为 T_0，输出一端为 T_3，如图2-7所示，导布辊面与平幅织物的静摩擦力为 f_3，驱动导布辊转动的外加力矩为 M，导布辊辊体半径为 R，则有：

$$T_0 = T_3 + f_3$$

且有
$$T_0 R = M$$

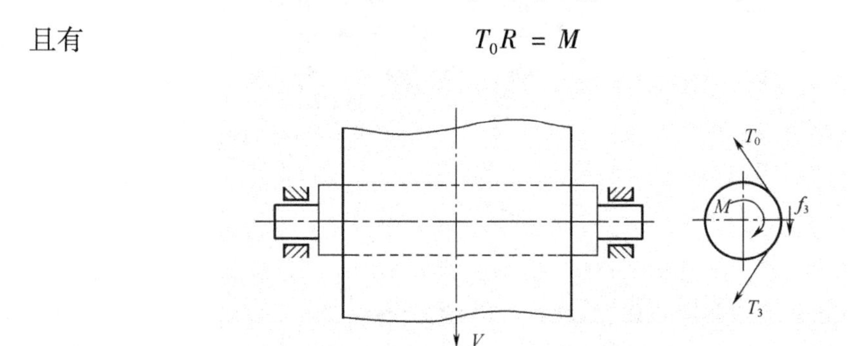

图2-7　平幅织物经过主动转动轴式导布辊时的经向张力分析

因此，平幅织物经过主动导布辊后，经向张力会减小，经过的主动导布辊越多，经向张力越小。经向张力过小，又会使织物在运行过程中发生松弛，甚至产生皱折。为了克服这种倾向，有时使主动转动轴式导布辊超速运行。这样，在织物与导布辊辊面之间产生超速打滑。

设织物与导布辊辊面间的滑动摩擦力为 f_4。打滑时织物输出的经向张力为 T'_3，则有：

$$T_0 + f_4 = T'_3$$

$$T'_3 > T_3$$

这样，由于超速打滑，使织物的经向张力有所增大。如平幅出布装置中的落布辊，常做成主动转动轴式导布辊，并与牵引辊保持1∶1.06的超速运行，使织物不致松弛起皱。

由于导布辊辊面与织物直接接触，因此，要求辊面平直光滑，不能有任何毛刺和缺陷。对于转动轴式导布辊，则还要求辊面与轴颈有较好的同心度，安装要平直，转动要灵活，保证轴承有良好的润滑等。

二、导布辊的使用要求

1. 许用弯曲度　弯曲度是影响导布辊工作性能的主要因素。导布辊的许用弯曲度是在250N/m均布载荷下的最大许用值，单位为mm，有2、1、0.5、0.25四个质量等级。导布辊的弯曲变化随着载荷的增减而增减。

2. 许用径向全跳动公差　国际标准的许用径向全跳动公差值为0.5/1000mm，辊体"跳动"是影响导布辊工作性能的主要因素之一，目前国内市场对导布辊的全跳动最低要求为0.4/1000mm。导布辊全跳动公差是指辊体跳动的总和，产生的原因有以下几个方面：

（1）辊体素线的直线度。

（2）辊体的圆度。

（3）辊体的径向圆全跳动。

3. 辊体表面粗糙度　国际标准里没有对辊体表面质量提出要求，但是辊体表面质量会影响织物的表面质量，辊体表面粗糙度 R_a 值不低于3.2μm，导布辊表面应无磕碰、无划痕。

4. 许用剩余不平衡度　剩余不平衡度是影响导布辊工作性能的主要参数之一，国际标准规定了导布辊的最低平衡质量等级为G40，设计选用时应根据织物品种的具体情况来确定。该条款内容与国际标准内容相同。

单元2　吸边器

本单元重点：

1. 了解吸边器的工作原理。
2. 掌握吸边器的安装要求。

一、吸边器的类型与工作原理

吸边器又称平幅导布器。装在各平幅机台进布口的前方，使织物能按照一定的位置运行，布边偏斜量为±4mm，并能平直无折皱地进入机台。

按照工作原理，可把吸边器分为释压型和摆动型两大类。目前广泛使用的吸边器大都属于释压型。这类吸边器按其释压机构，可分为气动型、电磁型和光电型。

(一)气动吸边器

1. 气动吸边器的结构及工作原理 它是由机头、支架和压缩空气源三部分组成,如图2-8所示。

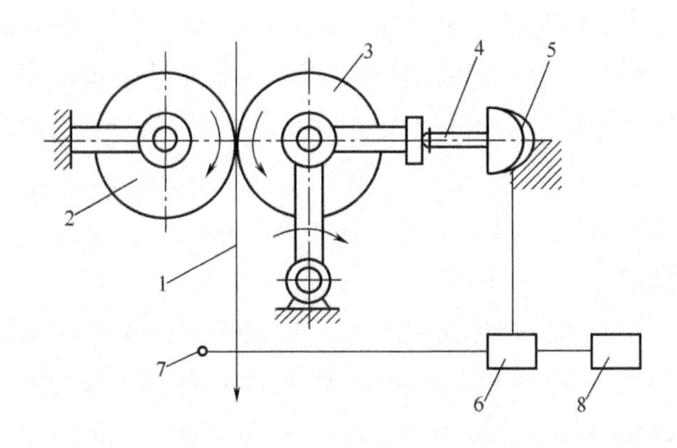

图2-8 气动吸边器示意图

1—织物 2—不锈钢辊 3—橡胶辊 4—顶杆 5—气膜 6—气阀 7—触杆 8—压缩空气源

机头是主要功能部件,分左右两只,每只上有小压辊一对(一软一硬)、顶杆、气膜、气阀、触杆等。机头安装在支架上,并可回转一定角度。小压辊轴线与织物纬向保持5°~20°。当织物正常运行时,气阀打开,压缩空气(0.05~0.2MPa),通过气膜和顶杆使两只机头上的小辊全部均压在织物上,产生相等的吸边力。如织物左偏至一定程度,边部碰到触杆(控制压力<0.5N),使左边机头的气阀关闭,气膜上的气压释压而使橡胶辊在自重作用下后倒。原先紧压织物的左侧一对小辊脱开,左侧吸边力消失,拉向右侧。反之,就拉向左侧。这样,校正了织物运行过程中出现的歪斜,使织物在允许范围内游动。因此,织物基本是在一定的纬向张力下运行,能平直而无折皱。

小压辊的直径有60mm、65mm、70mm、75mm、80mm;长度有150mm、200mm、250mm、280mm、300mm。

2. 吸边器吸边力产生的原因 为了便于分析,假设织物经纬纱之间没有相互作用力,纬向扩展力较经向张力大而致使织物在扩展过程中只有经纱产生曲折,并不考虑织物离开小压辊轧点后的弹性收缩。现设两只小压辊倾斜角处在0~α范围内,l_0为压辊扩展织物的有效长度,织物自上向下运行,如图2-9所示。

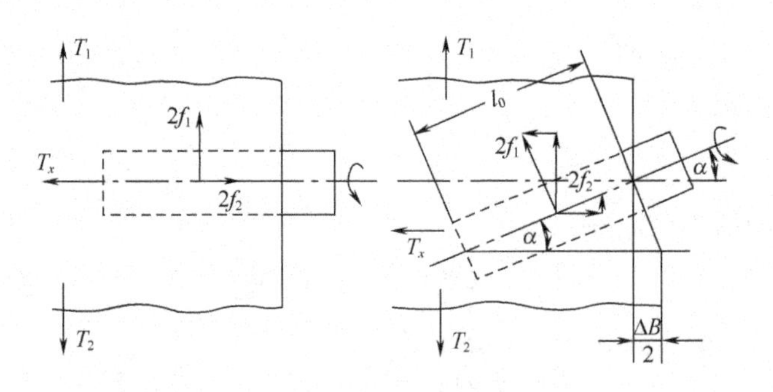

图2-9 吸边器小压辊的扩幅作用

（1）先使导布器处于图 2-9（a）位置，$\alpha=0$，分析此半幅织物受力平衡关系：

$$T_2 - T_1 = 2f_1$$

$$T_x = 2f_2$$

式中：T_1、T_2——分别为半幅织物进入端和引出端的经向张力，N；

T_x——半幅织物的纬向张力，N；

f_1、f_2——分别为两只压辊表面给予织物的径向摩擦力和轴向摩擦力，N。

（2）若导布器处于图 2-9（b）位置，压辊倾斜角为 α，则半幅织物的受力平衡关系为：

$$T_2 - T_1 = 2f_1\cos\alpha + 2f_2\sin\alpha$$

$$T_x = 2f_2\cos\alpha - 2f_1\sin\alpha$$

半幅织物内的扩展去皱量 $\Delta B/2$ 为：

$$\frac{\Delta B}{2} = l_0\tan\alpha\sin\alpha$$

实际上由于织物离开小压辊轧点后的弹性收缩，全幅内的扩展量小于此理论扩展量 B。

从以上简要分析可知：

①压辊表面需给予织物以必要的摩擦力，并使两者不打滑。从 T_x 表达式可知此摩擦力即为 $2f_2\cos\alpha$。

②T_x 表达式还表明 α 的上限有限制。当 α 超过上限则会因 $T_x + 2f_1\sin\alpha > 2f_2\cos\alpha$，织物与轧点辊面间开始打滑。

③压辊给予织物的摩擦力与施加于压辊的压力有关。

织物自上向下垂直运行时，织物自上部导布辊进入导布器的距离不小于 1.5m 为宜。

运行织物须以切线方向通过导布器两只压辊的轧点。

释压时两只压辊轧点处辊面间隙须视织物厚薄而定，通常调整为 2～3mm，并应使此间隙沿压辊轴向保持一致。

导布器的安装角度与织物的速度、厚度、幅度以及干湿程度等有关，通常多在 5°～20°范围内调整。

织物边缘与探边机构的触杆或电光束的距离一般调整为 10～20mm。

（二）电动吸边器

它的压辊由一支不锈钢辊和一支橡胶辊组成。在不锈钢辊内装有固定的电磁吸铁和活动衔铁。吸铁与衔铁间装有弹簧，固定吸铁安装在支架上，活动衔铁与不锈钢辊体相连。如图 2-10所示。

当织物正常运行时，两辊间由吸铁弹簧加压，获一平衡的吸边力。两压辊之间压力在织物运行时垂直方向≥400N，水平方向≥25N。当织物偏移时，即碰到触杆，通过控制元件，使吸铁工作，克服弹簧压力，使一对压辊脱开释压，织物向另一边偏移，从而纠正了歪斜。

电动吸边器结构紧凑，吸边力大，适应性强。但由于不锈钢辊的密封差，对温度高、湿度大、腐蚀重的环境适应性差。而且，由于吸铁的通断是触杆和电气触头控制，使用一段时间后灵敏

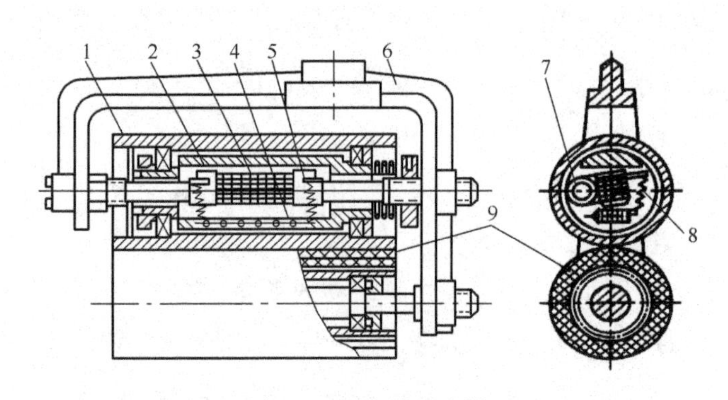

图 2-10　电动吸边器

1—不锈钢辊体　2—空心轴芯　3—电磁铁　4—活动衔铁面
5—固定支架　6—支架　7—活动支架　8—弹簧　9—橡胶辊

度就会下降。因此，定时保养很重要。一般最好一至两周做一次清洁和检查工作，发现电气触头烧毛，可用细砂皮打光。

释压型导布器虽有多种，但都是由探边和活动压辊启动加、释压两部分组成。

探边装置原都采用接触式的触杆机构，简单可靠。近年来为适应运行布速增高和针织物、某些轻薄织物的探边需要，有采用非接触式的光电探边装置的趋势。

（三）圆盘式平幅导布器

圆盘式平幅导布器又称圆盘式吸边器，是用以自动诱导不宜采用压辊式平幅导布器的一些针织物、丝织物等运行位置的另一类平幅导布装置，如图 2-11 所示。由左右两只圆盘式吸边器组成，分别装于调幅横架上。由力矩电动机通过蜗杆蜗轮传动的回转圆盘上装有盘圈，与织物接触的圈面上有弧形齿槽。圆盘端面倾斜 10°左右，使织物边部平滑接触圆盘，并提高扇形压板对织物的压持或放开的灵敏度。扇形压板有与圆盘弧形齿槽相配合的弧形槽，由电磁力或气动的执行机构控制其压向或离开圆盘的动作，而执行机构则按运行织物边缘位置是否触及触杆的讯号工作。

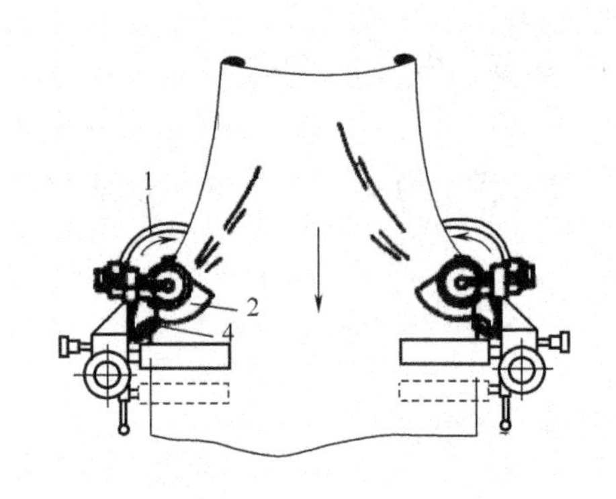

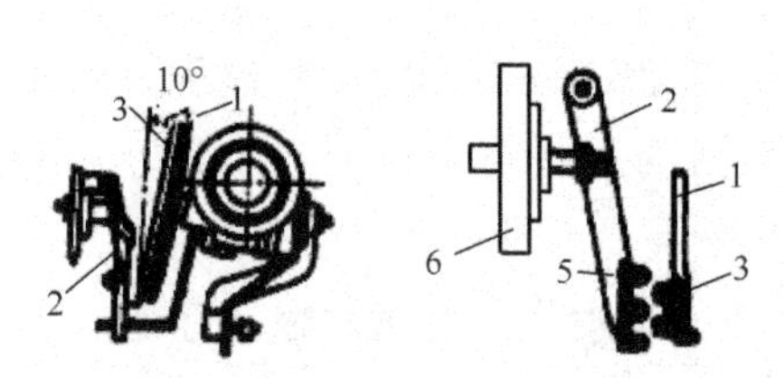

图 2-11　圆盘式吸边器示意图

1—圆盘　2—扇形压板　3—摩擦盘圈
4—探边触杆　5—弧形齿槽　6—执行机构

织物运行位置正常时，其左右边部分别在两只吸边器的扇形压板和回转圆盘的摩擦力作用下得到扩展并展平卷边。当一侧织物边缘游移触及触杆发出讯号，通过执行机构作用使扇形压板释压脱离圆盘时，织物则由另一侧圆盘吸边器的作用而回移，继续保持正常位置运行。

使用中应经常检查盘圈和扇形压板弧形槽表面状态是否正常，以免织物受损。扇形压板动作必须灵敏,按需要适当调整圆盘倾斜角。

(四)指形剥边器平幅导布器

指形剥边器平幅导布器适用于容易卷边的针织物,其特点是在不对织物边部压轧的情况下自动诱导其运行位置,并加强了展平卷边和扩展去皱的效果。

指形剥边器式导布器就是在指形剥边器的基础上加装探边和调节机构设计而成,如图2-12所示。织物运行位置正常时,左右两只导布器给予织物的扩展力平衡。当织物作图示左移触及探边触杆,操纵气阀使气动执行机构的推杆推动扇形齿轮传动扇形齿稍作回转,而使偏心安装的被动橡胶短辊稍作移动,减小对织物的压力,从而使该侧导布器扩展力自动迅速减小使织物向右回移。反之,在另一侧导布器作用下织物自动向左回移。

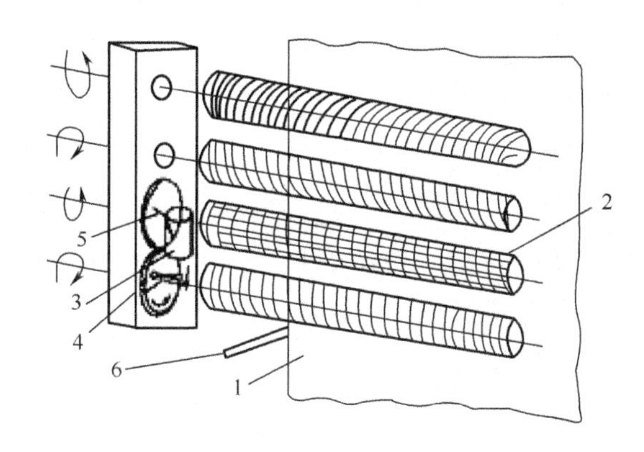

图2-12 指形剥边器式平幅导布器示意图

1—织物 2—橡胶短辊 3—气动执行机构 4、5—扇形齿轮 6—探边触杆

二、吸边器的操作与维护

对于吸边器的日常操作与维护应注意以下几点:

(1)电动吸边器不锈钢辊的密割差,对温度高、湿度大、腐蚀严重的环境适应性差。因此,定时保养很重要。一般最好1~2周做一次清洁和检查工作。

(2)电气触头在使用一定时间后,表面会变毛糙,使吸边器灵敏度下降,可用细砂皮打磨,使其表面光滑,以便保持正常工作。

(3)吸边器的变压器是按单边头动作设计的。因此,应该使两侧机头有一定的隔档,使织物边缘与触杆相距10~20mm,避免两边机头同时工作而造成变压器损坏。而且,也可避免吸铁动作频繁而大大缩短吸边器的使用寿命。但距离过大织物容易偏移而造成脱夹。

(4)检查压辊表面是否光洁平整,防止织物擦伤、刮破。

(5)轴承要定期加油,并清理压辊端的纱头、尘埃、油污,防止压辊转动不灵敏及在织物上产生油污斑。

(6)吸边器压辊的安装角度与织物的速度、厚薄、幅度及干湿度有关,一般小辊的轴线与织物纬向呈5°~20°夹角为宜。

(7)织物必须从切线方向通过两压辊的压点,且进出时为一直线。

(8)吸边器调幅横梁的中心离地面的高度为1.5m左右,进布辊离地高度为2~3m,出布辊离地高度约为0.5m。

(9)定期检查储气桶、管道等是否漏气,压力表、气膜、气阀是否损伤。

单元3 扩幅器

本单元重点:

1. 掌握螺纹扩幅器的类型。
2. 了解螺纹扩幅器的工作原理。
3. 掌握弯辊扩幅器的安装方法。

一、扩幅器的类型与工作原理

平幅织物在染整加工过程中,因受到机械和化学作用的影响,在全幅内各点的经向张力并非绝对相等。一般说来,纬向张力很小。因此,织物常易发生经向皱条。如不及时发现并立即清除,皱条将延续、加剧,造成大量疵品。严重影响产品质量,甚至引起机械损伤。这种缺陷在轧水、轧染、汽蒸、干燥等工序中更为突出。

织物起皱的主要原因是纬向张力太小。扩幅器就是通过机械作用,增加织物的纬向张力或增加织物收缩起皱时的阻力,以达到去皱或防皱的目的。因此,扩幅器是平幅加工通用装置之一。扩幅器的种类很多,主要有螺纹扩幅器、弯辊扩幅器、伸缩板式扩幅器、锥辊扩幅器和挠性螺旋扩幅器等。本节主要讨论目前工厂中使用最广泛的螺纹扩幅器和弯辊扩幅器。

(一)螺纹扩幅器

螺纹扩幅器按其截面形状可分为螺纹扩幅板和螺纹扩幅辊两种。

1. 螺纹扩幅板 螺纹扩幅板是一种结构简单的扩幅器,形状如图2-13所示。在钢质或铜质的板面上,刻有自中央向左右的斜槽(螺纹)。斜槽与螺纹中心线呈10°~15°夹角。扩幅板通常固定在机架上。当织物从其表面滑过时,扩幅板就对织物产生扩幅作用。

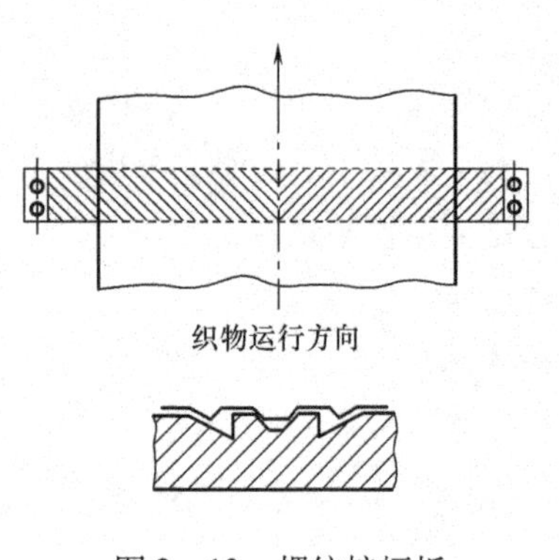

图2-13 螺纹扩幅板

为简便起见,取一对以中心线为对称的螺纹来分析其受力状况,如图2-14所示。由于织物本身是柔性材料,当它在经向张力 $T_2 > T_1$ 的作用下通过螺纹扩幅板时,与螺纹接触部分的织物嵌入螺纹,与螺纹斜面 H 紧贴。于是,织物受到 H 面的反作用力 Q 的作用。Q 力垂直于 H 面。可按织物的经向和纬向分解为 Q_y 和 Q_x 两个分力。由图2-14可知,Q_x 分力使织物沿纬向伸展,产生扩幅作用。使用螺纹扩幅板必须使中部的螺纹箭头与织物的运行方向相反,否则会使织物起皱。在图2-14中,织物按 V' 方向运行,则织物将与螺纹的另一面 H' 紧贴。

织物将受到 H' 面上的反作用力 Q' 的作用，它在纬向上的分力 Q'_x 显然将使织物沿纬向收缩。因此，螺纹扩幅板在安装时必须注意方向性。

不难理解，Q_x 与扩幅板的螺纹升角、织物的经向张力、运行速度、板面的接触程度和织物的性质等因素有关。

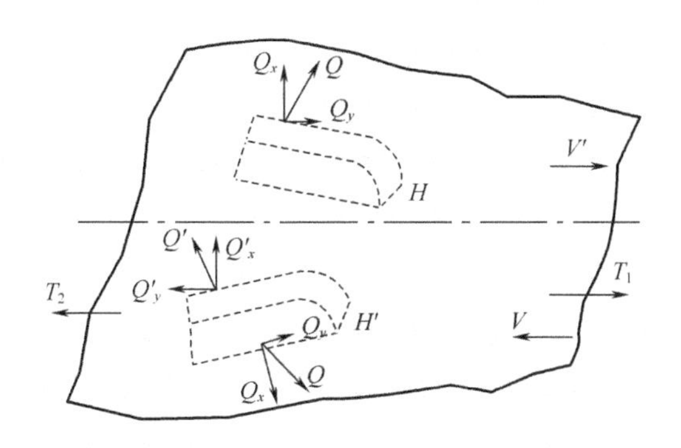

图 2－14 螺纹扩幅板受力分析

2. 螺纹扩幅辊 螺纹扩幅辊是轴向截面为锯齿形，自辊面中部向两端成左右旋螺纹的直辊，辊体直径有 80mm、100mm、125mm、150mm。一般由丁腈橡胶（HSD 92～HSD 98）、铜或不锈钢制成，如图 2－15 所示。

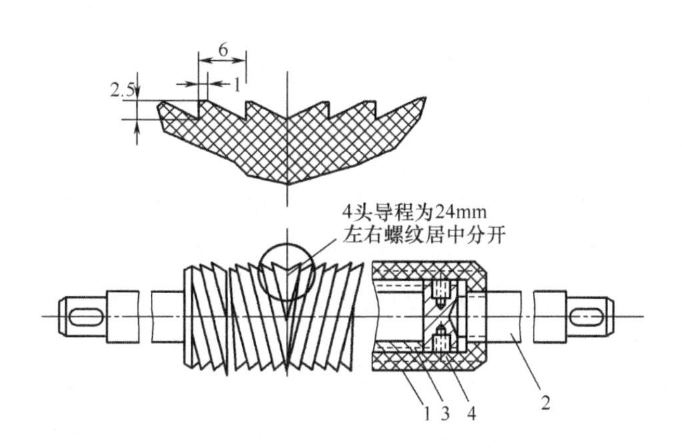

图 2－15 螺纹扩幅辊

1—辊体 2—闷头 3—芯轴 4—销钉

按照螺纹扩幅辊的运动状况，螺纹扩幅辊可分为主动螺纹扩幅辊和被动螺纹扩幅辊两种。主动螺纹扩幅辊的扩幅原理与螺纹扩幅板相同。只是由于它的回转方向与织物的运行方向相反，增大了织物与辊面间的相对速度，从而增强了扩幅效果。

被动螺纹扩幅辊是由运行织物与辊面间的静摩擦力带动的。设织物在经向张力 T_1 的作用下织物紧贴螺纹的顶面，则织物将受到该螺纹顶面静摩擦力 Q 的作用，如图 2－16 所示。把 Q 分解为 Q_x 和 Q_y，Q_x 即为织物的扩幅力，因此，被动螺纹扩幅辊安装时必须使辊面中部的螺纹箭头与织物运行方向一致。被动螺纹扩幅辊的扩幅力较差，主要起防皱作用。

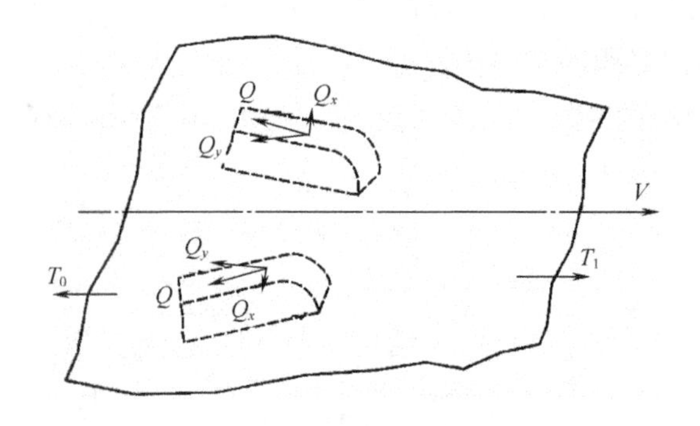

图2-16　被动螺纹扩幅辊受力分析

螺纹扩幅器特别要求表面光洁,防止污物堆积,使其扩幅能力降低,并防止擦伤织物或产生条花。为了提高扩幅能力,可适当增大螺纹的导程和头数(2、3、4、6)。

(二)弯辊扩幅器

弯辊扩幅器由1~5根弯辊组成。最常用的是三弯辊扩幅器。弯辊是弯辊扩幅器的主要部分,使辊体能灵活转动。弯辊的结构如图2-17所示。从外表看,弯辊是一根完整而具有一定弹性的弧形橡胶(HSA 50~55)辊,在织物带动下,能绕其弧形轴线回转。从弯辊的内部结构看,它分为辊芯和辊体两部分。辊芯的中部是一根弧形芯轴,开有螺旋槽的辊体通过滚动轴承安装其上,整个辊芯被套在橡胶套中。这样,一方面可以防止辊芯的轴承漏油和辊体螺旋槽积污;另一方面可以增大辊面与织物的摩擦,提高扩幅能力。这种新型的弯辊转动灵活,刚性好,橡胶套管的使用寿命较长。

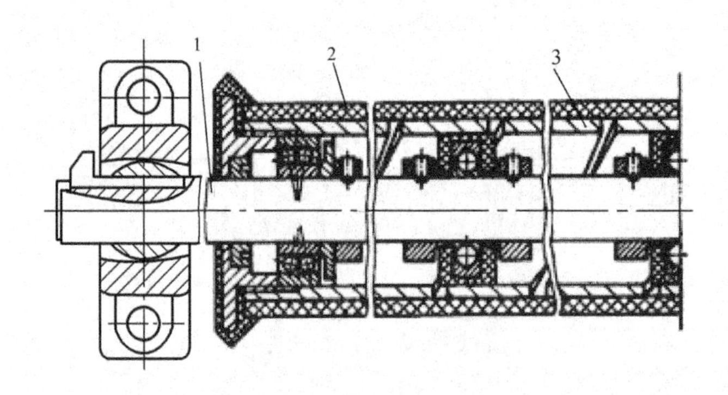

图2-17　弯辊结构图

1—弧形弯轴　2—橡胶套管　3—开有螺旋槽的辊体

弯辊扩幅的原理是当织物以一定的压力紧贴弯辊辊面,并按图2-18所示的方向运行时,由于织物与辊面间存在静摩擦力,使织物的纬向幅度随弯辊母线的变化而变化。如图2-18所示弯辊的母线由*AB*位置转到*CD*位置时,母线增大。因此,织物的纬幅也就随之增大,即产生了扩幅作用。弯辊的安装位置对扩幅作用有很大影响。弯辊的弧突方向必须与织物的运行方向一致,才能起到扩幅作用,否则,将使织物纬向发生收缩。

织物对弯辊的包角越大,扩幅能力也越大。但包角不能大于180°。否则也会使织物纬向

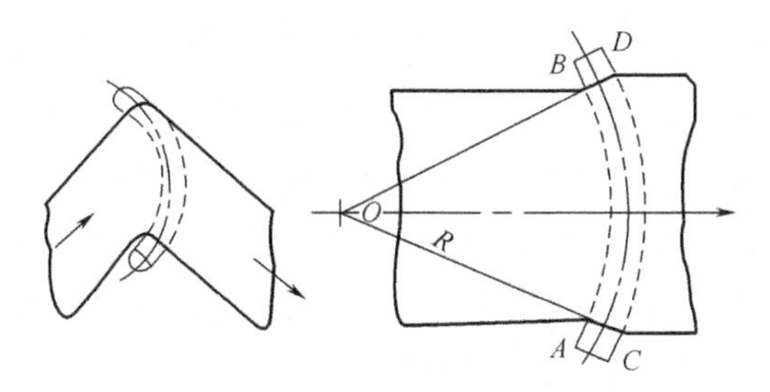

图2－18 弯辊扩幅示意图

收缩而起皱。其次，对织物的导入角 φ_1 一定要大于导出角 φ_2，如图2－19(a)、图2－19(b)所示，这样，可防止织物边缘与弯辊接触松弛，从而增强扩幅力。因此，在安装弯辊的前后导布辊时务必要注意这点。当弯辊中部向下倾斜时，可使 $\varphi_1 > \varphi_2$，如图2－19(c)所示，扩幅力增大。因此，适当改变弯辊芯轴的安装位置可调节弯辊扩幅器的扩幅能力。从理论上说，弯辊的扩幅能力与弯辊芯轴的弧形半径成反比，与弯辊的直径(其系列与螺纹扩幅辊的直径系列相同)成正比，但实际上是有制约的。因为，过大的直径和过小的弧形半径，都会给制造带来困难。另一方面，过小的弧形半径将使织物经纱产生严重的中稀边密，并出现较大的前凸弧形纬弯。国产标准系列的直径为100mm，芯轴弧半径为7500mm。

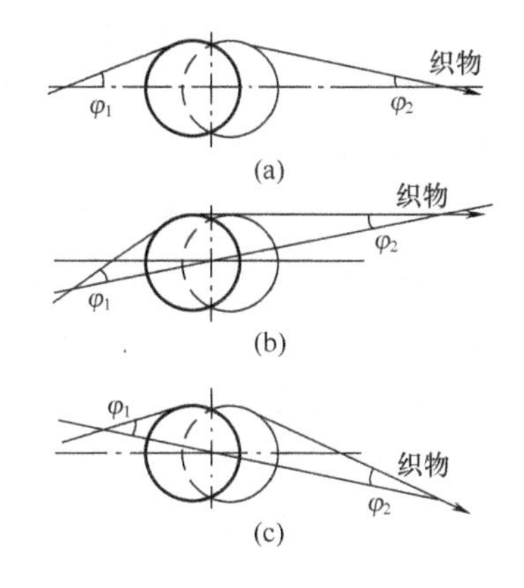

图2－19 弯辊安装中的导入角和导出角

三弯辊扩幅器的装置如图2－20所示。一般由三根相同的弯辊组成。扩幅器的扩幅量为三根弯辊扩幅量的总和。在使用时，可改变下方两根弯辊的相对位置，或转动弯辊，改变其芯轴位置，来调节整个扩幅器的扩幅能力。

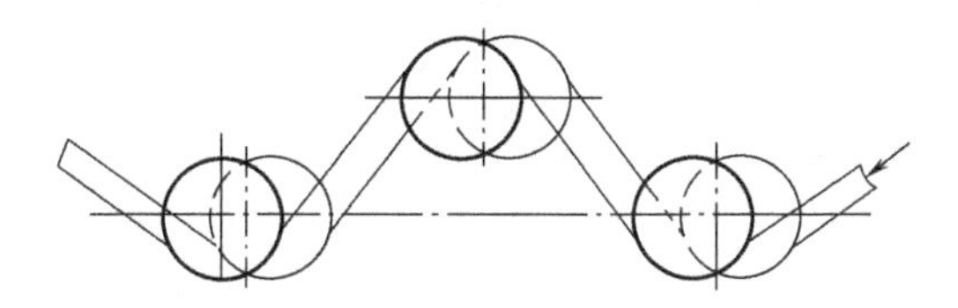

图2－20 三弯辊扩幅示意图

使用弯辊扩幅器时，要注意辊面的清洁及弯辊回转的灵活与否。发现问题应立即排除。与螺纹扩幅器相比，弯辊扩幅器扩幅能力较强，且不会擦伤织物。但其结构复杂，使用不当，易产生经密不匀和前凸弧形纬弯。

二、扩幅器的操作与维护

（1）在安装螺纹扩幅板和主动螺纹扩幅辊时，必须使其中部的螺纹箭头与织物的运动方向相反，否则会使织物起皱。

（2）被动螺纹扩幅辊在安装时，必须使辊面中部的螺纹箭头与织物运行方向一致。被动螺纹扩幅力较差，仅有防皱作用。

（3）保持螺纹扩幅器表面光洁，防止垃圾堆积，嵌入凹槽，使其扩幅能力降低，并防止擦伤织物或产生条花。为了提高扩幅能力，可适当增大螺纹的导程和头数。

（4）使用弯辊扩幅器时，应注意辊面的清洁及弯辊回转灵活与否，以防擦伤织物。

（5）与螺纹扩幅器相比，弯辊扩幅器扩幅能力较强。但其结构复杂，使用不当易产生经密不匀和前凸弧形纬弯。

单元4　整纬器

本单元重点：

1. 了解整纬器的基本工作原理。
2. 了解光电整纬器的组成部分。
3. 了解光电整纬器的操作方法。

一、整纬器的类型与工作原理

在染整加工过程中，织物由于连续处于牵引状态，受到各种机械运动的影响，经常会产生纬纱歪斜和弯曲，这种现象称为纬移。如不及时加以纠正，在制成成衣后衣服会变形，尤其是横条或格子形的花布和色织布，变形更为明显。

纬移的基本类型有直线型、弧线型和混合型三种。直线型纬移可用直辊式整纬器纠正，弧形纬弯则可用弯辊式整纬器纠正。整纬器这类纠正纬移的通用装置，其基本工作原理是通过整纬机构的机械作用调整织物各经纱间的相对运行速度，使纬纱弯斜的相应部分“超前”或“滞后”，从而恢复纬纱与经纱在全幅内垂直相交的状态。

（一）四辊整纬器

图2－21所示的四辊整纬器是目前国内使用最普遍的一种。它由四根整纬辊（100mm、125mm、150mm）和调节机构组成。各整纬辊分别依靠双列向心球面轴承与两组连杆相连。如果织物正常运行，各整纬辊处于相互平行位置，织物左右边部在固定位置的被动导布辊 A 和 B 之间的穿行长度是相等的，如图2－22（a）所示。织物在全幅内的经向张力是一致的。各经纱

速度相等，即运行中的经纱各段无相对的“超前”或“滞后”。

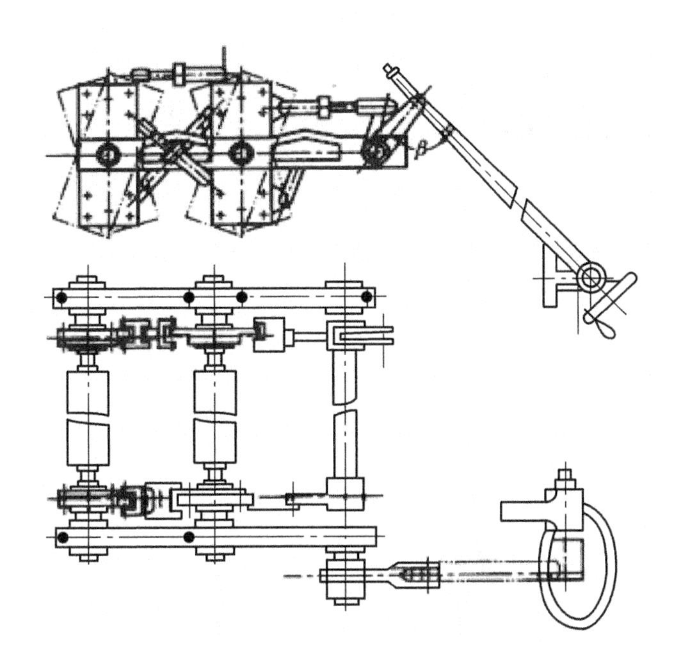

图 2－21 四辊整纬器

当发现纬纱向左后歪斜时，旋动手轮，带动丝杠转动，使连杆 D_1D_2 绕 O 点按 B 点方向回转一定角度。四根整纬辊左右两端作图 2－22(b)所示方向的变化而不再平行。织物在辊 A 和 B 之间的穿行长度是左边缩短，右边伸长。运行织物全幅内的经向张力出现自织物中心线向左递减而向右递增的变化（设织物中心线与整纬辊中心线重合），从而各经纱的线速度也就产生向左递增，向右递减的变化。这样，左后直线型的纬移，在运行中逐渐恢复到正常位置。待这种纬移消除时再将整纬直辊调回到正常的位置。图 2－22(c)所示为右后直线型纬移整纬的情况。

由于整纬辊数量的增加，并在调整时整纬辊两端同时作相反运动，大大增加了织物两边经纱张力的差距。通常，这种整纬器能整 －150～150mm 的直线型纬移。

为了减小操作整纬装置的劳动强度，近年来，有改用电动机来传动丝杠的。并装有指示标志，防止操作时电动机转过头。

（二）弯辊式整纬器

图 2－23(d)是弯辊式整纬器的示意图。它由两支弯辊（100mm、120mm、135mm）和调节机构组成。用来纠正弧形纬弯。旋动手轮，经蜗轮转动弯辊的芯轴，并通过齿轮 3 和 4，使弯辊的芯轴作同一角度的反向回转，以调节两弯辊的间距，达到整纬的目的。

图 2－23(a)中，两弯辊中部至两端的各段辊面的间距相等，不产生整纬作用；图 2－23(b)中，两弯辊的间距是中部小于端部，织物经纱的张力就是中间小而端部大，经纱的运行速度也就自中间向两端逐步递减，可对向后弧形纬弯整纬；图 2－23(c)中，弯辊间距变为端部小于中部，则可对向前弧形纬弯整纬。

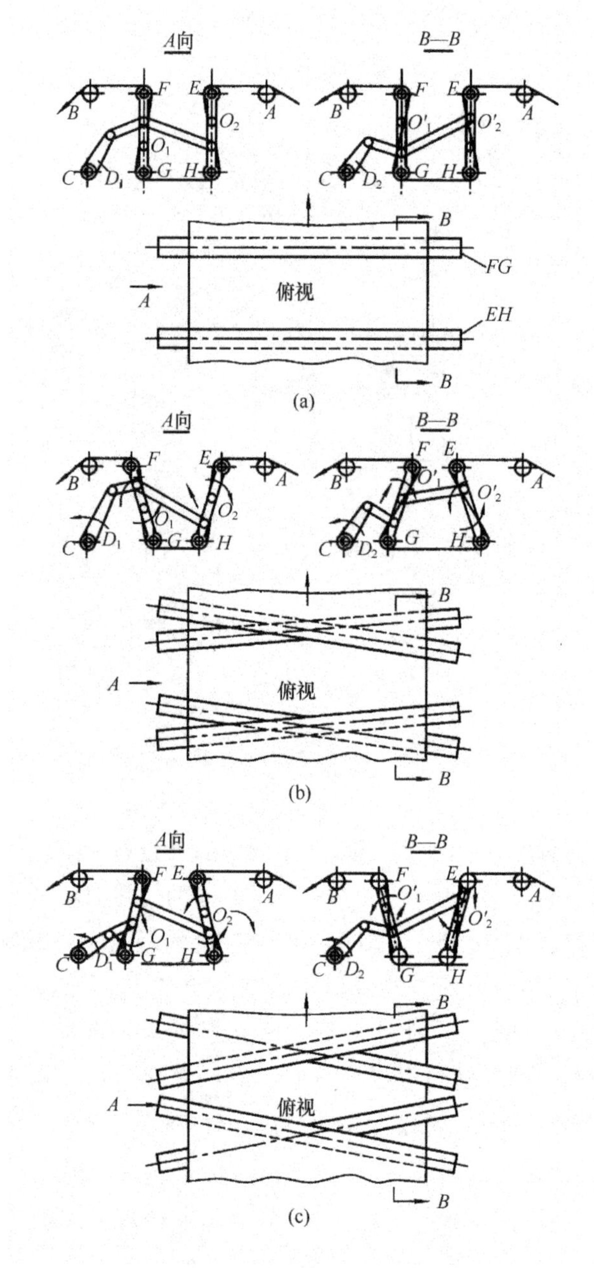

图 2-22 四辊整纬器整纬示意图

必须指出,如果这类装置使用不当,织物将会起皱,甚至无法使用。由前述弯辊的工作原理可知,主要在于恰当安排整纬器前、后导布辊的工作位置,并在操作时合理限制两弯辊的调节角度,保证织物始终在两弯辊的扩展面上与辊面接触。

(三)光电整纬器

光电整纬器由光电检测头、控制器和执行装置三部分组成,将整纬直辊和弯辊组合起来,通过自动检测纬移而进行整纬。

检测头检测采用透射方式,红外线光源发出红外线将织物的纱线结构成像到检测头上的光

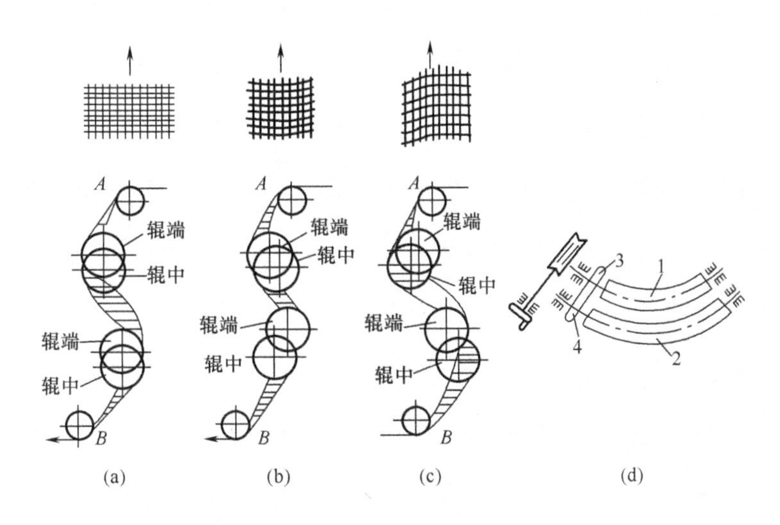

图 2－23 弯辊式整纬器示意图

1、2—弯辊 3、4—齿轮

电传感器上，通过对多个光电传感器产生的电压信号进行比较，即可得到纬纱的特征值——角度值。光源信号可随着织物结构的改变而自动调节红外线的光源量。检测头检测原理如图2－24所示。

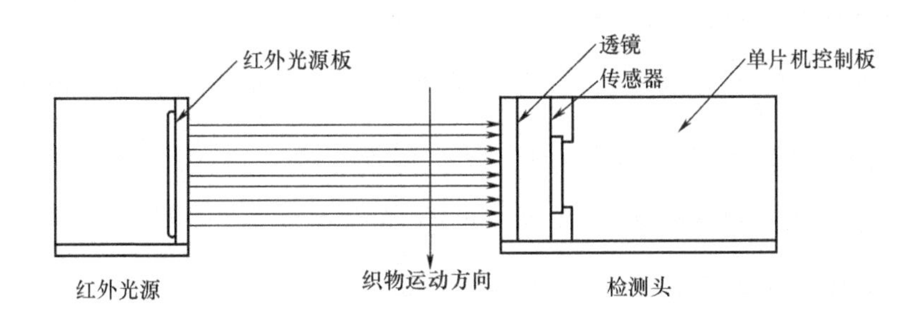

图 2－24 检测头检测原理

光电检测头一般有 2 个、4 个、6 个、8 个、10 个，对称分布在织物水平位置上。检测头检测到的纬纱信号和红外线光强信号通过通讯线依次发送到计算机系统，经过计算分析出纬移的基准角，然后计算出直辊和弯辊的电动机（或液压驱动）应该动作的方向和转速，通过变频器后使相应的电动机工作，达到即时纠偏效果。计算机系统同时接收到红外线光强信号，和标准信号强度比较后，输出控制信号给红外线光强控制板，保证红外线光的强度达到预定值。

二、整纬器的操作与维护

（一）四辊整纬器的操作与维护

（1）安装时应注意整纬器各辊之间及与其他单元机械的导辊、轧辊轴线的平行，与织物接触部分应保持平直、光洁、无毛刺。轴承要注意润滑，使之转动灵活。

（2）使用时应保持各转动部分的润滑，发现尘埃及纤维堆积物应及时清除。

(二)弯辊整纬器的操作与维护

(1)恰当安排前后导布辊的工作位置。

(2)合理限制两弯辊的调节角度。

(3)保证织物始终在两弯辊的扩展面上与辊面接触。

(三)光电整纬器的操作与维护

(1)将支撑杆旋入螺母垫脚使整机的轮子悬空,以免整机滑动,同时,机器对中心、校水平度。

(2)注意进出布方向。

(3)整纬器前的导布辊必须与整纬器平行。

(4)进布端必须有张力调节装置,以免前后单元机不同步时损坏执行机构。

单元5 线速度调节器

本单元重点:

1. 了解线速度调节器的类型和特点。
2. 了解线速度调节器的工作原理。
3. 了解光电线速度调节器的使用方法。

近年来,由于机电工业的发展,使染整联合机普遍采用了各单元机单独传动的形式,因此,如何使各单元机的织物线速度同步,织物能连续地进入各单元机加工,不致发生松弛或断裂就成为十分重要的问题。这个问题不解决,联合机就不能正常运行,特别是在紧式加工中,织物就会因经向张力失调而松弛或断裂,影响加工质量或造成运行故障。

线速度调节器按其调节方式,大致可分为张力式、重力式和悬挂式三类。

1. 张力式线速度调节器 张力式线速度调节器又称松紧架,用于紧式加工设备。当前后两单元机的线速度产生差别时,织物的经向张力就会发生变化。张力式线速度调节器就是利用这种张力的变化来调节单元机的车速,以达到自动适应的目的。按调节机构的运动方式张力式线速度调节器又可分为升降式和摆动式两种。

(1)升降式线速度调节器。图2-25是升降式松紧架的示意图。其组成主要有导布辊、链轮和变阻箱三部分。

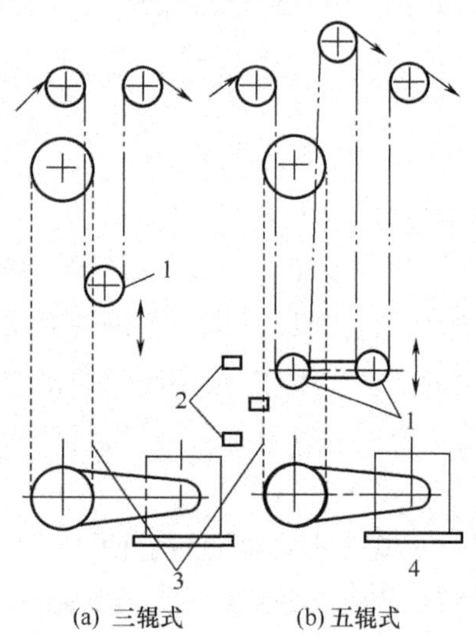

图2-25 升降式松紧架示意图
1—升降辊 2—行程开头 3—链条 4—变阻箱

根据导布辊的数目,升降式松紧架又可分为三辊式[图2-25(a)]和五辊式[图2-25(b)]两种。在三辊式中。其中一根导布辊(俗称升降辊,即张力辊)随织物的经向张力变化而上下升降，通过链条使链轮回转，从而改变变阻箱的电阻，使单元机的驱动电动机调速。在五辊式中，则有两根升降辊，缓冲量较大，适用于织物速度波动较大的两单元机之间。

(2)摆动式线速度调节器。图 2－26 是摆动式松紧架的示意图。织物经向张力变化使杠杆上下摆动，与杠杆固定的链轮也转动一定的角度，通过链条传动改变变阻箱电阻的大小，从而达到自动调速的目的。

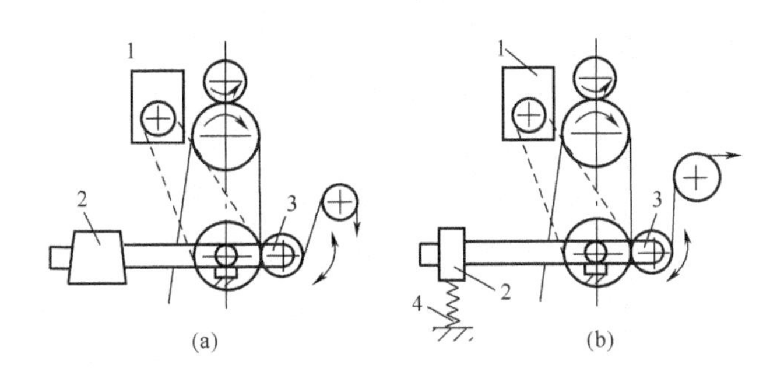

图 2－26　摆动式松紧架示意图

1—变阻箱　2—重锤　3—摆动导辊　4—弹簧

2. 重力式线速度调节器　当联合机的相邻两单元机间织物可以或需要在储布器中停留时，采用重力式线速度调节器，如图 2－27 所示。

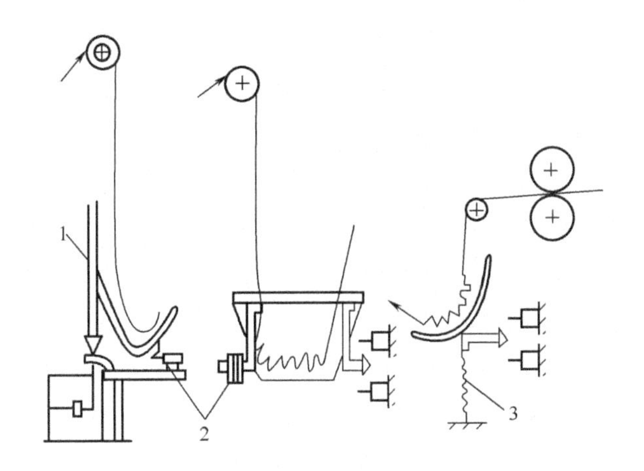

图 2－27　重力式线速度调节器

1—储布器　2—重锤　3—弹簧

利用储布器中织物的存量多少引起的重量变化，从而位置也随着变化，通过电气调节机构自动控制有关单元机的运转车速度。

3. 悬挂式线速度调节器　在加工某些不能承受张力又不能折叠的平幅织物时，可采用悬挂式线速度调节器，如图2－28所示。

它是根据织物悬挂长度或织物的松弛程度的变化，由光电效应通过电气装置来控制前后单元机车速。

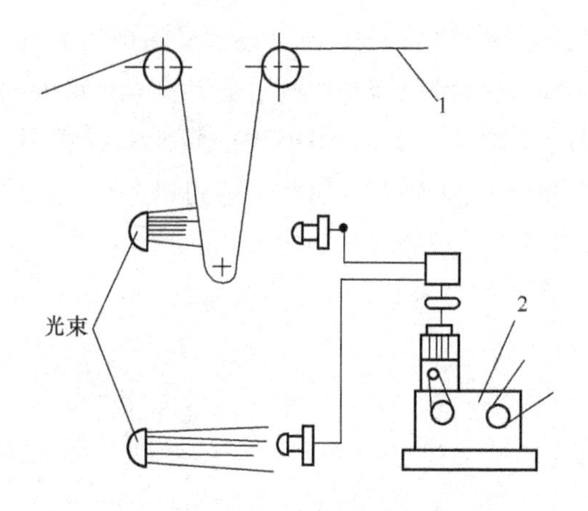

图 2 - 28 悬挂式线速度调节器

1—织物 2—线速度调节器

单元 6 对中装置

本单元重点：

1. 了解对中装置的类型和作用。
2. 了解红外光电对中装置的工作原理。
3. 了解红外光电对中装置的操作方法。

染整联合机加工平幅织物过程因诸多因素导致织物偏移进给影响制品质量，为此需设置矫正织物偏移进给的装置，称之正位装置或纠偏装置、居中装置、齐边装置。从功能性分有对中定位型以及扩幅对中型；从传动控制分有气动型、电动型、液压型和光电型。视工艺要求选择适用的型式。图 2 - 29 是气动式扩幅对中装置示意图。

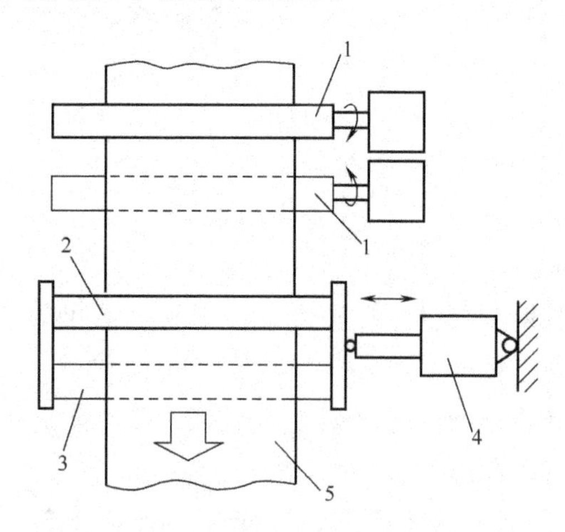

图 2 - 29 气动式扩幅对中装置示意图

1—螺纹扩幅器 2—导布辊 3—橡胶辊 4—气缸 5—织物

1. 气动式扩幅对中装置

一般在进布处安置气动对中定位型，仅对中定位，没有扩幅功能，定位精度为厘米级；在汽蒸箱出布处皆采用组合式扩幅对中装置，将因堆置不够平整的织物展平后对中纠偏，为水洗提供条件，此处一般也采用气动对中；在收卷前采用电动对中定位精度可达毫米级。对中定位采用槽式光电开关采集织物的边缘信号，控制系统发出框式纠偏指令，带动织物按预设定的定位精度（允许跑偏的尺度）进给。对中装置的导布辊直径为80mm、100mm、150mm；气缸最大行程为350mm。

2. 电动式对中装置

图2-30是筛网印花机使用的电动式对中装置示意图。当橡胶输送带向右歪移至其边缘触及探边小轮，通过微动开关起动三相交流感应电动机，传动丝杆带动被动调节辊的调心轴承座沿丝杆轴线移动，辊向图示方向歪斜而使输送带位移，粘贴于输送带上的印花织物运行位置随之恢复正常。若输送带向左歪移则通过左侧装置的作用而自动正位。

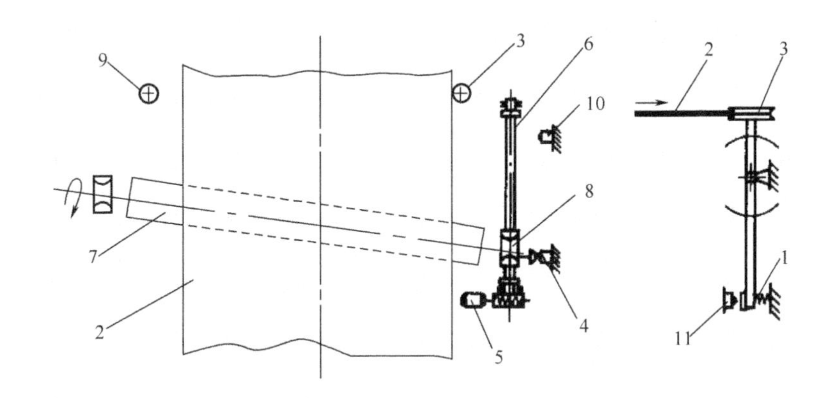

图2-30　筛网印花机电动式对中装置示意图

1—拉力弹簧　2—橡胶输送带　3、9—探边小轮　4、10—限位微动开关
5—电动机　6—传动丝杆　7—调节辊　8—调心轴承座　11—微动开关

3. 红外光电对中装置

红外光电对中（居中）装置的原理框图见图2-31。

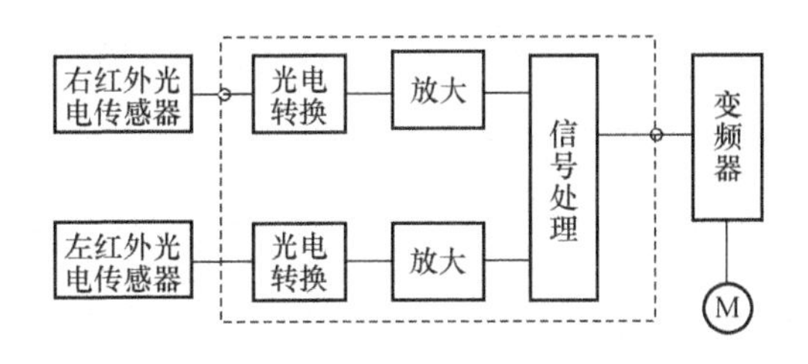

图2-31　红外光电对中原理框图

传感器由两根管件组成，一根设置红外发射管，另一根设置接受管，接受管分左、右排列。当织物居中导布时，由于遮光均匀，信号处理输出为“零信号”。当织物导布跑偏时，因左、右遮光量不等，信号处理器输出纠偏信号。工作过程中，进布织物置于发射和接收两保护管间的空

隙内，当织物中心位置偏离中心轴时，左右两路会自动分别发出和偏差信号方向相对应的触点信号，通过控制气动纠偏机构或电动纠偏机构使纠偏辊快速摆动，以使工作织物的中心位置仍又回到原中心位置处，即达到纠偏机构校正的功能。气动纠偏机构的动作是由触点控制气动阀门的开启使工作缸或左或右地移动，来快速移动纠偏辊。电动纠偏机构的动作是由触点控制电动机的正反转从而驱动丝杆的正反转来快速移动纠偏辊。

单元7　进出布装置

本单元重点：

1. 掌握进布装置的基本组成。
2. 掌握摆动出布装置的调节方法。
3. 了解卷布装置的传动型式。

一、进布装置

平幅织物进布装置如图2－32所示。其导布管的作用是对织物导向，并给以适当的经向张力；紧布架可根据织物品种不同调节其经向张力大小；吸尘器用于吸除织物表面绒毛及尘埃；居中装置保持织物运行在联合机居中位置；吸边器能去除织物在运行中的纬向皱褶，使织物平整地运行在机台中间位置，并可防止织物卷边。

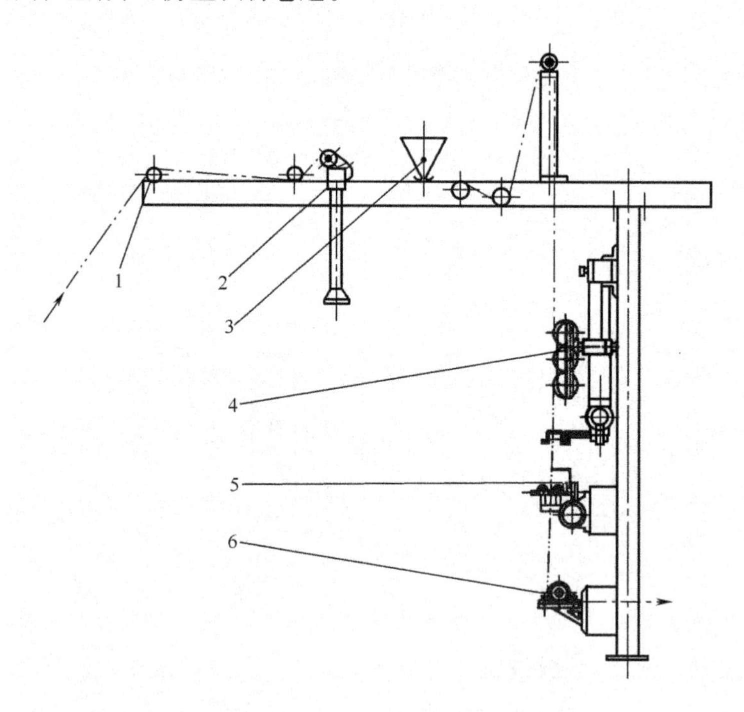

图2－32　平幅进布装置

1—导布管　2—紧布架　3—吸尘器　4—居中装置　5—吸边器　6—导布辊

二、出布装置

(一)摆布落布装置

落布装置俗称落布架。平幅织物自联合机导出时,采用最多的是摆布式出布,将织物折叠在堆布车中。图2-33为摆布落布装置的结构简图。

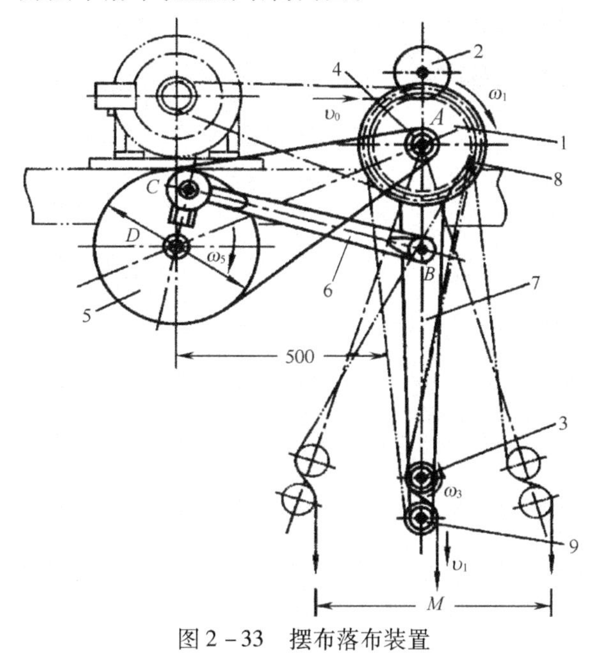

图2-33　摆布落布装置

1—出布辊　2—加压辊　3—落布辊　4—皮带轮　5—曲柄　6—连杆　7—摇杆　8、9—传动皮带轮

出布辊和加压辊用以牵引织物。出布辊表面一般包覆糙面橡胶或呢毡,以增加与织物的摩擦。两套平面四连杆机构安置在两个相互平行的平面内,使织物以适当的折叠尺寸平整地落入堆布车内。四连杆机构的曲柄由出布辊通过皮带轮(或链轮)传动,作等角速回转,再经连杆带动装有落布辊(或落布斗)的摇杆做往复摆动,摆动幅度为400~1000mm,往复次数为30~70次/min。为了改变织物的堆置尺寸M,曲柄的铰链点C是可以调节的。

出布辊的辊面应平整地包绕橡胶带和绒毯带。出布辊上面可以加压布辊,也可不用压布辊。出布辊表面线速度应比织物速度大,通常在有压布辊时超速4%~5%,若无压布辊则超速量更大。对于落布机构,有落布斗式和落布辊式。落布斗式结构简单,如图2-34所示,但适用于车速较低的场合,故多用于丝织物和毛织物的整理。对于落布辊式,则落布辊必须做主动回转,一般均由出布辊传动,落布辊表面线速度应为出布辊的1.06倍。

(二)卷布装置

织物出布成卷,在丝绸印花机上采用较广。随着染整设备车速的提高,织物出布成卷的采用越来越多。这是由于出布成卷一方面可克服高速摆动落布的各种缺陷,另一方面可以增加卷装,减轻劳动强度。布卷装置的型式很多,但从成卷的方式来分,则只有主动卷布装置和表面传动卷布装置两种。表面传动卷布装置是将卷布辊搁在两根(或一根)等速回转的主动辊上,靠主动辊表面摩擦传动卷布辊,如图2-35所示。主动卷布装置是用变速电动机直接传动卷布辊,即随着卷绕直径的增大,卷布辊转速相应减慢,以保持卷取线速度不变。

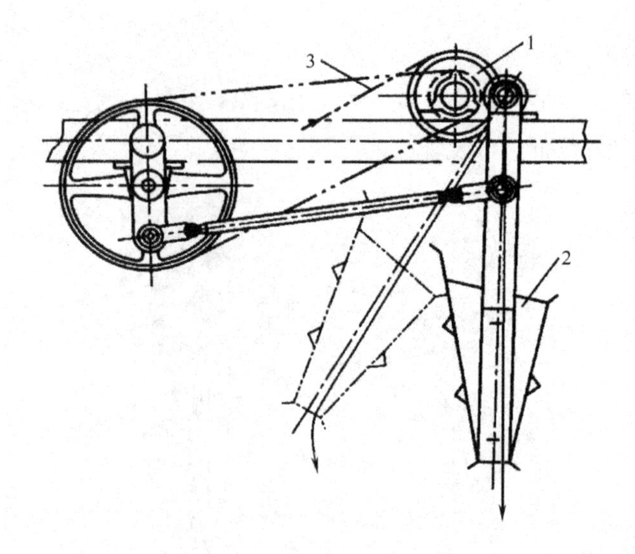

图2-34　落布斗式落布装置

1—出布辊　2—落布斗　3—织物

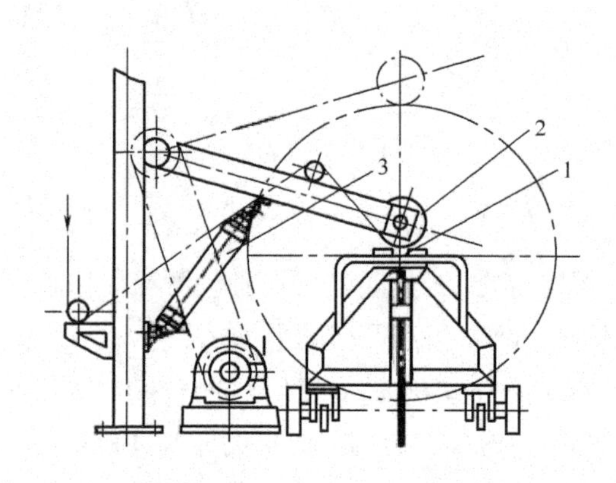

图2-35　出布卷取机构

1—卷布辊　2—主动辊　3—控制气缸

卷布辊、橡胶压布辊(HSA 92~98)、导布辊表面的水平度为5/10000,各辊表面对安装基线的平行度公差为1mm,以保证卷布质量。另外,成卷直径有680mm、1000mm、1200mm、1500mm、1800mm。

☞ 思考题:

1. 紧布器为什么既能增加又能调节织物的经向张力。
2. 简述弯辊扩幅器的工作原理和安装方法。
3. 简述光电整纬器安装应注意的事项。

项目三　单元机

✻ 本项目重点：

1. 掌握浸轧机的类型和特点。
2. 掌握均匀轧车的工作原理。
3. 掌握提高洗涤效率的方法。
4. 掌握烘燥机的特点和操作方法。

单元机是指能完成染整加工中某一工艺,相对独立的最小单元设备。单元机分专用单元机和通用单元机两大类。

单元 1　浸轧机

本单元重点：

1. 掌握轧液率意义及测定方法。
2. 掌握影响轧液率的因素。
3. 了解轧辊的结构和类型。
4. 了解影响轧车均匀性的因素。
5. 掌握均匀轧车的工作原理和操作方法。

浸轧机俗称轧车,在漂、染、印、整等织物湿处理和干处理加工过程中都需使用浸轧机,是联合机中主要通用机械之一。

一、浸轧机的类型与工作原理

(一)浸轧机的类型

浸轧机械是由轧辊、加压装置、轧液槽、扩幅装置、传动系统、机架、安全防护装置以及有关自动控制系统所组成,型式较多。具体分类如下：

(1)按工艺用途分:轧水机、浸轧机、轧光机、电光机、轧纹机、拷花机等。

(2)按轧辊的数量分:二辊、三辊、多辊。

(3)按轧辊的排列型式分:立式、卧式、倾斜式(30°、45°、60°、75°等)。

(4)按压力大小分:轻型($1\times10^4\sim2\times10^4$N)、重型($5\times10^4\sim10\times10^4$N)及称特重型(如轧光机约$50\times10^4\sim80\times10^4$N)。

(5)按加压型式分:重锤杠杆、弹簧杠杆、液压、气压等。

(6)按轧槽型式分:单槽、双槽、固定式、升降式、单层和夹套等。

此外,还有按轧辊直径、材料、工作幅度等区分。

(二)浸轧机的主要工艺要求

在湿轧中对浸轧机提出轧液效率及轧液均匀性两项主要工艺要求。对于干轧,幅向均匀性的要求是相当高的。

1. 轧液效率 织物浸渍液体并经轧压后,织物被去除的液体越多表示轧液效率越高,轧液效率用轧液率的大小来衡量。轧液率也称轧后含液率,它的表达式如下:

$$W = \frac{W_s - W_c}{W_c} \times 100\%$$

式中:W_s——试样轧后湿重,kg;

W_c——试样回潮重量,kg。

测试条件:水温为室温;车速为20m/min;线压力300N/cm;试样规格为120~180g/m^2。

轧液率用标重法,在以上测试条件下进行测试,在相同工艺条件下应测试不少于3次,取其平均值。

(1)影响轧液率的因素。影响轧液率的因素很多,除了纤维材料性能、织物组织结构等属于织物本身的各种物理化学性质因素以外,还有轧辊线压力、轧辊直径、轧辊表面硬度、橡胶层厚度、轧液性质、轧液温度以及织物速度等对轧液率都有一定的影响。

①轧辊压力、直径、硬度及橡胶层厚度对轧液率的影响。利用挤压方法来排除织物中水分的轧车,对排除水分多少有直接关系的是轧点处单位面积上压力(压强σ)的大小。压强σ越大,排除水分越多,则轧液率低。

根据弹性理论来计算织物在轧点处所受的压应力,可以说明影响轧液率的某些因素,如图3-1所示。

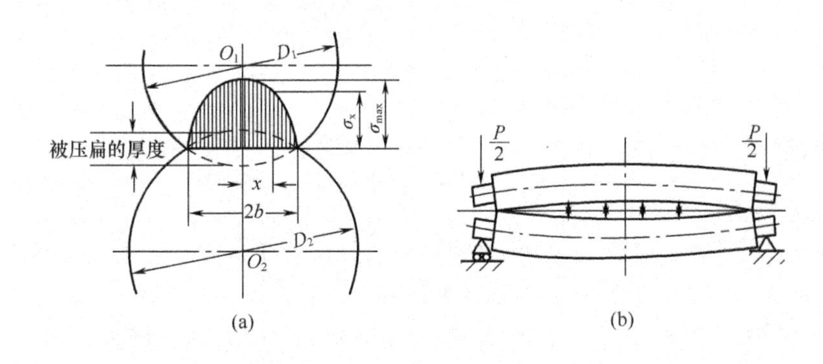

图3-1 轧辊间压力分布

对于两只相互压紧的圆柱体,在轧点宽度方向压应力σ_x近作椭圆分布。经推导平均压强为:

$$\overline{\sigma}=\frac{ql}{2bl}=\frac{q}{2b}=\sqrt{\frac{\left(\frac{1}{D_1}+\frac{1}{D_2}\right)q}{8(K_1+K_2)}}$$

式中:2b——压痕宽度,cm。

K_1、K_2——与轧辊材料有关的系数。

a. 压力对轧液率的影响。由上式可以看出,轧辊间线压力越大,则压应力越大,轧液率越小,但两者不是线性关系。

由图3-2可知,轧液率降低的速度随线压力增加而减慢,这是因为压力加大,压痕宽度增加,使接触面积加大,则压强增大得少,使轧液率降低得少。当线压力超过一定限度后,增大压力的效果就不显著了。相反,加大压力,功率消耗和机物料损耗将大大增加,甚至产生橡胶脱壳现象。另外,加压过大会损坏织物。靠加大压力来降低轧液率在超过一定限度时是得不偿失的。轧液时线压力通常在300~500N/cm。

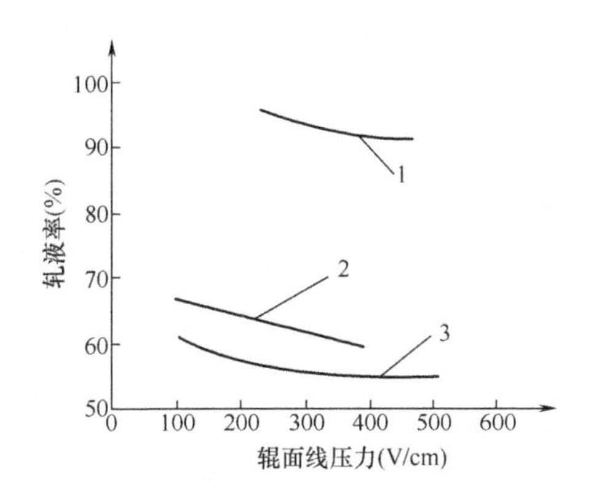

图3-2 线压力与轧液率间关系曲线

1—黏胶织物(室温轧水) 2—维纶织物(室温轧水) 3—白府绸(室温轧树脂液)

b. 轧辊直径对轧液率的影响。由上式可以看出,轧辊直径越小,压应力越大,有利于降低轧液率。但是,轧辊直径缩小,轧辊的抗弯刚度会减小,同样压力下轧辊弯曲变形增大,会造成幅向轧液不匀,如图3-1(b)所示。为了解决提高轧液效率会造成轧液不匀的矛盾,常采用中小辊三辊轧车型式,小直径轧辊放在上下两个大直径轧辊之间,减小了中间小直径轧辊的挠度,这样既提高了轧液效率,又减少了幅向轧液不匀。目前末道平洗的轧车常采用这种中小辊轧车型式。

c. 轧辊表面硬度及橡胶层厚度对轧液率的影响。轧辊表面硬度越大,在同样压力下,变形减小,压痕宽度2b减小,轧点处压强σ增大,有利于降低轧液率。对于轧水来讲,一般是一软一硬相配合使用;对于轧液来讲,一对轧辊的硬度相差不宜过大,否则易造成织物正反面色差(俗称阴阳面),故以硬度相等偏软为宜。目前用于染色的轧车,两辊均采用硬度为HSA 85~90,并有偏向硬度降低的发展趋势。

轧辊表面橡胶层厚度对轧液率也有影响。较薄的橡胶包覆层,在同样压力下变形小,则轧

点间压强 σ 大,对降低轧液率有利。但薄的橡胶包覆层对幅向轧液均匀不利。另外,考虑到修磨的余量,一般橡胶包覆层厚度为 15 ~ 25mm。

②织物品种、轧液温度和织物运行速度对轧液率的影响。

a. 织物品种对轧液率的影响。亲水性强的纤维织物,不易将水挤压出去,轧液率偏高。此外,厚织物、紧密织物的轧液率也偏高。

b. 轧液温度对轧液率的影响。温度高,轧液率低,这是由于溶液温度的升高,降低了溶液的黏度,从而增加了溶液的流动性,使溶液容易从织物中挤压出去,另外,纤维本身的吸水性也随着温度的升高而有所降低。

c. 织物运行速度对轧液率的影响。降低织物运行速度,可降低轧液率,因为速度慢,在轧点处织物受挤压的时间长,轧液率就低。

(2)轧液率的测定方法。一般用称重法,称出浸轧前织物的重量 G_{ch} 和浸轧后织物重量 W_s,根据轧液率的表达式即可求得轧车的轧液率。注意应标明试验条件。

2. 轧液均匀性 轧液均匀要求织物纵向、幅向轧液均匀两个方面。当轧车压力、速度、浸渍时间、轧液浓度、温度等工艺参数在整个浸轧过程中保持恒定不变时,就能得到较好的纵向轧液均匀性。

织物幅向轧液均匀的程度是衡量轧车质量的一个重要指标。对轧水而言,如果织物沿幅向轧液率差异较大,则在烘燥过程中将出现含水多处烘干不足,含水少处烘干过度,不仅增加烘燥机负担,而且影响织物的加工质量。对浸轧来讲,轧液均匀非常重要,特别是在染色中,轧液不均匀性对织物色泽的均匀程度会产生直接影响,轧液不均匀将造成织物左、中、右色差。织物左、中、右的轧液率误差要求控制在2%以内。误差在2% ~5%之间,尚可通过调整其他各种工艺条件予以解决。若轧液率误差超过5%,则必然影响织物染色质量而形成疵病。

(1)影响幅向轧液均匀性的因素。影响幅向轧液均匀性的因素很多,如轧辊表面包覆层的硬度、轧辊直径,线压力沿轧辊轴向不一致及轧辊具有一定挠度等均可造成幅向轧液不均匀。其中轧辊挠度是主要因素,这是由于轧辊两端加压,中部辊体轧点处产生挤压力的作用,轧辊产生了弯曲变形,使轧点的线压力沿幅向分布不均匀,两端线压力较大而中间较小,造成中间的轧液率比两端的轧液率大,烘燥后会产生边浅中深的色差。

(2)幅向轧液均匀程度的测定方法。

①直接测量轧辊挠度的方法。如图 3 - 3 所示,测量工具为一根两端半圆的吊钢架,吊钢架上装有三只千分表,用千分表直接测量轧辊左、中、右三点挠度。半圆环紧固在轧辊两端,千分表装在吊钢架上。测试时应将三只千分表的指针对准轧辊表面上的同一根线,并把读数调节为零。然后对轧辊加不同的压力,待变形稳定后即可测得相应挠度值。左、中、右挠度值差异大小表征轧液的均匀程度。

②称重法。在相同工艺条件下,用 3 块同样面积的织物,同时放在轧辊的左、中、右三处进行测试,测试次数应不小于 3 次。取左、中、右三处轧液率的平均值,其最大值与最小值的差多为轧液率的差异值。

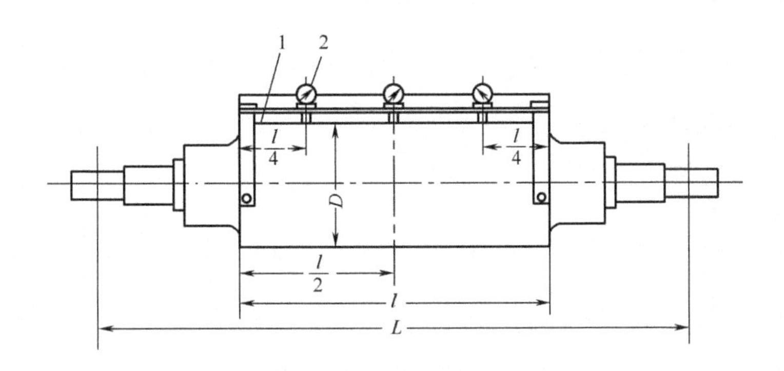

图 3-3 轧辊挠度测定示意图

1—吊钢架 2—千分表

另外,压痕法可用于轧车安装后的调试,虽不能直接用数值表征轧液率的不均匀程度,但能直观地判别轧车幅向加压的均匀情况。

(三)轧辊的类型及结构

1. 轧辊类型 常用的有金属轧辊、橡胶轧辊和纤维轧辊。

(1)金属轧辊。金属轧辊有铸铁辊、铜辊和不锈钢包覆辊等。

①铸铁辊。铸铁辊不耐腐蚀,易生锈,原主要用于轧碱液等,现大都用于整理机械。对于轧光机的加热辊,为了提高铸铁轧辊工作辊面的耐磨性能,采用冷硬合金铸铁轧辊。

②铜辊。铜辊不受水分和大气腐蚀,且导热性能好,但成本较高。目前除了在拷花机上为了制造花纹方便起见仍使用铜辊外,其他场合已被橡胶辊或不锈钢辊代替。

③不锈钢包覆辊。不锈钢包覆辊有较好的耐腐蚀性,使用寿命和耐磨性都较好,是目前应用较多的一种轧辊。不锈钢包覆辊是用不锈钢板包覆在铸铁或钢辊体表面和端面,经氩弧焊接法焊接而成。轧辊工作表面粗糙值 Ra 不大于 1.6μm,径向圆跳动公差值和圆柱度应满足相关规定。不锈钢轧辊的结构如图 3-4 所示,主要参数见表3-1。

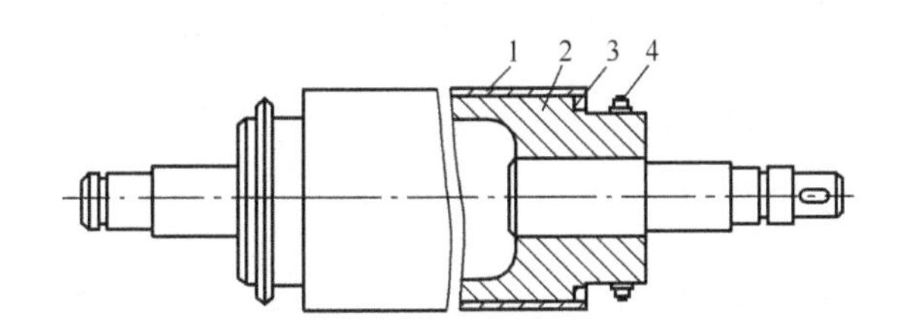

图 3-4 不锈钢辊结构示意图

1—不锈钢包覆层 2—辊体 3—隔离层 4—甩水圈(挡油圈)

表 3-1 不锈钢轧辊的主要参数 单位:mm

公称宽度 b	1400#	1600#	1800#	2000#	2200#	2600#	2800#	3000#	3200#	3600#
轧辊外径 D	150、170、200、(210)、220、(225)、245、(250)、300、350									
轴颈 d	50、60、70、80、90、100									
安装中心距 L	$b+300$、$b+500$									

注 括号内的数值尽量避免采用;带#的尺寸为优选尺寸。

不锈钢的中小辊,因直径小,故做成实心的。金属轧辊通常为轧车的主动辊,因其表面硬,耐磨性好,不需经常修磨,直径变化小,有利于联合机同步传动速度的配合。

(2)橡胶轧辊。在铸铁辊外包覆天然橡胶或合成橡胶的轧辊为橡胶轧辊。橡胶轧辊可以做成使其有各种不同的硬度、弹性和耐腐蚀性能,目前广泛采用硫化橡胶轧辊,其结构如图 3-5 所示,主要参数见表 3-2。

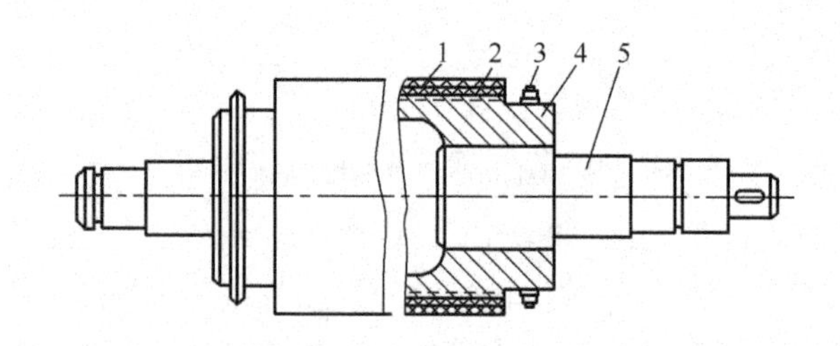

图 3-5 橡胶轧辊结构图

1—软橡胶层 2—橡胶过渡层 3—甩水圈 4—辊体 5—轴头

表 3-2 橡胶轧辊的主要参数 单位:mm

公称宽度 b	1400#	1600#	1800#	2000#	2200#	2600#	2800#	3000#	3200#	3600#
轧辊外径 D	170、(225)、230、(245)、250、(265)、280、300、350、360、(375)、380、400、500									
轴颈 d	50、60、70、80、90、100、125									
安装中心距 L	$b+300$、$b+500$									
橡胶硬度(HAS)	(60)、(65)、70、75、80、85、90									

注 括号内的数值尽量避免采用;带#的尺寸为优选尺寸。

橡胶硬度(邵氏 A)偏差为 ±3°,同一辊上的硬度 <2°,表面粗糙度 Ra 值 <3.2μm。圆柱度和径向圆跳动公差值也有严格要求。

(3)纤维轧辊。纤维轧辊弹性好,在很大的压力下工作时也不会损伤织物,耐热性也远优于橡胶轧辊,且经久耐用。纤维轧辊主要用于整理的浸轧机中,如轧光机、电光机、轧纹机、拷花机的软辊都是纤维轧辊。其结构如图 3-6 所示。

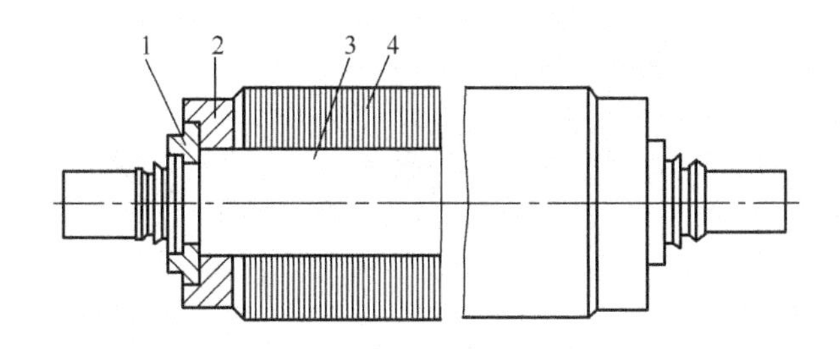

图3-6　纤维轧辊结构图

1—止推环　2—压盖　3—辊轴　4—纤维层

纤维轧辊的表面硬度一方面取决于纤维材料的性能(例如,棉纤维轧辊比羊毛纤维轧辊的硬度低,弹性好),另一方面取决于纤维辊的制造工艺,主要是压力的大小。压制时压力越大,硬度越高,弹性越差。纤维辊硬度越高越耐磨,但难以消除在纤维辊辊面形成的凹痕。

目前采用的纤维辊有三种:

①麻布纤维轧辊。纤维层材料为黄麻布,表面硬度为HB10~14。

②棉布纤维轧辊。纤维层材料为打包粗布,表面硬度为HB14~18。

③羊毛纤维轧辊。纤维层材料为毛织物,表面硬度为HB18~21。

2. 轧辊结构　轧辊基本上是由辊轴、辊体组成。

(1)辊轴。一般采用45#钢车制阶梯轴。辊轴有通轴、不通轴、空心轴等几种类型。

使用时,在辊轴轴颈上套上油圈或轴颈上加挡油槽,以防止轴承中的润滑油沿轴颈流向辊面而造成织物油渍疵病。

(2)辊体。一般采用HT20-40铸铁制成,也有用无缝钢管材料制成的。辊体厚度应视受力情况而定。直径≤100mm,壁厚≥5mm;直径在100~250mm之间,壁厚≥8mm;直径在250~500mm之间,壁厚≥12mm;直径>750mm,壁厚≥15mm。

使用时,为了使轧辊运行平稳需校静平衡。

(四)加压机构

1. 液压加压机构　由于以液压油为加压工作介质,因而又称为油压加压机构。如图3-7所示,加压时由齿轮泵将液压油自储油箱输经稳压器至三向调节阀,再通过并联管路分别输至下轧辊两端轴承座下方的加压油缸,推动活塞顶起下、中辊,压向位置固定于机架的上辊,自下至上传压。

油压加压可获得高压,操作控制方便,加压系统较气压加压安全。但因加压油缸漏油需配置稳压装置稳定油压。为了避免加压油缸漏油污染辊面和织物,轧辊组传压方向一般是自下向上,从而需抵消中、下两辊及其轴承、轴承座等的重力后才为有效压力。油压加压主要用于轧点线压力较高(500~1500N/cm)和加压总压力在10×10^4N以上的一些设备,如轧光机,电光机,轧纹机和一些丝光碱液浸轧机等。

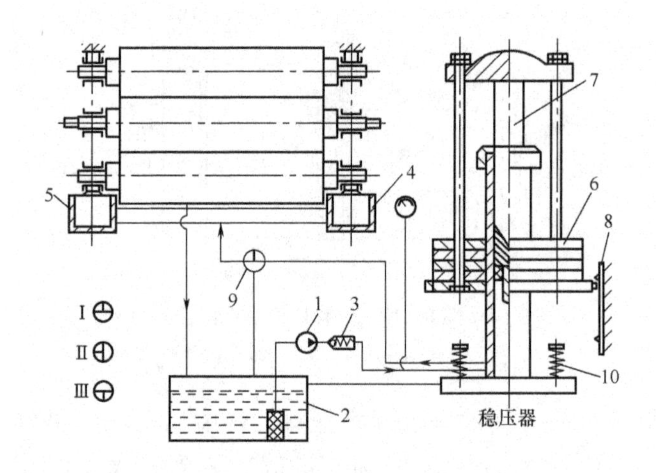

图3-7 油压加压轧车机油路系统示意图

1—油泵 2—储油箱 3—单向阀 4、5—加压油缸 6—重锤
7—稳压器活塞 8—行程限位器 9—三向调节阀 10—缓冲弹簧

2. 气压加压机构 气压加压系统由气源、控制、执行三个部分组成,如图3-8所示。

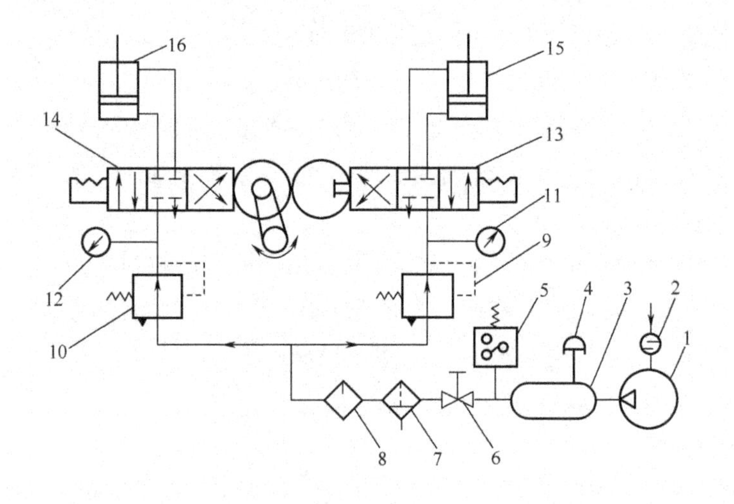

图3-8 气压加压系统

1—空气压缩机 2—空气过滤器 3—储气筒 4—安全阀 5—压力继电器 6—阀 7—气水分离器
8—油雾器 9、10—压力调节器(减压阀) 11、12—压力表 13、14—换向阀 15、16—气缸

轧辊组正日益广泛地采用气压加压,这是由于它具有下列优点:

①以压缩空气为加压工作介质,可由一台空气压缩机或压缩空气站供应多台设备气压加压机构所需的气源,并可与一些气动式自动调节装置共用。

②加压系统中压缩空气流速快,可达25~30m/s,而压力油的流速一般不超过4m/s,因而气压加压、卸压动作迅速,并便于集中控制和远距离操纵。

③结构较简单,操作方便,维修也较简便。

④空气具有可压缩性，较厚织物的接头处通过轧点压力波动较小，织物不易受损。

⑤不会沾污辊面、织物和污染设备附近环境。

⑥轧辊组加压方向不受限制。

但由于空气的可压缩性及气压加压工作的稳定性较差。系统中压缩空气的压强不宜过高，一般为 0.3 ~ 0.8MPa，而加压机构尺寸又不宜过大，所以，气压加压机构一般适用于加压总压力在 10×10^4N 以下的设备。气压加压机构有活塞气缸、薄膜气缸和气袋三种。

各种气压加压机构都有各自的气压加压系统，而活塞气缸对输入的压缩空气质量要求较高。

（五）轧液槽的类型

如图 3 - 9 所示，轧液槽是浸轧机的主要组成部分，常用不锈钢材料。根据织物加工的工艺要求及操作等情况的不同，其结构形状和要求也有所不同。

在煮练、漂白、丝光等以浸透为主要要求的情况下，需适当增加织物在处理液中的浸渍时间。要求轧液槽的容积较大，且在槽内排列很多根导布辊，以增加浸渍时间，如图 3 - 9(a) 所示。

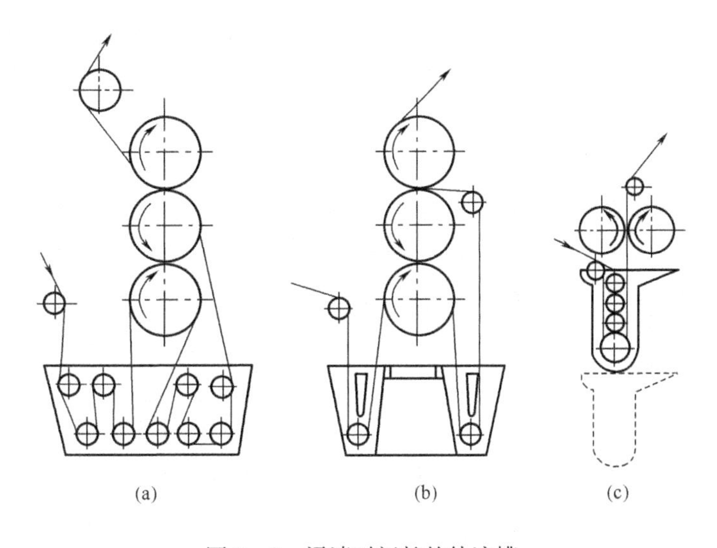

图 3 - 9　浸渍时间长的轧液槽

在某些情况下，如浸轧染料溶液时，既要求较好的浸渍程度和必要的浸渍时间，又要求轧液槽容积量小，有利于槽内染液的更新和减少残液量，则采用图 3 - 9(b) 所示的轧液槽。

图 3 - 9(c) 所示的轧液槽的特点是：织物在槽内溶液中浸渍时，经小轧辊轧压以挤出织物中的气泡，加上液槽较深，可增加溶液静压，有利于溶液向织物渗透。这种浸轧槽有升降设备，槽内导布辊轴承固定于机架上，以便于穿布和清洁。常用用于后整理。

轧液槽一般配置有液位控制系统。该系统由液位传感器、变送器和气动自控阀组成，自动控制液位在合理范围内，到达上限自动关闭，液位低于下限自动打开，实现 PID 控制功能，最终固定在合适的流量。

(六)轧辊的刚度

轧辊的刚度是指轧辊抵抗弯曲变形的能力。轧辊产生的挠度对轧压的均匀性有直接影响。轧辊使用的相对挠度值(辊体单位长度的挠度)一般根据下列经验数据进行选择:

①轧水机轧辊:1/7000~1/6000

②轧染机轧辊:1/20000~1/15000

③轧光机轧辊:1/8000~1/5000

轧辊工作幅度较窄时,可选用较大的相对挠度值;工作幅度较宽的,则选用较小的相对挠度值。染色轧车的轧辊最大挠度不得超过0.1mm。

(七)提高轧液均匀性的几种浸轧机

提高轧液均匀性主要是指幅向轧液均匀性。产生不均匀的主要原因是轧压过程中辊体的弯曲变形,造成辊体中部压强小,两端压强大,使被加工织物中间轧液率高,两边轧液率低。用辊体最大挠度值的大小来表示辊体弯曲变形的程度,也可相应地反映出轧液不均匀的情况。因此,提高轧液均匀性主要是尽量减少辊体的最大挠度值,或者适应辊体的弯曲情况,从而使辊体中间及两端(包括辊体上各点)轧点间的挤压力一致,使被加工织物在幅度方向得到均匀的轧液率,以达到轧液均匀的要求。

欲提高轧液均匀性,就要减少辊体的挠度。立式两辊普通结构轧车上辊的最大挠度(y_{max})公式如下:

$$y_{max} = \frac{ql^3(12L-7l)}{384E_1J_1}$$

式中:E——弹性模量,N/cm^2;

J——截面惯矩,cm^4;

L——轧辊加压跨度,cm;

l——辊面长度,cm;

q——线压力,kN/cm。

由上式可知,对于普通结构轧辊,辊体最大挠度与线压力和辊体长度成正比,与辊体截面抗弯刚度成反比。但辊体长度由织物幅度所决定,故织物越宽越易造成轧液不匀。线压力由工艺要求来决定。这些因素在设计时无法任意变动,所以普通结构轧辊要改善轧液均匀性只有加大辊体的截面抗弯刚度,也就是增大辊体的外径,加厚辊体的壁厚来增大辊体截面的惯矩值,或选用弹性模量较大的材料。有的染色轧车辊体直径已从300mm增加到350mm,甚至400mm,轧光机用的轧辊直径为560mm。但加大截面抗弯刚度(EJ)会使机器庞大,功率消耗增加,所以不宜无限制地增大。因此,普通结构轧辊提高轧液均匀性潜力不大。

目前主要是在轧辊结构及加压方式等方面进行设计研究,尽可能减小辊体挠度,以提高轧液的均匀性。

1. 中高轧辊 使上下轧辊间的挤压力在织物宽度方向上尽可能相等,从而提高织物幅向轧液均匀性的一种比较简便易行的方法是对辊体外径加以修正。也就是将辊体外径制成中间部分的直径大于两端的直径,这种橄榄形的轧辊称为中高轧辊,如图3-10(a)所示。如前所述，普通结构轧辊两端轴颈受集中载荷，辊体受均布载荷，这样轧辊产生了弯曲变形。由于轧辊的弯曲变形使辊体间的线压力形成中间小而两端大的分布情况，从而使轧液不匀。针对这种情况，预先将辊体制成中间直径大于两端直径，迫使中间的线压力增加而两端线压力减小。若中高值修正得恰当，在加压弯曲变形后，恰好使辊体工作表面保持均匀接触，使轧压区各点的挤压力相等，满足轧液均匀。也就是说，利用中高修正值来弥补因弯曲变形而产生的挠度值，消除了因挠度而造成的轧液不匀现象。

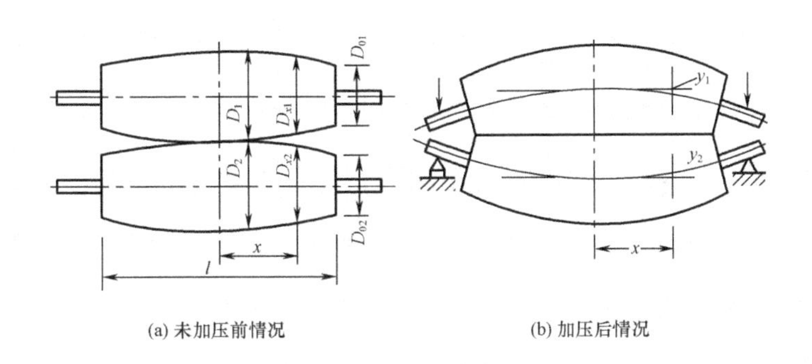

图 3－10　中高轧辊

为了求得中高修正值 ΔD，必须使修正后的轧辊既能在加压变形时的挠度值被抵消，又能使轧辊间的传动比均相等，避免产生滑移。为此，它必须满足：

$$\Delta D_1 = 2(y_1 + y_2)\frac{D_1}{D_1 + D_2}$$

$$\Delta D_2 = 2(y_1 + y_2)\frac{D_2}{D_1 + D_2}$$

$$\Delta D_2 = 2D_2(y_1 + y_2)/(D_1 + D_2)$$

式中：D_1、D_2——上、下轧辊中点处最大直径，mm；

y_1、y_2——上、下轧辊体的挠度，mm。

由此式可求出上、下轧辊对应于挠度 y_1、y_2 的中高修正值 ΔD_1、ΔD_2。在生产中，常常只修正一根硬轧辊，使其修正值为：

$$\Delta D = 2(y_1 + y_2)$$

这样，一对轧辊间各点的传动比仅在某两点处相等，而中间部分将产生正滑移，两端将产生负滑移。但由于 ΔD 较小，传动比误差也较小，不致显著加快辊体表面的磨损。

为了使中高辊便于制造，一种近似的修正法是把辊体等分为三段，中间一段保持等直径，两侧各车出锥度，使中间直径与两端直径之差等于两轧辊最大挠度和的两倍。

2. 中支轧辊　轧辊辊体的支点内移，相当于减小了梁的跨距，在同样的载荷条件下，挠度减小，即提高了轧液的均匀性。其结构如图 3－11 所示。

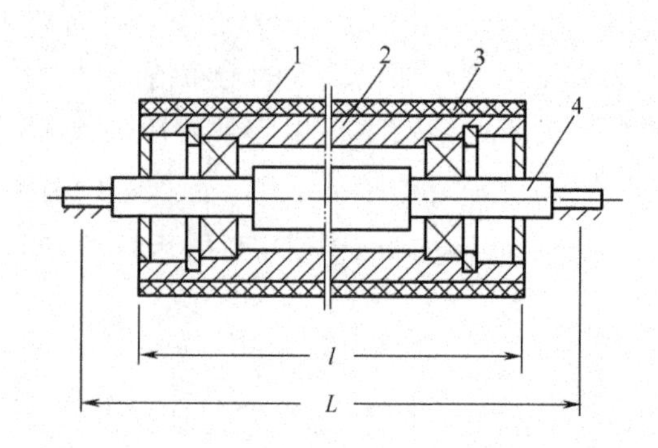

图3-11　中支轧辊结构示意图

1—橡胶层　2—辊体　3—轴承　4—辊轴

将辊体简化成简支梁，其受力状况如图3-12，挠度只是减小为普通轧辊的20%左右，而未消失。

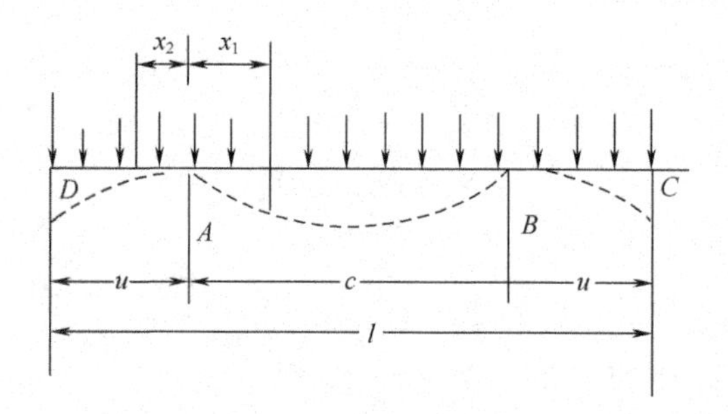

图3-12　中支轧辊辊体受力分析图

设辊体长度为 l，则此时辊体两支点的内移量 u 为 $0.223l$，如果使轧辊的中间挠度和两端挠度相等，则可以解决中浅边深的色差。

3. 中固轧辊　如图3-13所示，中固轧辊的辊体仅中部一段与辊轴紧固联接。最大挠度只有普通轧辊的1/4～1/3，对提高轧液均匀度有一定效果。

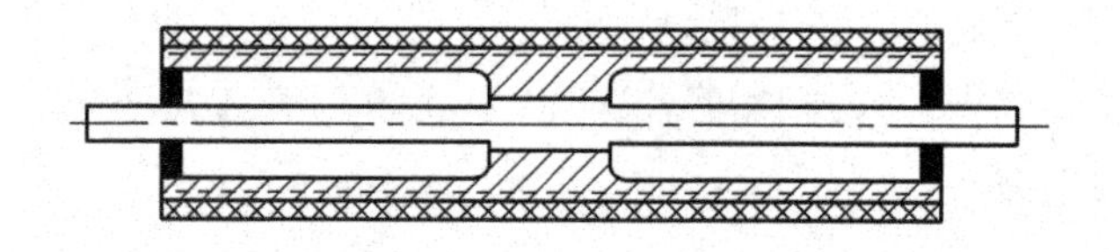

图3-13　中固轧辊结构示意图

中固轧辊受力分析图如图3-14所示。

根据辊体中央部分的固定段与两侧的非固定段之间存在的比例关系，以及中固轧辊简化后的受力分析，可以求出辊体的最大挠度为：

$$y_{\max} = \frac{ql^4}{128E_2J_2}\beta$$

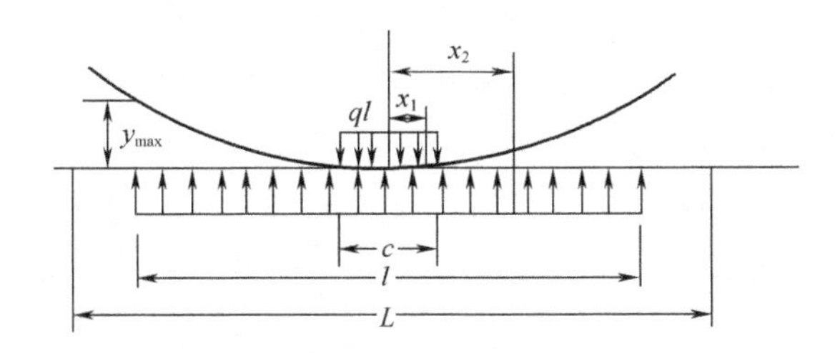

图 3－14　中固轧辊受力分析图

其中
$$\beta = \frac{E_2 J_2}{E_1 J_1}$$

式中：β ——调整系数(一般为 0.4 ~0.6)；

E_1J_1 ——固定段截面抗弯刚度；

E_2J_2 ——非固定段截面抗弯刚度。

实践证明，将中固轧辊(上轧辊)与中高轧辊(下轧辊)搭配使用，可显著地减小中高修正值。

4. P. F 轧辊　如图 3－15 所示，上下轧辊为同一结构，如图 3－15(a)所示。一对中固轧辊，在加压后弯曲变形，线压力形成中间大、两端小的状况，如图 3－15(b)所示。

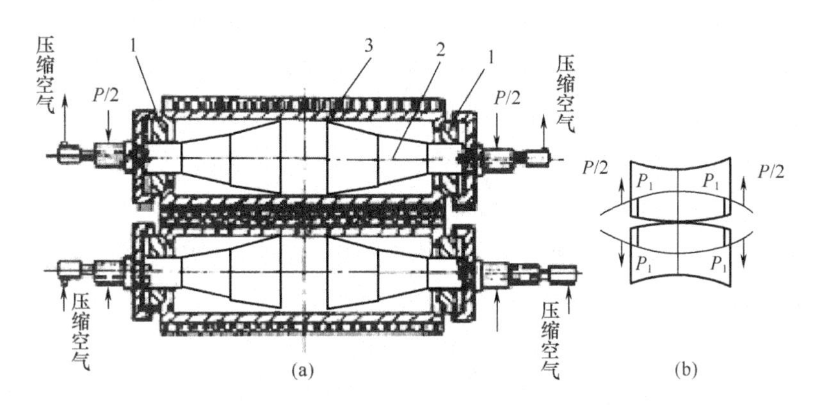

图 3－15　P. F 轧辊示意图

1—活动锥套　2—辊轴　3—辊体

从辊轴轴头中心孔通入的压缩空气，使锥形推块沿轴向向辊体内移动，其锥形面压向锥形套的内侧面产生一横向的附加压力，改变了辊体端部的变形。

调节压缩空气的压力就可调节横向矫正变形的附加压力，使其与轧压压力相适应。通过加在辊体两端的反力矩来平衡轧辊两端工作压力产生的弯矩，减小轧辊的变形。

5. 均匀轧辊　普通轧车轧辊的辊体外壁，受一均匀分布载荷，支点在辊轴两端，因此产生了一定的挠度。如果辊轴的支点增多，挠度必将减小；当支点增加到无穷多时，挠度将变为零。在辊体内腔通入有一定压强的液体或气体，对辊体内壁形成与外壁载荷相平衡的均布力(好似无穷个支点)，辊体的挠度就变为零。

图3－16是均匀轧辊的结构图。辊体安装在轴承上，绕固定不动的辊轴转动。辊轴和辊体之间的空腔由端面密封条分隔为两室。在轧点一侧的半环形空腔称为压力室；在轧点另一侧的半环形空腔称为泄油室。压力油由轴端上的进油孔进入压力室，泄漏入泄油室的油则经轴上的回油孔流回油箱。

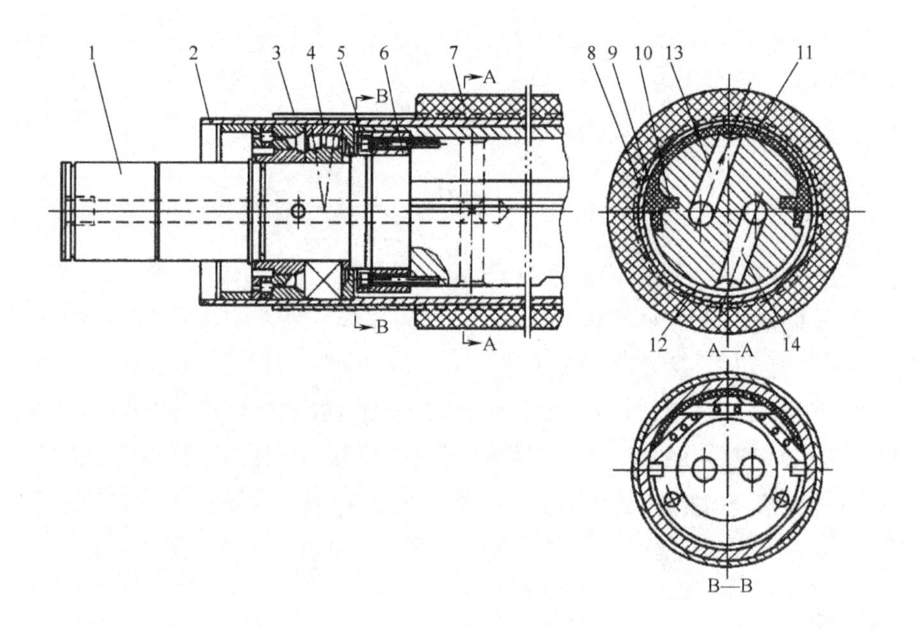

图3－16　均匀轧辊结构图

1—辊轴　2—辊体　3—保护套筒　4—滚动轴承　5—端面密封条　6—端封底座　7—橡胶包覆层　8—轴向密封条　9—弹簧片　10—压板　11—压力室　12—泄油室　13—进油孔　14—回油孔

设辊体内径为 d，工作幅度为 l，进入压力室的油的压强为 p，则辊体内壁承受的总压力为：

$$Q = pld$$

如加在辊轴两端的总压力为 P，则为了消除轧辊的挠度，必须有：

$$Q = P = ql$$

可得：

$$q = pd$$

轧辊直径为190mm、220mm、250mm、300mm和350mm。油压与轧辊直径有关，一般为0.22～0.30MPa，直径越大，油压越低。

均匀轧辊的工作原理归纳起来有以下几点：

（1）气压压力通过气袋杠杆转换到轧辊两端的作用力 P 才是真正的工作压力，而内力 Q 只是起纠正挠度的作用。所以轧车功能的大小取决于外力 P 的大小。

（2）从制造与维护保养上讲，密封件是关键。但不论怎样的加工精度，都免不了密封件渗漏这个缺点，应此漏油是绝对的，只要使输入的油量大于漏出油量，就可以保持工作压力的稳定性。

（3）油的品种很重要，主要取决于一定的黏度并在温度变化时黏度要比较稳定，一般采用

68#抗磨液压导轨油。

(4)在使用均匀轧辊时,由于影响均匀性的因素比较复杂,所以实际情况均匀轧辊是处在不均匀状态下工作的。

(5)均匀轧辊的结构和受力特点使两端的滚动轴承处在不受力的情况下工作运转,或者说是受力是十分微小的,因为内力与外力相互作用在轴承上的力正好方向相反,而大小又非常接近。

均匀轧辊不仅能产生很好的匀轧效果,而且,可通过调节内腔油压力 Q,取得各种不匀轧效果,以适应各种特殊工艺的需要,如图 3－17 所示:

①$Q=P$,匀轧,见图 3－17(a)。

②$Q<P$,中深边浅,见图 3－17(b)。

③$Q>P$,中浅边深,见图 3－17(c)。

④Q 不变,$P_{右}>P_{左}$ 左浅右深,见图 3－17(d)。

⑤Q 不变,$P_{左}<P_{右}$ 左深右浅,见图 3－17(e)。

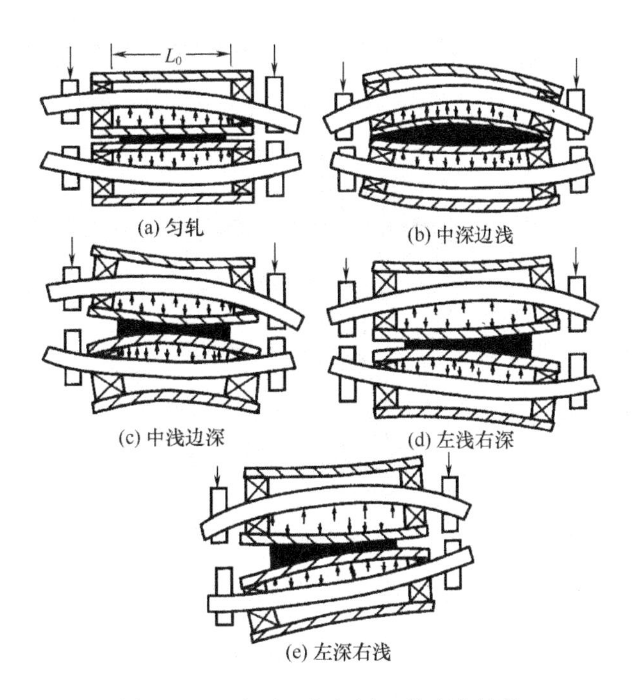

图 3－17　油压 Q 与气压 P 的配合情况

均匀轧车纯棉织物轧液率≤70%,涤棉混纺织物轧液率≤50%,浸轧的织物左、中、右轧液率的差异≤1.5%。

油压 Q 与气压 P 的配合由气液加压控制操纵系统控制,该系统主要包括由二位四通转阀、二位三通滑阀、调压阀、伸缩式加压气袋等组成的气压加压系统,以及由油过滤器、油泵、气控油液调节阀、二位三通滑阀、调压阀等主要部分所组成的油压加压系统,如图3－18所示。

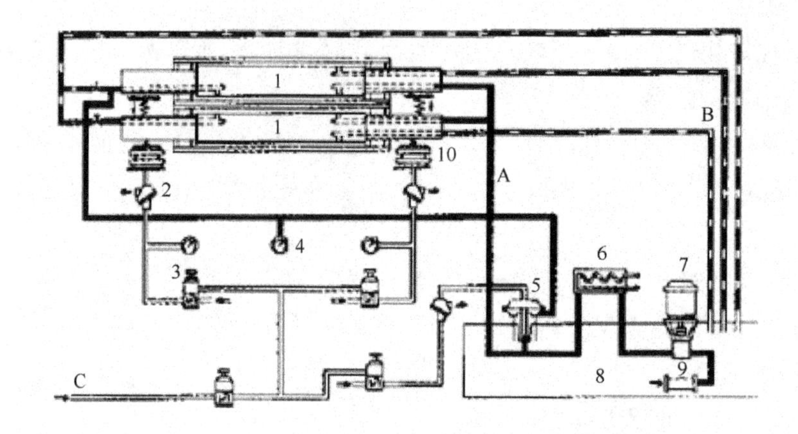

图 3-18 均匀轧车气液加压控制操纵系统

A—压力油 B—回油 C—压缩空气

1—均匀轧辊 2—二位三通滑阀 3—调压阀 4—压力表 5—气控油液调节阀

6—油冷却器 7—油泵 8—油箱 9—过滤器 10—伸缩式加压气袋

在液压加压系统中要获得稳定的油压,气控油液调节阀是关键,其结构如图 3-19 所示。

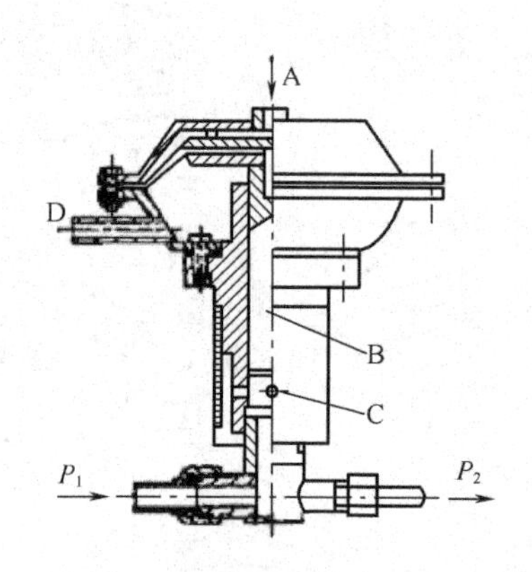

图 3-19 气控油液调节阀结构示意

A—气压口 B—活动柱塞 C—泄油孔 D—油压口

输入口输入油泵送来的油压力 P_1,输出口是送至辊体压力腔的油压力 P_2,输入压力与输出压力之间的压力差由泄油孔 C 被活动柱塞 B 堵截的大小而定。而活动柱塞 B 的位置是由气压口 A 输入的气压与油压口 D 输入到辊体压力室内的油压达到平衡的位置所确定。当气压大于油压,泄油孔 C 被活动柱塞 B 全部堵截,则输出压力等于输入压力,即 $P_2 = P_1$;当油压大于气压,活动柱塞 B 上升,泄油孔 C 增大,输入压力油部分经泄油孔 C 回流到油箱,则输出压力小于输入压力,即 $P_2 < P_1$;当气压关闭,活动柱塞 B 继续上升,泄油孔 C 全部打开,输入压力油全部回流到油箱,则 $P_2 = 0$。因此,通过调节图中调压阀气压的大小,可以控制活动柱塞 B 的平衡位置,使辊体压力室内的油压满足所需的压力要求。

均匀轧车使用中发生的故障和排除方法见表 3-3。

表3-3　均匀轧车常见故障及排除方法

故障名称	原　因	排除方法
色差	减压阀失灵 总进气压力低于0.4MPa 左右气袋气路接错 橡胶层老化 焙烘、预热不均	修理或调换减压阀 总进气压力提高到>0.4MPa 接对左右气路 重磨橡胶表面层 改善焙烘、预热均匀性
油泵电动机过载	油的黏度太高	设法降低油的黏度，一般出现在冬天，冬天用68#，夏天用100#、150#抗磨液压油
油压升不上	减压阀失灵 油箱内油量不够 压力继电器限位过低 轧辊漏油严重 油温度过高 油箱内过滤器堵塞 油泵电动机反向旋转	修理或调换减压阀 增加油量的规定位置 调整继电器限位 超过4kg/min时要修理 用冷水循环冷却 清洁过滤器 改变电动机线路
气袋动力不足	气袋内有水	及时排水
轧辊两端轴头漏油	密封圈或密封环损坏	调换
轧辊漏油超过4kg/min	密封铜条磨损 轴端密封铜条磨损	修复或调换
轧辊产生跳动	橡胶层与辊体脱壳	若发生在靠两端100mm内可继续使用，若发生在中间则应报废重新包橡胶层
轧辊加压、卸压时左右动作前后不一致	拉簧调节不对 放气阀失灵	调节左右拉簧使动作一致调换放气阀
油压不稳定或油路内油成泡沫块	油量不到油位 箱内过滤器堵塞 皮碗损坏 油已乳化	加足油量达到油位 清洗过滤器 调换皮碗 调换抗磨液压油
轧辊两端发热	压力过大 油温过高 循环截止阀没打开	适当降低压力 加强循环冷却油箱 打开两个墙板内的循环截止阀使油得到循环
织物进轧点前有皱条	轧槽内导辊有异物 穿布张力过大 进布处张力不够	清洁导辊表面 改变穿布方式 增加进布能力

二、浸轧机的操作与维护

（一）均匀轧车的操作

均匀轧车主要靠正确的操作，操作规程如下：

1. 操作条件 要满足均匀的染色质量和工艺上的不同要求，必须控制好左右气袋压力与油压的大小，操作者必须熟悉控制箱的工作原理和各元件的作用，控制箱上的压力指示牌是供操作者调整压力时参照用，其相互间的压力关系要满足在均匀区内，调节时气压和油压要同时进行。总入口处压缩空气的压力必须不得小于0.45MPa，油箱内油温不应超出20～380℃范围，两支轧辊的漏油量在规定条件下每分钟不得超过7kg。

两个压力继电器，分别校正在0.05MPa和0.3MPa自动保险，当进气压力小于0.05MPa时全机不能启动，当油压超过0.3MPa时油泵电动机会自动停止。

2. 产生色差时的调整 均匀轧车一般是处在不均匀的状态下运用的，这是因为染色车是一台联合机，由预烘、蒸箱、焙烘等组成，影响色差的因素很多，不光是轧车，由于预烘、焙烘等热风不匀也会造成色差，操作者应根据落布质量为准来进行调节气压与油压大小。如果其他设备质量比较高，热风比较均匀，那么均匀轧车的压力调整比较正常，会在均匀区之内。如果其他设备条件较差，那么，色差会较严重，乃至会随时变化。这时，均匀轧车的压力调整会超出指示牌的均匀区。为了使用户满意织物的染色质量，可以适当超出，但不要超差大于0.1MPa。

3. 轧辊进出油接头的方向 每支轧辊轴的两端均有“进”、“出”及“十”符号，在接油管时要检查箭头方向是否符合，压力油是否接通在“进口”。

在接“进”油口的对面轴端上“进”口上同样要接压力油管。其中有两只3/8英寸（1英寸＝25.4mm）截至阀要保持一定的开启，使辊腔内的压力油经常得到交换，以免油温升高，但又不能开启得太大，以防压力不稳定，一般控制在使油压力稳定的条件下开启得越大越好。

4. 轧槽压辊的使用 轧槽内装有四支辊筒，使织物在轧槽内经过多浸多轧，但对某些品种和工艺不必全部浸轧。这时，根据需要可以抬起一支、两支或三支辊筒，用横销锁上，穿布路线也应作相应更动。

5. 操作程序 操作顺序为：开启主电动机传动——接通气源——加压。不允许在没有油压的情况下开车，否则会损坏轧辊。

（二）均匀轧车的拆卸与安装

均匀轧车的拆卸顺序为：

①首先将轧辊内腔的存油全部放出。

②拆除全部与轧辊相连接的油管弹簧挡圈及固定螺栓，随后将轧辊整体吊放在特制的支架上（或平板上），并注意轧辊轴头的（↑）标记应向上。

③用专用装拆工具钳子将所有弹簧挡圈拆除。

④去掉端面的挡圈与弹簧，再用M5长螺栓旋入相应的螺孔上，将零件拉出。

⑤再用专用工具拆卸一端滚动轴承及轴端密封件，同样再反向拆除另一端的轴承及轴端密封件。

⑥此时在专业人员指导下将水平轴芯拉出，并分段轧紧长密封铜条，直至全部拉出为止。

拆卸时应尽可能从被动段开始，安装时要从主动端开始，拆完后要将零件全部清洗，决不能马虎。安装时顺序与拆卸正好相反，但安装时要先将专用工具导套线装入辊体内，以防辊体碰伤。

（三）轧车的维修保养

①用户第一次加入油箱的油在三个月后应予以更换，以后每年更换 1 ~2 次。换油时应将被动端墙板内的两只 3/8 英寸截至阀完全开启，使轧辊腔内的油全部压出，加油量多少视控制箱油位指示。

②传动链上应每周加一次润滑油（脂）。

③每月（最多两个月）应测定一次轧辊的漏油量（称重法），先将控制箱打开，将相应的聚乙烯软管拉出。

以分钟为单位时间，将漏油盛放在合适的盛器内，每支轧辊的漏油量超过 3.5kg/min 时必须检查原因，换上备件辊进行维修。

④控制箱底部盛油部分的过滤器应经常拆出清洗。

⑤备件轧辊要合理安放，要经常调换位置，支撑辊不得安放在橡胶包覆层上。

⑥根据轧辊结构图上的外购标准件，采购一定的储备量，以备维修时用。

⑦轧辊橡胶层长期使用后会自然老化，约在一年左右需要磨削一次。

⑧气袋是密封的，由于空气中有水分，使用半年后在气袋内会积水而影响动作灵敏，所以半年左右要设法放水一次。气袋最好一对同时调换，以保证左右的一致性。

三、其他脱水设备

（一）绳状真空脱水机

绳状脱水一般采用槽轮式真空脱水机。它由一对多孔脱水槽轮和一套抽真空吸水装置所组成，如图 3 –20 所示。两只吸水槽轮分别活套在两根直径为 80mm 的不锈钢吸水管上，吸水管壁在占圆周 1/4 范围内开有吸水孔，吸水管的一端与真空泵连接。脱水槽轮材料为尼龙，槽轮在槽底工作面上密布直径为 2mm 的小孔，当含水织物绳状绕于其上并随之通过抽吸区时，织物中水分被抽吸掉。其特点是织物通过时承受阻力较小，不易拉伸变形，织物可正反两次受到真空抽吸，可连续生产，常与退捻机组成联合机使用。

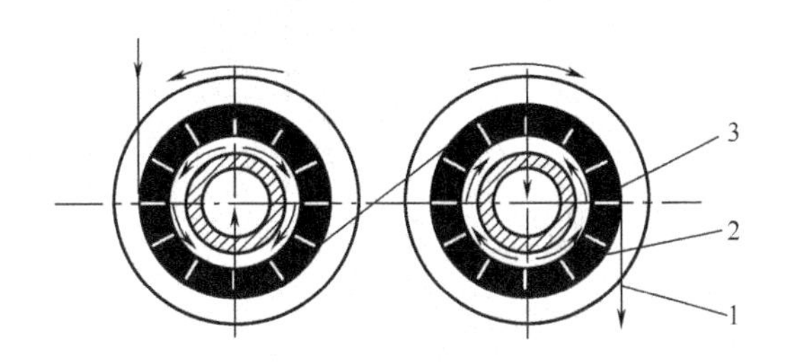

图 3 –20　槽轮式真空脱水

1—绳状织物　2—脱水槽轮　3—吸水管

（二）平幅真空脱水机

平幅真空脱水机有狭缝式和圆网式两种类型。

平幅狭缝式真空脱水机如图 3 –21 所示。在真空吸水管的工作面上密布长圆形的缝隙，织物通过其上时,管内形成的负压将织物中水分吸除。在吸水管工作面的两端表面有长度可以调节的密封带,以适应织物幅宽的变化。新型的狭缝式真空脱水机将其吸水管工作面上的抽吸缝布置成两端对称、左右倾斜排列,像螺纹扩幅辊一样,能使进行脱水的平幅织物在通过时受到左右平展的开幅作用,故又称作扩幅式真空脱水机。狭缝式真空脱水机由于缝隙是彼此交错排列的,所以脱水织物不会产生凹凸变形,其缺点是织物承受张力较大。

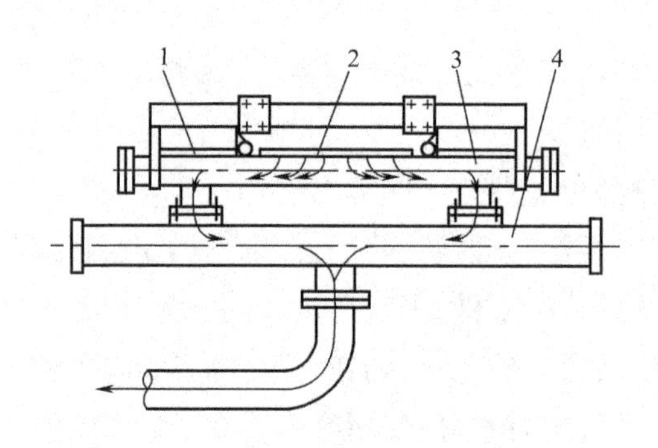

图 3-21　平幅狭缝式真空脱水机

1—密封带　2—平幅织物　3—狭缝吸水管　4—真空吸管

圆网式真空脱水机如图 3-22 所示。在真空抽吸装置外套上一个可转动的直径为 300mm 的网眼滚筒(简称圆网),抽吸装置的纵向长槽开口紧密压向圆网内壁,开口边缘与圆网内壁接触处用耐磨材料密封,以免圆网旋转时漏风而影响脱水效率。平幅织物从两个旋转圆网表面通过时在长槽抽吸口处水分被吸掉,可同时进行正反两面脱水。在圆网或吸水装置两端设有挡风板,当织物幅宽改变时,可调整吸水区幅度。

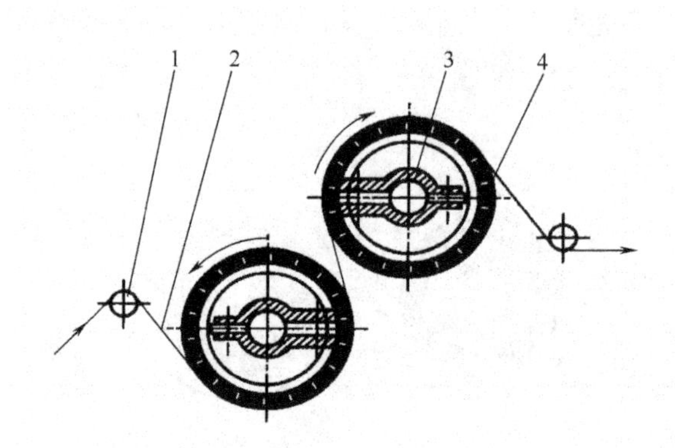

图 3-22　圆网式真空脱水机

1—导辊　2—平幅织物　3—抽吸装置　4—圆网

(三)压缩空气喷射脱水机

压缩空气喷射脱水是指织物在通过压缩空气喷射口时对织物进行强力脱水。图 3-23 所示为压缩空气喷射脱水机。

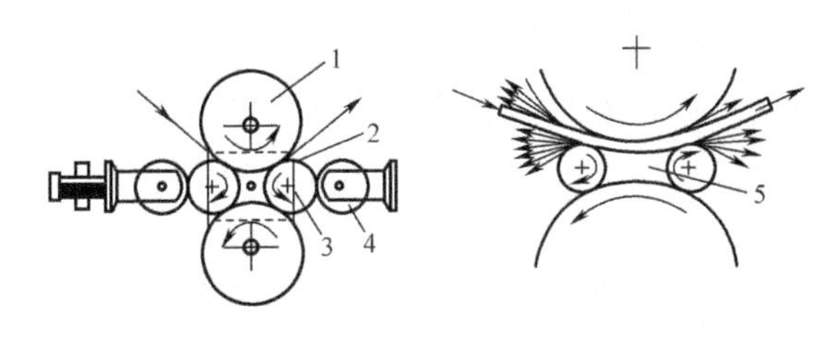

图 3－23　压缩空气喷射脱水机

1—橡胶大滚筒　2—密封件　3—不锈钢辊　4—辅助滚筒　5—密封区

（四）离心脱水机

脱水机是以离心运动为工作原理，即由电动机带动内胆作高速转动，织物中的水分在高速旋转下作离心运动，水从脱水机内胆壳的四周眼中飞溅出去，达到脱水的目的。

如图 3－24 所示的脱水机一般为三足悬摆式，可避免因转鼓内载重不平衡而在运转时产生地脚振动。外壳和顶盖系不锈钢板所制，底盘材料为铸铁，出水管在底盘下方，底脚座及注脚材料均为铸铁。主轴系采用不锈钢材所制，装有两只轴承，下端用推力球轴承支持，以减少磨损，节省动力。转鼓采用钢板或不锈钢板钮孔制成，箱底座为铸铁件，并衬有紫铜或不锈钢底罩。转鼓装在主轴上端的锥面上，以保证运转平稳。脱水机采用独立的电动机，通过三角胶带传动，装有离心式起步离合器，可使机器缓步起动，其制动效能高，能使转鼓迅速停转，可避免主轴因制动而受到过大的扭力。

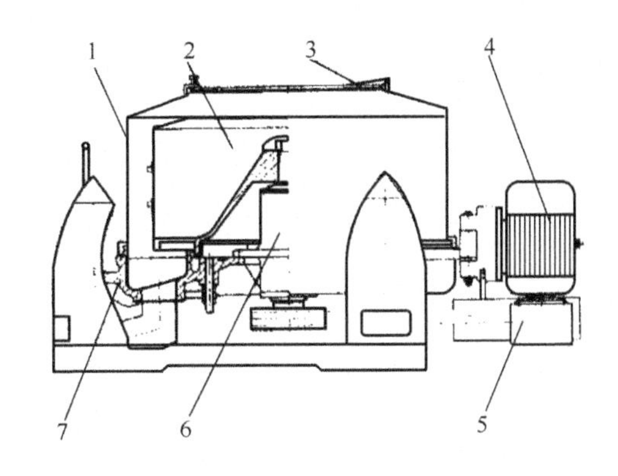

图 3－24　脱水机示意图

1—机壳　2—转鼓　3—小翻盖　4—电动机　5—离合器　6—主轴组合　7—底盘

单元 2　净洗机

本单元重点：

1. 掌握净洗机提高洗涤效率的措施。
2. 了解净洗机维护与保养方法。

净洗机是染整生产过程中重要的机械之一。在棉、毛、丝的漂、染、印、整工艺中，都必须对织物进行必要和充分的洗涤。除了个别的工艺(卷染染色、松式绳状染色)是利用原来的染色机械进行织物洗涤外,绝大部分都用专用或通用的净洗机进行洗涤。

一、净洗机的类型与工作原理

(一)净洗机的类型

净洗机类型如图3-25所示。

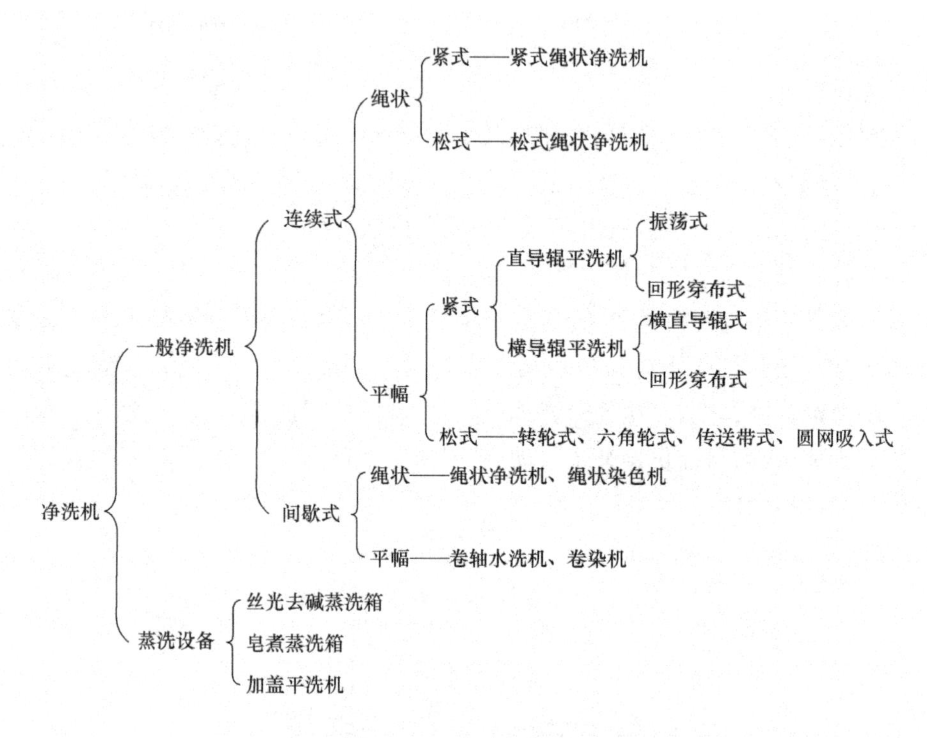

图3-25 净洗机类型

(二)洗涤原理

织物水洗过程是一个传质过程。就是以洗液为介质,把黏附在织物上的污物溶解、扩散到洗液中的过程。当织物进入洗涤机后,由于织物的污物浓度大于洗液中的污物浓度,织物上污物就会迅速向附近低浓度洗液中扩散,在织物与洗液交界处的边界层污物浓度逐渐趋于平衡。这一具有平衡状态的边界层形成一层薄膜层(或称境膜),遮盖在织物表面上,阻碍织物中污物继续向洗液中扩散。净洗机的作用就是迅速打破这种平衡,使污物的交换过程继续进行下去。此过程进行得越迅速,洗涤效率就越高。

要去除存在于织物等纤维集合体中的需洗净的物质,一般要经历以下四个阶段:

①减小要洗除的物质同纤维的结合作用。

②使在纤维内要洗除的物质向纤维表面移动。

③通过纱线和织物内纤维之间的水向纤维集合体(纱线、织物等)的表面移动。

④从纤维集合体表面向洗涤液移动。

1. 洗涤过程的基本计算 假定在一定时间内,从织物单位面积上带走的污物量为 G,则 G

值与洗液的浓度梯度成正比，可用下式表示：

$$G = K(C - C_P)$$

式中：G——洗涤速度，kmol/(m² · s)；

C——织物上污物浓度，kmol/m³；

C_P——洗液的污物浓度，kmol/m³；

K——交换系数，m/s。

交换系数 K 又可用扩散系数和扩散路程来表示，则上式可改写为：

$$G = \frac{D(C - C_P)}{h}$$

式中：D——扩散系数，m²/s；

h——扩散路程，m。

2. 影响洗涤效果的因素　上式说明，要加快洗涤速度，就应增大扩散系数 D，缩短扩散路程 h 和增大浓度梯度 $(C - C_P)$。

(1)扩散系数 D。扩散系数是单位时间内，织物上所带污物分子向洗液中的扩散量。影响扩散系数的因素很多，温度是影响扩散系数的主要因素之一。洗液温度高，可以减弱氢键结合力。减小库仑力，降低纤维表面溶液的黏度，增加分子动能(大于分子扩散能阻)，从而提高扩散系数。例如，在水洗其他工艺条件不变的前提下，水洗液温度从10℃提高到40℃，最后布面含碱量相差8倍之多。水的运动黏度在一个大气压下，20℃时为 1.004×10^{-6} m²/s；水温升到100℃时黏度降至 0.3×10^{-6} m²/s。因此，轧水时，95℃水温比20℃的脱水效果提高20%～80%。而用85℃热水代替95℃洗液洗涤织物，洗涤效果约下降15%；冷轧堆前处理过程中烧碱难以分解的杂质在95℃高温条件下，能与果胶生成果胶酸钠而溶解，使它的水溶性增大；织物浆料中的PVA是非等规聚合物，在热的碱液作用下，水解断键使其聚合度下降，溶解度显著增加，因此易实现净洗。由于PVA对冷热极敏感，洗涤效果随水温升高而提高。而在80℃以下达到一定浓度时，会发生凝集现象，沾污织物及导布辊。因此，必须稳定控制洗涤液温度，织物进轧车前的喷淋也应用高温水。织物平幅洗涤，在织物表面与洗液之间形成一层界面层，或称黏性阻滞层。洗液温度的提高，破坏了界面层的饱和状态，黏性阻滞层变薄，织物上高浓度的洗涤物就不断通过界面层向洗液中扩散。

影响扩散系数的另一个因素是振荡，即采用机械的或其他方法使织物或洗液发生振荡，即增加织物与洗液间的相对运动，以破坏纤维表面边界层的污物饱和状态，加速边界层洗液与织物上污物的交换速度，提高洗涤效率。

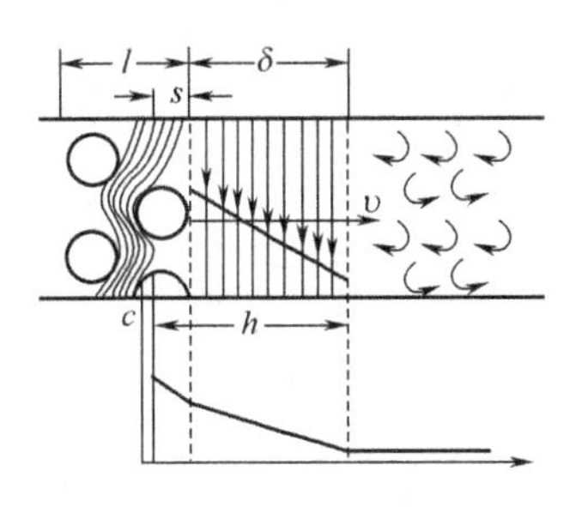

图3-26　物质分子交换原理

(2)扩散路程 h。对于扩散路程，可通过图3-26来理解。

可以看出，水洗过程就是通过一定厚度的边界层的物质交换过程。扩散路程 h 主要由边界层厚度 δ 和织物结构内的

路程 S 所组成，而边界层是组成扩散路程的主要部分。δ 与洗液的流动状态有关，其关系式为：

$$\delta \approx \sqrt{\frac{rl}{v}}$$

式中：δ——边界层厚度，m；

r——洗液运动黏度，m^2/s；

l——接近区长度，m；

v——洗液流速，m/s。

由上式看出，扩散路程与接近区长度有关，若洗液能渗透到织物内部，直接与纤维上污物进行物质交换，可认为没有接近区，即趋向零，则理论边界层进取度也接近于零，洗涤速度可获最大值。提高洗液温度，降低污物在织物上的残留值，振荡洗涤破坏界面层的饱和状态，减小 δ 值，极大提高洗液流速。采用各种"水穿布"洗涤模式缩短接近区长度。反复浸轧、增加揉搓作用等方法，均能缩短扩散路程，达到提高洗涤效果的目的。

(3)洗液的浓度梯度($C-C_p$)。洗液的浓度梯度越大，洗涤效果就越好。强力冲洗、洗液逆流、清水与混浊洗液隔开、采用小浴比和提高小轧车轧液效果以降低织物进槽含液率等，均能增加洗液的浓度梯度，达到提高洗涤效果的目的。

提高洗液的浓度梯度就要设法使洗液内污物浓度降低。如逆流供水，高效水洗机中的平洗槽从进布至出布阶梯排列，由低到高。尾部进清水，逐槽循序逆流供水，逆流水洗的织物向前进给，接触污物的浓度渐减的洗液，有利于织物上洗涤去除物的扩散。水洗箱采用分格逆流结构，将水洗箱大槽分隔成数格，依序逆流供水。考虑到有的织物上污物较水轻，漂浮在水面上，而有的污物则较水重容易沉积在底部，浅槽具有上下逆流换水作用。"蛇行"逆流换水，排除污物。

将织物在平洗槽洗涤后，所带的洗涤液经轧车机械挤压脱水，尽量降低织物上的非结合水，避免带到下一单元平洗槽而导致后续单元 C_p 值的上升。水洗的浓度梯度减小，不利于传质反应。按照轧车的轧液率要求，轧车的轧辊直径要小，橡胶硬度要高，压强要大，因此，平洗轧车应有的轧辊橡胶层硬度以邵尔 A80 为宜。而且回弹性要好，有利于织物的手感。橡胶材料应采用合成橡胶，推广应用中固辊轧辊，轧液均匀。

(三)提高洗涤效率的措施

1. 逆流洗涤 干净的洗液自出布方向加入，与织物相对运行。保证织物进入污物浓度逐步减小的洗液，有利于织物上的污物扩散，并由于相对运动而引起的搅动又加强了扩散作用，提高了洗涤效率。洗液中的污物浓度向着进布方向递增，便于回收处理，如丝光机中的淡碱回收即是如此。

(1)大槽逆流。在平幅净洗机中，将各格平洗槽采用逆流方式排列；对全机而言，各槽循序逆流，达到合理更换洗液的目的。

(2)分格逆流。为了提高洗涤效果，将大槽分成数格，依次逆流更换洗液，一般为顶部溢流更换洗液，如丝光机中的老式去碱箱即是这种方式。考虑到有的织物污物比洗液轻，漂浮在液面上，以顶部逆流排除为佳，也有的污物较洗液为重，容易沉积在底部，以底部逆流方式为妥，如图 3-27 所示。

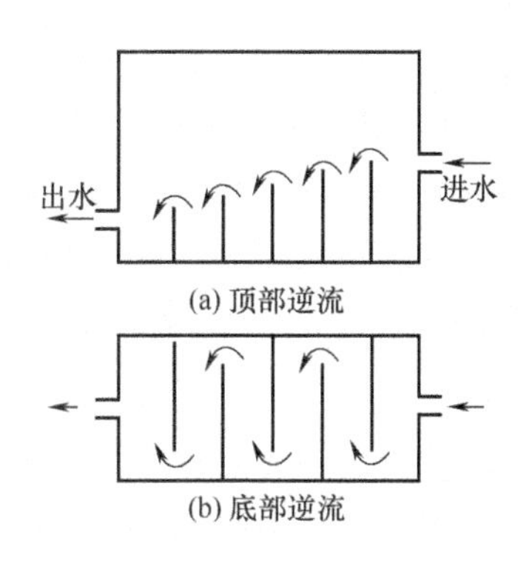

图 3－27　分格逆流

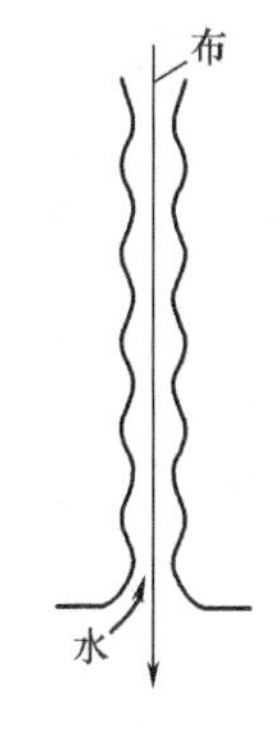

图 3－28　缝道逆流

(3)缝道逆流。为了使洗液在洗涤中充分发挥作用,将洗槽做成缝道,缝壁为波浪形,如图 3－28 所示,织物在缝道中运行,洗液逆向流动,由于织物在缝道中带动洗液撞向波形壁,又反作用于织物,除起到逆流效果外,因形成缝道内的洗液振荡,又额外提高洗涤效果,同时洗液在缝道中有一定流动速度,又加剧了洗液与织物在相对的高速运行中的"摩擦"作用,加速了织物上的污物向洗液内的扩散作用,增加洗涤效率。

2. 多浸多轧　通过多次浸渍与挤压帮助溶液进行交换,对于洗涤可溶性污物较为有利,但对于洗涤含有固体污物的织物就不一定有利。因为轧压可以使一部分污物轧下来,但也可以使一部分污物轧进纤维内层,更不易洗除。

①开口平洗槽上导辊加小压辊。此多为老厂改造用,一般以压辊自重加压。

②蒸洗箱内上导辊加小压辊。箱内有用压辊自重加压外,近年来也有用小气缸加压,并在结构上蒸洗箱与加盖平洗槽已合二为一,如图 3－29 所示。此种加压用的小导辊表面必须包覆耐热橡胶。

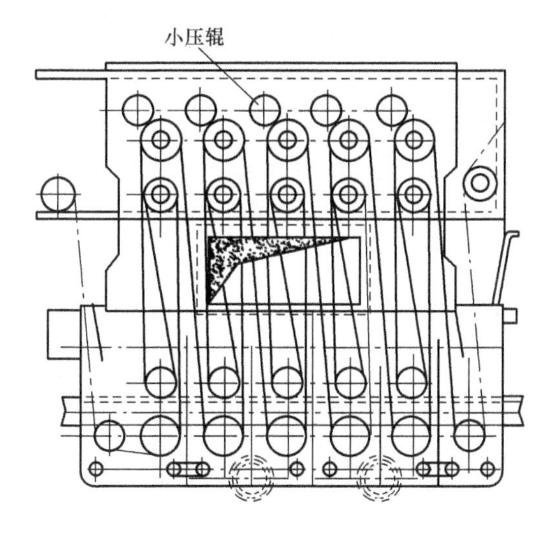

图 3－29　多浸多轧蒸洗箱

(1)中心承压辊式多浸多轧。如图3－30所示，在平洗槽内安装一中心承压辊，其上分布6根小轧辊，另在空隙处用导布辊将织物架空穿行，以利于在织物两面设置喷水管进行冲洗。这样，织物每次挤压均接触清水，易于洗液交换，如洗除酸碱之类污物，以针织物更为合适。

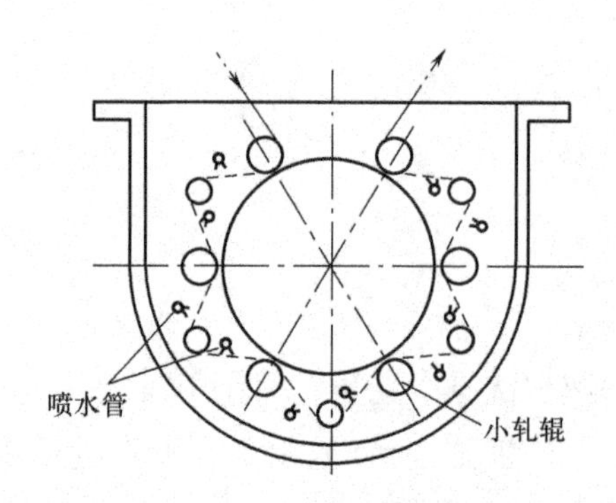

图3－30 中心承压辊式多浸多轧

(2)卧式多浸多轧。如图3－31所示，以多根轧辊组成"品"字形排列，上压辊以自重或气动加压，下轧辊均为主传动，在每个轧点前后均有导布辊，将织物架空以利于设置喷水管喷水。同样，织物每次经过轧点均接触清水，加工对象也以针织物更为合适。

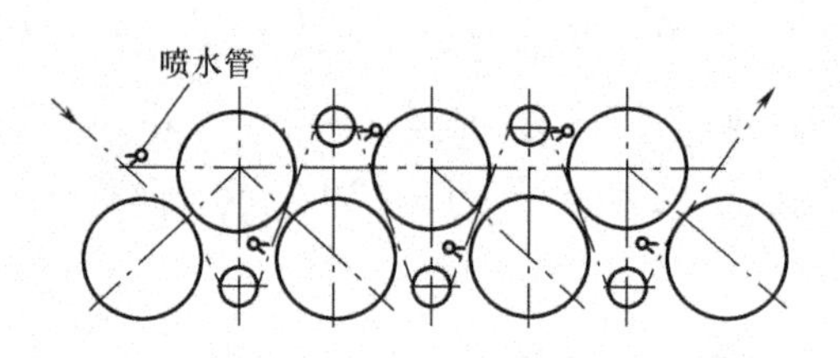

图3－31 卧式多浸多轧

3. 强力冲洗 即利用离心泵将洗液以高压通过小孔喷向织物，压力大时可穿透织物，以去除吸附在织物中的杂物，织物表面液层交换快，洗涤效率较高为其优点；但因先喷上去的洗液于织物外表面形成膜层，后喷上去的洗液必须冲破先前形成的液膜，以致造成织物表面上的液膜不断形成又不断被破坏而造成能量损耗增加。为了提高洗涤效率，可将喷洗槽做成波形壁。

4. 刷洗 根据日常生活中洗衣服采用板刷进行刷洗的原理，染整工业的洗涤工序中也有采用毛刷辊进行连续刷洗的措施，如图3－32所示。将单独拖动高速回转的毛刷辊在经过预先浸润的平幅织物上洗刷以除去污物。

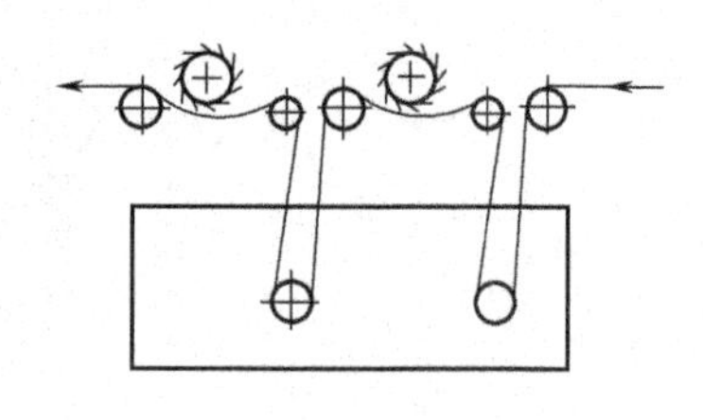

图3－32 刷洗

一般应用于丝绸印花后的皂洗机中，尤其适用于洗除筛网印花织物上的较稠厚的表面色浆，洗涤效率比较显著，如在刷洗之前,先经过充分的浸润膨化则洗涤效果更为显著。被洗织物在毛刷辊上的包角和相对速度在不损伤织物的前提下,越大越有效。毛刷辊越多、包角越大,则效果越好。

5. 振荡水洗　为了强化水洗,促使织物上的污物与洗液快速交换,采用振荡方法是其主要措施之一。然而振荡方法一般包括从简单的机械低速大幅度摆动直到洗液的高频振荡,形式各异,需视洗涤对象进行选择。

(1)击布振荡式。采用多角辊于上下导布辊之间直接打击织物,一般多角辊线速度与织物同速,并方向相同。为了提高洗涤效率增加一排打击辊,于织物正反两方面打击织物;也有在蒸洗箱内增加打击辊的,或将上下导布辊直接改为多角辊,除振荡外,织物张力较小,较适用于薄织物。

(2)滚筒振荡式。如图 3 - 33 所示,滚筒振荡水洗槽结构由水洗槽(水洗机主体)、滚筒、多孔滚筒组成。

由于菊形滚筒旋转,在凹凸表面进行排水、吸水,产生波动,如图 3 - 34 所示。以 30 ~ 60Hz 频率进行反复波动,属于动态波动。通过赋予在多孔滚筒上运行的织物以激烈的振动及水的渗透来完成清洗工序。

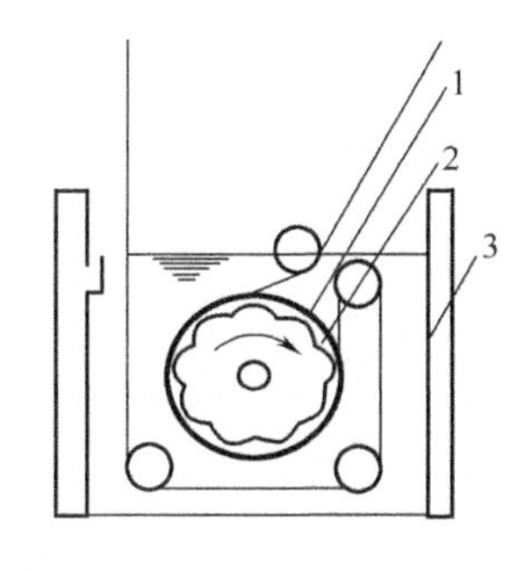

图 3 - 33　滚筒振荡式

1—多孔滚筒　2—滚筒　3—水洗槽

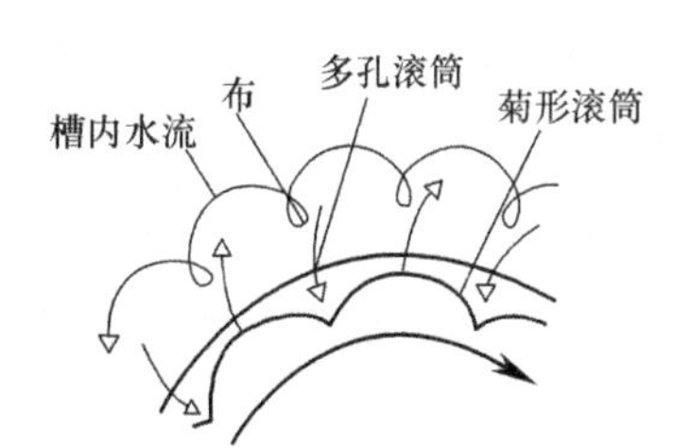

图 3 - 34　滚筒振荡示意图

(3)往复振荡式。将平洗槽内的上排导布辊安装在两侧驱动板上,如图 3 - 35 所示。驱动板由一偏心机构带动做往复摆动,偏心距一般为 32mm,摆动频率为 172 次/min。

(4)搓板振荡式。为了强化洗涤效果,采用搓板振荡式洗涤措施,如图 3 - 36 所示。即在洗液下布层之间插入表面为波浪形的搓板,此搓板一般为不锈钢板焊制,每槽设置四个,均通过连杆与顶部偏心机构相联结,振荡频率为 3000 ~ 4000 次/min,振幅为 0.5 ~ 3mm,其特点是不与织物接触,而通过洗液波动传至织物。为了加强洗液的波动,在上述搓板式的平洗槽内底部又设置一组固定式波浪形搓板,其与振荡搓板之间间隙仅为15 ~ 20mm,以加强洗液的波动强度。

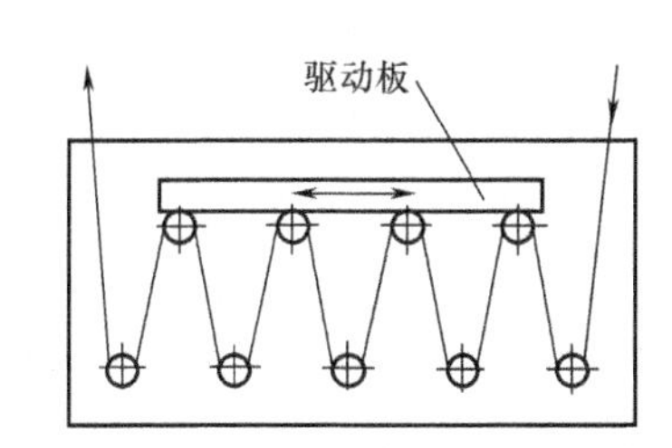

图 3 - 35　往复振荡式

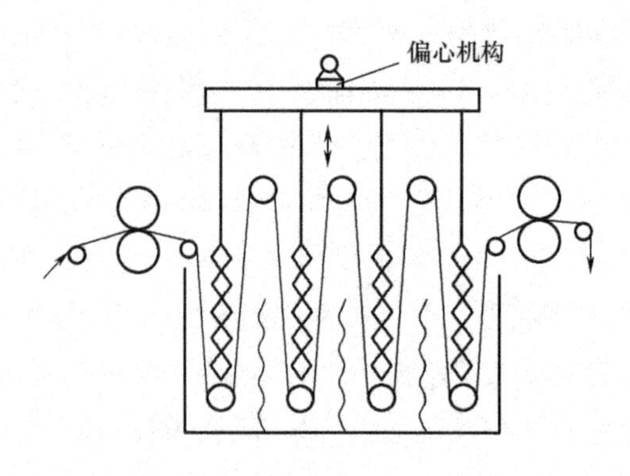

图 3 - 36　搓板振荡式

另有一种将振荡搓板和固定式搓板做成楔形，织物在楔形缝内穿过，如图 3 - 37 所示。当上、下振荡时除使洗液产生振动而波及织物外，还在楔形缝内产生“压出”与“抽吸”的作用，加强洗液穿透或与织物的摩擦作用。

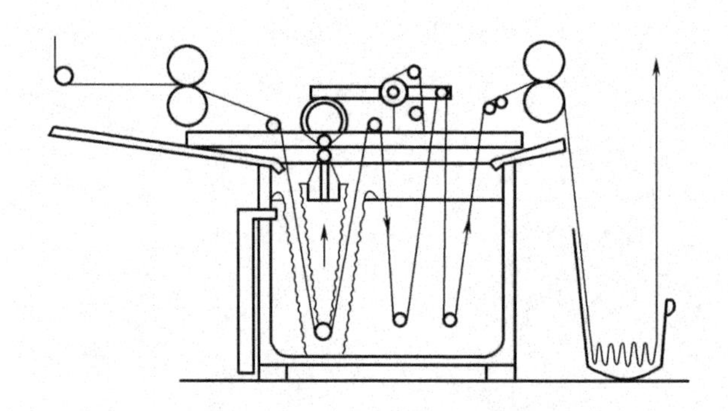

图 3 - 37　楔形搓板振荡式

(5)滚筒吸入式。如图 3 - 38 所示，主动的多孔滚筒直径约 616mm，内层为不锈钢板，直径 611mm，孔径约 3mm，外覆双层不锈钢丝网，最外层较密空隙小，厚度约 0.3 ~ 0.4mm，中间层较粗一些，厚度约 0.7 ~ 0.8mm，不锈钢丝网外层再包覆尼龙布。穿透织物的洗液由轴端的轴流泵控制。

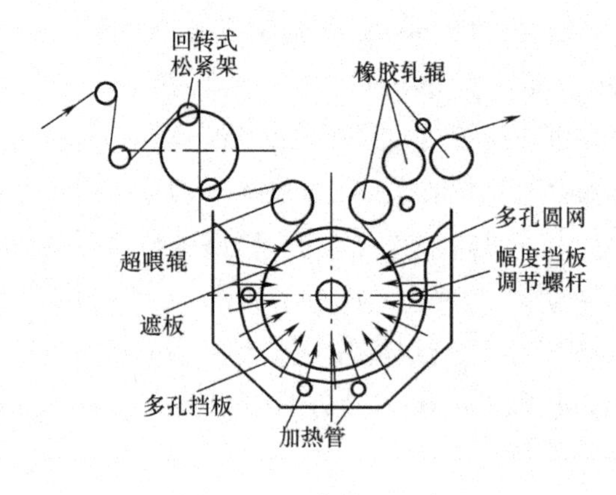

图 3 - 38　滚筒吸入式

6. 蒸洗　在气相中织物上的污物因受到高温作用而开始膨化并向织物上所附液体中扩散，以便当织物运行到底部液相时与洗液进行交换，如此反复进行，加速扩散、交换，从而提高洗涤效率。因此，国内外染整设备洗涤工序中均加强了蒸洗措施。

(四)几种高效平幅洗布机

1. 低水位逐格逆流波形辊式平洗机　该机如图3－39所示。

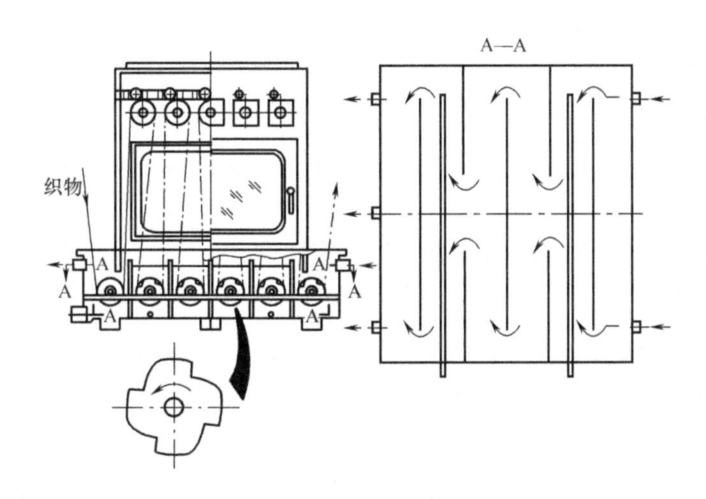

图3－39　低水位逐格逆流波形辊式平洗机示意图

该机的主要特点如下：

(1)常压液封热洗。洗槽顶盖口沿水封，进、出布外洗液封口，槽内温度可达98℃，织物在汽域中运行时间较长，这种热洗——汽蒸——热洗方式对去碱有明显效果。采用汽水混合器槽外加热的热水喷淋于进轧液辊组轧点前的织物上流入槽内，再在槽内加热保温的方法，此法耗汽较少，可稳定槽内液温，织物不易起皱。

(2)低水位分格迂回逆流。除相邻平洗槽间洗液逆流外，槽内还分格使洗液逐格迂回逆流。同时，由于低水位、小浴比，洗液更换快，并可充分发挥其净洗作用，耗水、耗汽量有所下降。

(3)多浸多轧。槽内每支上导布辊上方斜装有一支直径为80mm的耐热合成橡胶小压辊，借自重加压，使槽内织物多浸多轧，并使轧下的污液各流回原格，有助于加大各格内净洗所需的污物浓度差。

(4)波纹辊振荡。槽内下排导布辊中有四支波形辊，回转中使织物产生振荡，搅动洗液，并使包绕的织物与辊面间的洗液具有一定的挤压力而有利于洗液穿透织物。

2. 低水位逐格逆流回形穿布式平洗机　如图3－40所示，每槽分有3～6格，按工艺需要组合使用，能适用于厚密型和容易起皱的轻薄型的各种织物洗涤，耗水量少，洗涤效率较高。

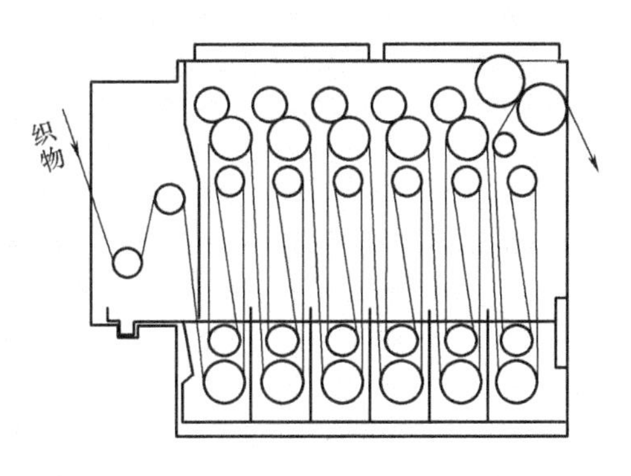

图3－40　低水位逐格逆流回形穿布式平洗机

该机主要特点如下：

(1)回形穿布。采用回形竖穿布方式,容布量多(每格达5m),使单位面积织物获得较长的洗涤时间,能在较小的空间内实现较高的洗液湍流,使洗液交换良好,可有效地利用洗液,由于织物竖穿,不会像横穿布那样因织物上表面存水而增大经向张力。

(2)低水位分格迂回逆流。槽内分格,洗液低水位逐格迂回逆流,每格内洗液更换快,有利于加大织物与洗液间的污物浓度梯度和降低耗水、耗汽量。

(3)加大导布辊直径。槽内大小导布辊的直径(100mm、125mm、150mm)都相应加大,并适当缩小上下导布辊中心距,能防止回形穿布净洗织物起皱产生折痕。

(4)采用分立离合器传动导布辊。槽内上排导布辊全部由压缩空气加压的分立离合器传动,并通过气动张力辊式线速度调节装置和无接触变阻器自动调速,减低织物经向张力并使其保持恒定,也有利于防止织物起皱。

(5)加盖密封。平洗槽加盖,相邻两槽之间采用气密结构连接,洗液由压力为0.2MPa的蒸气加热,可进行蒸洗而无蒸汽泄出,有利于节约热能。

(6)多浸多轧。槽内每支上导布辊上方斜装有一支耐热合成橡胶小轧辊,使织物多浸多轧,有助于加大各格内洗涤所需的污物浓度梯度,提高洗涤效率。

(五)绳状洗布机

绳状洗布机是供绳状织物洗涤用的,也可用作绳状浸轧退浆剂、煮练剂、漂白剂等化学品溶液。因此它是组成绳状练漂联合机的重要单元机台,并根据运行织物的张力情况,又可分为紧式绳洗机和松式绳洗机两种。

1. 紧式绳洗机 紧式绳洗机是将双头绳状织物处于经向拉紧状态下进行洗涤的。绳状织物分别进入左右两端的瓷圈,绕过轧槽的后、前两支导布辊,进入大轧辊轧点,并由分布棒按道数分开,继续回绕在导布辊与大轧辊上浸轧,通常要浸轧6~11道(即绳状织物回绕6~11圈),最后双头绳状织物在大轧辊中部喷洗后进入上轧辊轧点,再次轧除液分,然后分头出布。紧式绳洗机的工作效率高,车速可达95~180m/min,结构较为简单。

紧式绳洗机的型式较多,但其结构原理基本相同。现选择图3-41所示的一种绳洗机进行介绍。

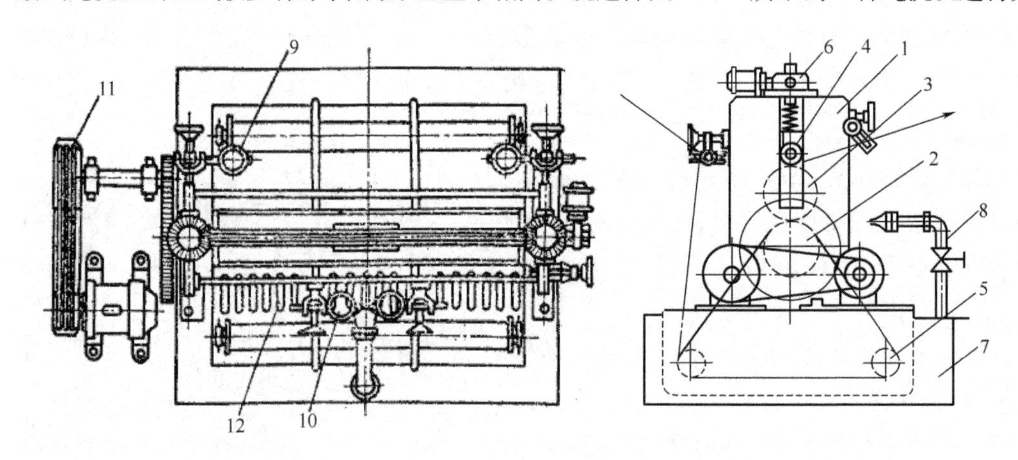

图3-41 绳洗机

1—机架 2—主动轧辊 3—被动轧辊 4—轧液辊 5—轧槽导辊 6—加压装置
7—轧槽 8—喷水管 9—进布圈 10—出布圈 11—传动装置 12—分布棒

(1)机架。又称墙板,它是支撑轧辊轴承、承受机件重量和机器在运行过程中所产生的力矩的机件,因此必须有足够的强度和刚度,避免振动和损坏。机架常采用 HT15 - 33 铸铁制成。其轧辊轴承座的滑道与轴承座配合,应与机架底平面垂直,以保证左右轴承座在滑道上自由上下移动。

(2)主、被动轧辊。它是紧式绳洗机中的主要机件,又是易损机件。主动轧辊外径为 500mm。辊体可用铸铁制成,也可用 12 ~ 16mm 的钢板卷成。辊体外圆车制倒顺螺纹,再包覆乳白色橡胶层,厚度为 16 ~ 20mm,硬度为 HSA 85 ± 3,表面精度要求不高。轧辊芯轴采用 45# 钢,有通芯轴及不通芯轴两种,芯轴一端连接传动件。被动轧辊外径为 400mm,表面橡胶硬度为 HSA 85 ± 3,两端轴对称,其余结构与主动轧辊相同。

辊体如果是钢板卷制焊接的,须经定性处理,以消除内应力,否则使用一段时期后,在芯轴焊接处由于应力集中,有发生断裂的可能性。

(3)轧液辊。轧液辊的作用是绳状织物经多次浸轧后再次轧液,以降低轧液率。轧液辊外径为 200mm,辊面包白色橡胶,硬度为 HSA 85 ± 3。辊体用铸铁或无缝钢管制成,两端以滚动轴承与通芯轴联接。

(4)导布辊。导布辊两根,装在轧槽内,用来诱导绳状织物浸渍。导布辊直径为 200 ~ 250mm。辊体用无缝钢管制成,两端用闷头板焊接密封,闷头板中心镶焊不锈钢(1Cr18Ni9Ti)短轴。辊面及两端均包覆硬橡胶层厚 10mm 左右。精度要求不高。

(5)轴承。轧辊轴承采用双列滚子球面球轴承,轧液辊采用双列滚珠轴承,均能自动调心。导布辊采用球面滑动轴承,材料用 HT20 - 40(碱性轧槽内用)或铸黄铜(酸性轧槽内用),内镶尼龙玻璃纤维或胶木轴套,以便于自动调心及维护保养。

(6)加压装置。紧式绳洗机的洗涤效率与加压装置有着密切关系。对加压装置要求有足够的压力,加压稳定和操作方便。老式机台采用重锤杠杆加压或拉簧杠杆加压。紧式绳洗机采用电动弹簧加压装置,较前两种为好。它在加压时只要按下加压电钮,机架上的专用电动机就拖动蜗杆蜗轮减速器,带动与圆锥齿轮相连接的丝杆螺母转动,使丝杆下降,通过弹簧压盘压缩弹簧,使弹簧的压力施加于被动轧辊的轴承壳上,当压力达到所需数值时,触杆碰到行程限位开关,专用电动机立即停止转运而不再增压。停车卸压时,则按卸压电钮,电动机反向运转,丝杆上升,待被动轧辊升至规定距离时,全部卸压,触杆与上行程开关相碰,即自动停止运转。这种加压装置操作方便,弹性缓冲性能好,轧辊运转也较平稳。至于上轧辊的加压,则是通过其轴端另装的小弹簧来施压的,其加压卸压及升降动作是通过手动轮来进行的。

(7)轧槽。过去轧槽常用木板制成,容易变形腐蚀,使用寿命不长。近年来改用砖砌或钢筋混凝土作为槽体,内壁采用水磨石或贴白瓷板,光洁耐用。为了能耐腐蚀,也有采用花岗石凿制成的,经过试用,能耐温 100℃,使用寿命较长,天然资源也多。缺点是槽体笨重,加工较难,成本较高。可因地制宜,适当选用当地易取的材料。

在排水和土壤条件等可能的情况下,宜将轧槽的大部分埋入地面下,这样既能降低机器的安装高度,减轻机器运转时的振动,也便于生产人员的操作。紧式绳洗机的轧槽,横向分三格,这样就能使将要出机的几道布环,在中间一格内由喷水口喷入的清水中洗涤,以提高净洗效率,而较混浊的水则流向左右两格,继续使用后溢出流至下水道,做到合理用水。槽底有泄水口,可排尽槽内存水。轧槽上装有挡水板,以防止轧液飞溅。

(8)分布装置。为了避免运行中的绳状环形织物相互纠缠,在织物进入轧点前用分布棒分隔。分布棒原来多为木制,但易磨损及擦伤织物,后来改用瓷棒或玻璃棒,但容易碰碎,且易擦伤织物,现在已改用不锈钢或套上塑料管,这样就经久耐用而又安全了。

为了避免绳状织物轧点位置固定,而使轧辊表面局部磨损,有的机台装有活络分布装置。它是将分布棒装在一根能随轧辊轴向移动的杆件上,用丝杆或自动机构推动杆件作往复运动,以改变轧点的位置。但由于使用环境条件较差,容易腐蚀,这种活络分布装置经常失灵,因此需要加强检修,以保证其效用。

(9)喷水管。为了使将要出机的绳状织物达到净洗效果,故在轧辊中部织物进轧点处装有直径为76mm的喷水管,管口装有扇形狭缝喷口,将清水强力喷在布环上。喷水位置应比轧点稍低些,以发挥其喷洗的效果。

为了合理节约用水及简化操作,常将喷水阀门与传动设备相连接(可采用电磁或其他形式的阀门),则喷水口可随机台的开停而自动开关。

(10)传动设备。绳洗机的传动方式有集体传动和单独传动两种。集体传动的绳洗机一般都横向并列安装,用一台电动机拖动整根天轴,天轴上有通向各机台的平皮带传动,用离合器控制单机运转。这种传动形式虽简单,但在操作及安全方面都不符合大规模生产的要求,各厂都已改革。因此目前使用的绳洗机多以单独传动的形式出现。

单独传动的绳洗机可以前后排列,便于机台连续化及自动化。它是依靠前后机台间的容布器(俗称伞柄箱)存布量的变化,通过重力式线速度调节装置来控制前后机台速度的快慢,或控制前后机台的开停。但也有依靠人工操纵电钮来控制的。

2. 松式绳洗机 松式绳洗机的主要特点是对单头绳状织物在松弛状态下进行浸渍轧洗,因此它适用于不能承受过大张力的绳状织物的洗涤。例如印花衬布或针织物等可用这种设备洗涤。

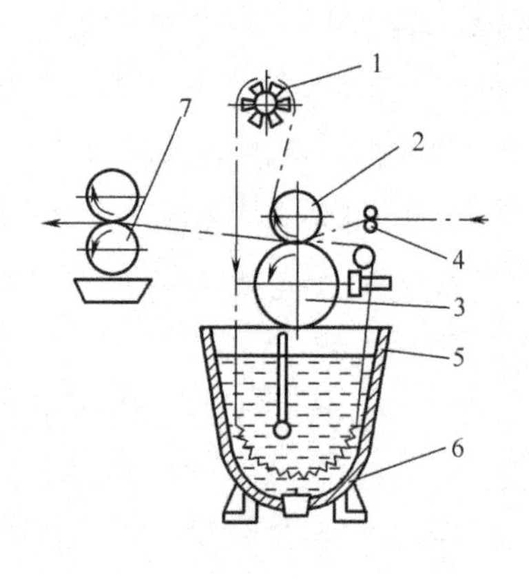

图3-42 松式绳洗机示意图
1—六角辊 2—上压辊 3—主动下轧辊 4—进布瓷圈 5—轧槽 6—放水塞 7—小轧车

由于绳状织物在洗液中松弛浸渍,有助于污物向洗液扩散,但车速却受到设备结构的限制,不能太快,一般在50~80m/min。以免多道回绕的绳状织物在洗液中发生纠缠打结现象,而造成织物拉断或损伤。

松式绳洗机如图3-42所示。它常以3~5台组成一组,织物成环状导入槽内,先后通过3~5槽,依次在槽内浸渍并在两轧辊间进行轧洗,最后经小轧车轧液后出布。轧槽用铸铁制成,上口是敞开的,槽底为弧形。槽中装有一块带孔的隔板,将槽分隔成前后两部分。隔板上部装有分布棒,用以分隔出槽的布环。隔板下边装有直接蒸汽管便于加热洗液,槽侧装有进水管及溢水口,槽底装有放液塞。槽口上绳状织物进槽处装有六角辊,将织物摆动入槽。槽内无导布辊。槽上轧辊、轴承、机架、传动设备等与老式紧式绳洗机相似。

二、净洗机的操作与维护

(一)平洗机的维护与保养

平洗机的维护、保养见表3-4和表3-5。

表3-4　平洗机的检修

故障情况	处理办法
平洗槽内织物产生有规律皱条	检查上下导辊是否弯曲 检查上下导辊辊面是否凹凸不平
平洗槽内织物产生皱条	检查上下导辊轴颈及轴承是否损坏 检查上下导辊轴承座螺栓是否松动 检查上下导辊是否与前后轧辊轴平行及平整 检查蒸汽加热管喷孔方向是否对准织物布面
平洗槽内织物运行跳动	检查下导辊轴颈及轴承是否磨损 检查织物张力是否太大,前后轧车线速度可能有问题
平洗槽出液口不通	清除出液口及通道垃圾
平洗小轧车轧辊上下失灵	检查杠杆加压、薄膜加压、气缸加压是否失灵 气阀、气管是否损坏或塞住,供气是否正常
平洗小轧车轧辊轧不平	检查主被动轧辊表面是否凹凸不平或呈圆锥形、椭圆形 被动轧辊表面硬度是否超准,橡胶层是否太薄或老化龟裂 加压装置是否相碰而影响轧辊加压
平洗小轧车轴承发热	检查上下轧辊轴承是否损坏或断油
平洗传动齿轮有响声	检查传动齿轮或减速箱齿轮是否损坏或断油 检查减速箱滚动轴承是否损坏或断油 检查上下轧辊轴承是否损坏或断油
平洗小轧车主动辊车速不对	检查平洗轧车主动辊直径是否由小到大顺序排列

表3-5　平洗机的维护保养及定期加油

机械名称	检查周期	加油周期
平洗小轧车轴承	每年检查一次并换新油	滑动轴承每班加适量机油一次 滚动轴承每周加黄油一次
平洗小轧车加压销钉	每月检查一次	每周加少量机油一次
平洗传动齿轮	每年检查一次	开式:每周加少量黄油一次 闭式:每年换新机油一次
平洗上导辊轴承	每半年检查一次	滑动轴承每周加适量黄油(机油)一次 滚动轴承每三个月加黄油一次
平洗下导辊及轴承	每两周检查一次	

(二)绳洗机的维护与保养

1. 紧式绳洗机的维护与保养 紧式绳洗机的维护与保养见表3-6。

表3-6 绳洗机的维护保养

机械名称	检查周期	加油周期
轧辊滑动轴承	半年检查一次	每班加适量机油一次
传动齿轮(包括加压传动)	一年检查一次	开式传动每周加少量黄油一次,闭式传动每年在检查时调换机油一次
传动滚动轴承	一年检查一次	每年检查时调换或加黄油一次
加压杠杆圆柱销	半年检查一次	每周加少量机油一次
水槽导辊和轴承	两周检查一次	

紧式绳洗机日常机械故障情况及处理办法见表3-7。

表3-7 绳洗机常见故障及处理

故障情况	处理办法
被动轧辊上下失灵	检查加压装置是否损坏及断油,或传动电动机是否旋转 检查加压螺杆、螺母是否损坏 检查加压螺杆、紧圈圆锥销是否断脱 检查加压弹簧是否失灵
上下轧辊接触不良	检查上下轧辊表面是否平整 检查上下轧辊是否平行或一端高(低),并检查轧辊轴承和加压系统是否有一端损坏的现象 上下辊橡胶层用后变薄,检查一下轴承壳是否相碰
轧辊轴承发热	检查油环在运转时是否转动,轴承是否断油 检查轴瓦是否磨损,轧辊轴颈是否发毛
水槽导辊跳动	检查导辊轴颈与轴瓦是否磨损发毛 检查导辊轴与轴瓦间隙是否太大
传动设备有异声	检查滚动轴承是否损坏、断油或轴承壳螺母是否松动 检查传动齿轮(或减速箱齿轮)是否损坏、断油或有杂物轧进齿轮 检查传动三角皮带是否松动及传动脚、机架脚螺母是否松动

2. 松式绳洗机的维护 松式绳洗机的维护保养可参照紧式绳洗机。

单元3 烘燥机

本单元重点:

1. 掌握烘筒烘燥机的工作原理。
2. 了解烘筒烘燥机极限车速的计算方法。

3. 了解疏水器的用途和工作原理。

4. 掌握热风烘燥机的类型和作用。

5. 掌握煤气红外线发生器的工作过程。

烘燥机在染整生产中的应用很广,从练漂、染色、印花直至整理等各工序之间,织物要经过烘燥机械,以完成各种不同的工艺加工。

烘燥机械通常的作用是靠热能或电磁能,使织物料内的水分蒸发而成为干燥的织物。在染整加工中,不仅成品需要烘燥,对于在两道工序之间的半成品往往也需要烘燥。例如,织物在漂白与丝光、丝光与染色之间,为了避免碱液或染液被冲淡,一般都需经过烘燥。在连续轧染时,对于分散染料,织物在浸轧染液后需经烘燥,然后再进行固色。织物印花后,为了避免搭色,必须进行烘燥。上述的烘燥是指把织物的含水率控制在标准回潮率范围内。热处理机械是对合成纤维织物或混纺织物进行高温干热处理的设备。

一、烘燥概述

(一)烘燥机的作用

烘燥机主要起了蒸发水分,干燥织物的作用,也可以使合成纤维纯纺或混纺织物在一定温度条件下,发生某些物理变化或化学变化。下面简单介绍三种作用。

1. 合成纤维织物的热定形 合成纤维因有热塑性,在染整加工前处理的湿热处理中,织物易产生不易除去的收缩和皱痕。为了保持织物外观挺括、形状稳定、不起皱纹,通常需经热定形处理。热定形主要是在给予织物适当的张力(如用针铗给予平幅织物以纬向拉力)和维持一定的形状下(如给予袜子以一定的形状),纤维分子经受高温处理,使分子间的引力减弱,内在张力趋向降低,纤维分子处于比较可以自由移动的状态,然后经急速冷却,纤维分子便在新的位置上相互产生引力,达到外观挺括并在以后加工和成衣穿着时不再发生变形的目的。定形效果与定形温度,定形时间以及织物含湿程度有关。定形温度一般应低于纤维的熔点或软化点。温度过高、时间过长会使纤维发黄,强力减低,甚至受到显著损伤。通常涤棉织物热定形温度为180~210℃,锦纶织物热定形温度为180℃左右。

2. 分散染料轧染后的高温焙烘 合成纤维织物经分散染料轧染后,需经高温焙烘加以固色。因为合成纤维对染料的吸收性能差,只有在高温作用下才能使其紧密的高分子之间的引力减弱,同时染料分子在高温时升华成气态,有渗入纤维分子之间的可能。焙烘温度和时间,视染料的性能而定。一般情况下焙烘温度为180~250℃,焙烘时间为1~2min。

3. 树脂整理的高温焙烘 树脂整理主要用于纤维素纤维(如棉、麻、黏胶纤维)的防皱整理以及涤棉、涤黏等混纺织物的防缩、防燃、防污等特种整理。织物浸渍树脂以后,必须在高温条件下使树脂初缩体在纤维内部树脂化后,形成有一定结构的树脂,以达到特种整理的目的。通常树脂整理焙烘温度为140~170℃,焙烘时间为3~4min。

(二)烘燥原理

烘燥过程简单地说就是给予被烘物料一定的能量,使其中的水分变成气体并从被烘物料中分离出去的过程。

首先假定湿物料中的水分分布均匀。当表面水分蒸发后形成了内部与表面的湿度差,内部的水分借扩散作用移向物料表面,然后在表面进行蒸发。由于物料的结构、性质、温度以及周围介质的情况不同,内部水分的扩散速率与表面水分蒸发速率往往是不相等的。物料表面水分蒸发速率取决于周围介质的温度和湿度。因为物料汽化表面的温度相当于周围介质的湿球温度,则介质与物料蒸发表面的温度差(干球温度 t_q - 湿球温度 t_s),代表了介质向物料传递热量的动力。同时物料表面对应于 t_s 的饱和蒸汽压 p_s,与周围介质中水蒸气分压力 p 之差(p_s-p),形成了表面水分向介质扩散的动力。所以,当湿物料中水分充分时,烘燥速度取决于表面蒸发速度,但当水分蒸发到内部扩散速率低于表面蒸发速率时,烘燥速度将逐步降低。物料内部水分扩散速率决定于物料本身的结构。当然,增加物料内部能量也可增加内部水分的扩散速率。烘燥过程是以物料内所含水分全部蒸发完毕时才为结束。

(三)加热方式与烘燥形式

由于烘燥过程是把湿物料内的水分变成蒸汽,然后将其除去的过程,所以蒸发这些水分所需的热量应大于或等于水的蒸发潜热。烘燥速度将随着热量传递速度和织物内部水分扩散速度而异。为了能用最经济的办法获得最高烘燥速度,同时又不至影响产品质量,就必须对加热方式与对应的烘燥形式进行分析比较。

1. 在织物表面加热 从传热学中可知热量传递有热传导、热对流与热辐射三种基本方式。对于织物也可以用这三种方式加热(这里需要说明的是,在实际加热过程中,这三种传热方式往往不是独立进行的,而是相互结合进行)。表面加热的烘燥方式也可以按这三种方式来区分。

(1)接触烘燥。接触烘燥是使织物直接与高温金属表面相接触,从而使织物获得热量,织物与金属间的热阻很小,热量传递速度比对流传热快。其加热与蒸发过程如3-43图所示。

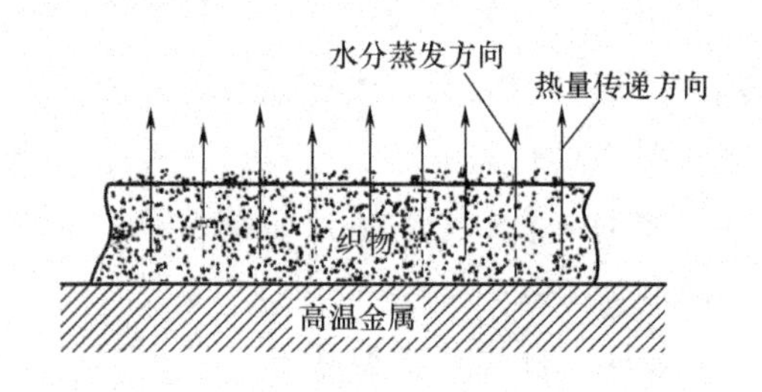

图3-43 接触烘燥水分蒸发示意图

图中织物与热金属表面相接触的一面首先被加热,织物内水分也随之升温并从另一面蒸发。所以水分蒸发的方向与热量传递的方向相同。随着温度升高,水分也渐渐向自由表面移动,织物各层温度也随水分蒸发而渐渐升高,直到最后水分全部由自由表面蒸发逸出,从而完成烘燥过程。这种烘燥形式虽有热效率高,烘燥速度快,机械结构简单,操作方便等优点,但由于织物直接接触高温金属表面,所以容易损伤纤维,引起手感发硬,织物表面产生极光等缺陷。

(2)热风烘燥。织物加热是借被加热的空气以一定的速度吹向织物表面(气流方向有平行和垂直织物运行方向两种),利用对流传热的原理,将空气中的热量传递给织物。它的烘燥特点是烘燥过程缓和,受热均匀,可采用多种能源获得热量,能适应多种织物加工和各种加工工艺的需要。热风烘燥的加热和蒸发过程如图 3－44 所示。

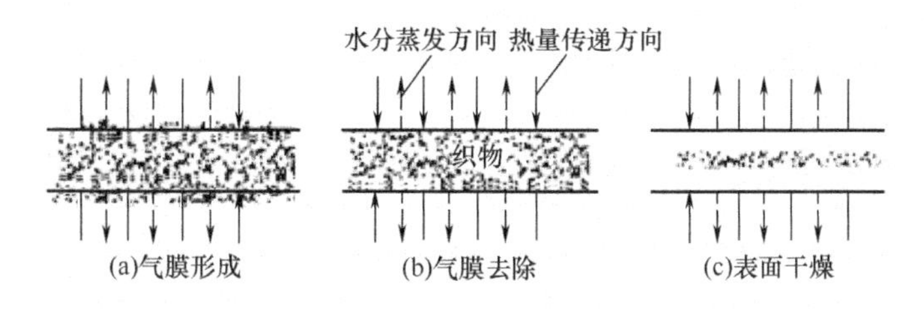

图 3－44　热风烘燥水分蒸发示意图

在热风烘燥过程中,织物两面都受热空气的喷射而获得热量。这样,首先蒸发的是织物两个表面的水分。随着水分蒸发,织物温度也开始由表面向内部逐步升高。由于表面水分的蒸发,往往在织物表面形成一层气膜。这层气膜热阻较大,由于它的存在,限制了热空气向织物表面传递热能的速度,因此必须及时破坏这层气膜。向织物表面喷射高速热空气将有助于破坏这层气膜。在热风烘燥机中常用的喷风速度为 16～20m/s。开始烘燥阶段,单位时间内蒸发水分量是恒定的,织物的温度保持不变。当织物表面水分蒸发后,织物内部含湿量仍很大,织物的温度仍保持不变。当织物表面水分蒸发后,织物内部含湿量逐渐减少,织物表面得不到补充水分后,表面就开始干燥,同时干燥区将随热量的逐渐补充和水分的继续蒸发而向织物中心移动。此时单位时间水分蒸发量逐步递减,织物温度开始上升,直至达到织物的平衡含水率后,烘燥过程才算完成。

由于热风烘燥过程中热空气是传递热量的载热体,同时又是蒸发水分的载湿体,这样就决定了热风烘燥提高效率的局限性。

(3)红外线烘燥。利用辐射传热原理,使织物吸收从辐射体上发出来的电磁波,从而达到蒸发水分的目的。由于水分对红外线一定频谱有强烈的吸收作用,这样使水分内能增加,温度升高,从而使水分蒸发。这是一种不与热源直接接触,却能把热能迅速传递到织物上的办法。它有热强度高,设备结构简单,投资费用少等优点,在染色工艺中对防止染料泳移具有特殊的效果。

2. *在物体内部加热*　上述三种烘燥形式都是把热能传递到物体表面。当蒸发位置由表面移向物体内部时,不管被烘干的物体如何受热,热量必须通过某种传递过程才能由物体表面到达蒸发位置。由于纺织材料在热量传递过程中热阻很大,加热效率低,并且热量难于集中,所以对加热速度及加热均匀性都有影响。采用介质加热(高频加热)和微波加热法可以克服上述缺点,是一种在织物内部加热的方法。这种加热方法是对湿织物施加高频电磁场,使电解质内的偶极子随着电场方向的周期性变化而不断改变排列以适应这个变化,因而发生高频振荡。这种振荡的结果就表现为内部热量的产生。外加电场越强,频率越高,产生的热量就越多。产生热量的多少还与物质的种类及其介电性能有关。不同介质有着不同的最佳吸收频率范围。频率范围为 10～100MHz 的属介质加热法,频率为 900～3000MHz 的属微波加热法。为防止对无线电波的干扰,国际上所用频率限制在较窄的频带上。对介质加热指定专用频率为 13MHz、27MHz、29MHz,对微波加热指定专用频率为 915MHz、2450MHz。这两种加热方法虽有加热均匀、加热速度快以及烘燥时不需升温阶段等优点,但由于投资费用及以运转保养费用高,并且用电保护措施严格,所以目前染整工业中,仅在有特殊质量要求的场合才局部使用。例如,丝绸平网印花的中间烘燥就有采用高频介质加热的。

二、烘筒烘燥机的类型、结构与工作原理

烘筒烘燥机就是利用热传导传热的烘燥机。它使织物与预热的金属筒(烘筒)直接接触被烘干的。结构简单紧凑,烘燥效率也较高。

目前广泛使用的是立式烘筒烘燥机,如图3-45所示。有单柱、双柱、三柱和四柱等几种,可根据工艺选用。每对立柱安装烘筒8个、10个或12个。对于烘燥涤棉等混纺织物的设备,最后3个烘筒应改为冷却滚筒,以降低织物的温度。一般,最后要添加2~3只冷却滚筒。

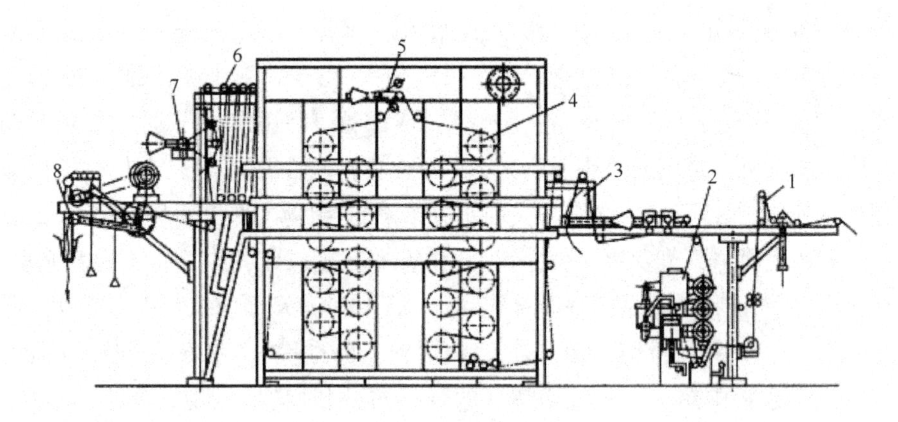

图3-45 立式烘筒烘燥机

1—进布装置 2—大轧车 3、5、7—线速度调节装置 4—烘筒 6—透风装置 8—出布装置

根据织物与烘筒的接触状况,烘筒烘燥机还可以分为单面烘燥和双面烘燥,如图3-46所示。一般采用双面烘燥,但绒面织物等采用单面烘燥。

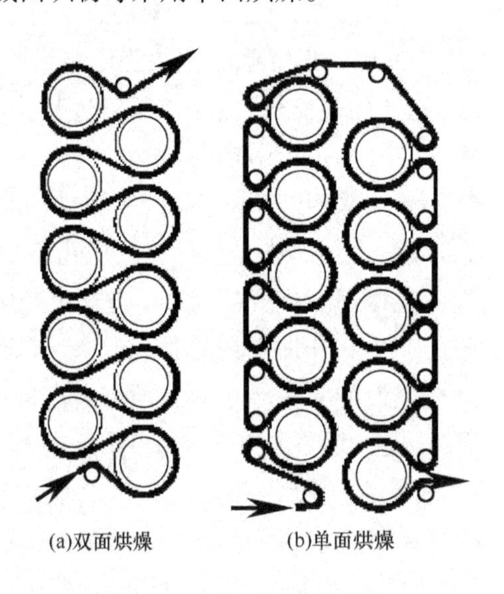

(a)双面烘燥 (b)单面烘燥

图3-46 单面与双面烘燥

立式烘筒烘燥机主要由烘筒、轴承及密封件、立柱、撑挡及底盘、疏水器、进汽和排水管路、扩幅和传动装置等组成。加热蒸汽由蒸汽总管进入空心立柱(或汽管),分别引入各烘筒,把热量通过筒壁传递给包绕于烘筒表面的含水织物后而冷凝。冷凝水由排水斗或虹吸管排出烘筒,进入排水立柱(或出水管),经疏水器排出机外。现着重介绍烘筒、烘筒轴承及疏水器三部分。

(一)烘筒

烘筒是烘筒烘燥机的主要部件。型式按封头分为外凸型、内凹型、平板型,如图 3 - 47 所示。

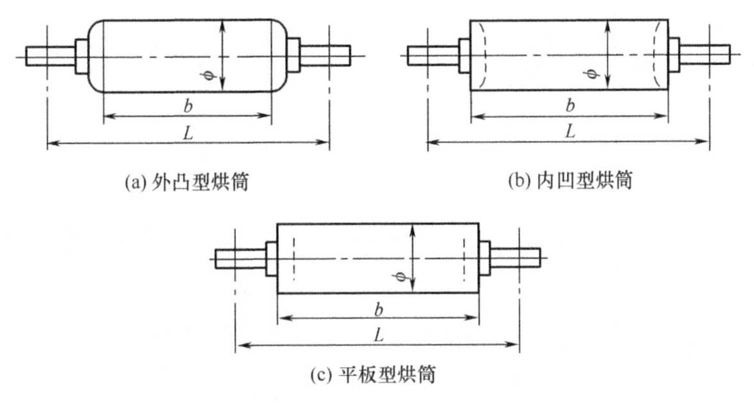

图 3 - 47　烘筒封头型式

烘筒的基本参数见表 3 - 8。

表 3 - 8　烘筒的基本参数　　单位:mm

公称宽度 b	1400#	1600#	1800#	2000#	2200#	2600#	2800#	3000#	3200#	3600#
轧辊外径 D	570、800、1000、1200、1500、1800									
安装中心距 L	$b+300$、$b+500$									

注　带#的尺寸为优选尺寸。

烘筒表面水平度≤0.3/1000,相邻烘筒之间平行度≤0.3mm,各轴承温升≤20℃。烘筒的设计压力为 0.4MPa,最大工作压力为 0.36MPa;设计温度为 151℃;工作介质是饱和蒸汽;容器类别为第一类压力容器,执行标准为 GB 150—2011《钢制压力容器》。

织物在烘筒上的围绕包角为 250°~270°。按照排除冷凝水装置的结构,烘筒又可分为水斗式和虹吸式两类。

图 3 - 48 所示为水斗式紫铜烘筒。筒体用 2~3mm 厚的紫铜板卷成,两端用红套箍把闷头口和筒体紧密结合在一起,如图 3 - 49 所示。再用螺钉把法兰空心轴固定在闷头口上。烘筒的非传动端闷头上装有空气安全阀,如图 3 - 50 所示,防止烘筒内产生负压(如开冷车或停车时)而把筒体压坏(俗称“吸瘪”)。

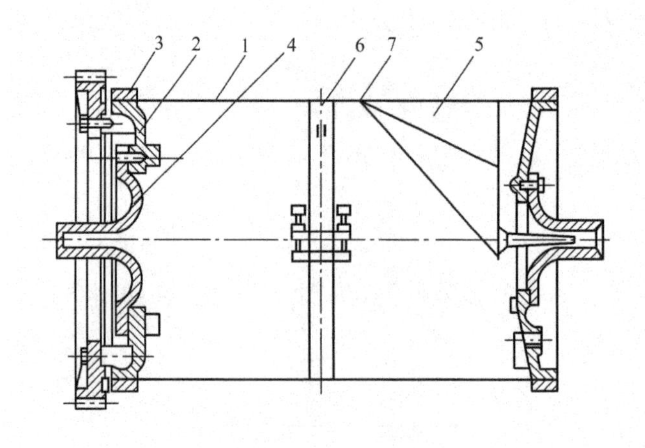

图 3-48　水斗式紫铜烘筒

1—筒体　2—闷头　3—红套箍　4—法兰空心轴

5—水斗　6—撑箍　7—搭合

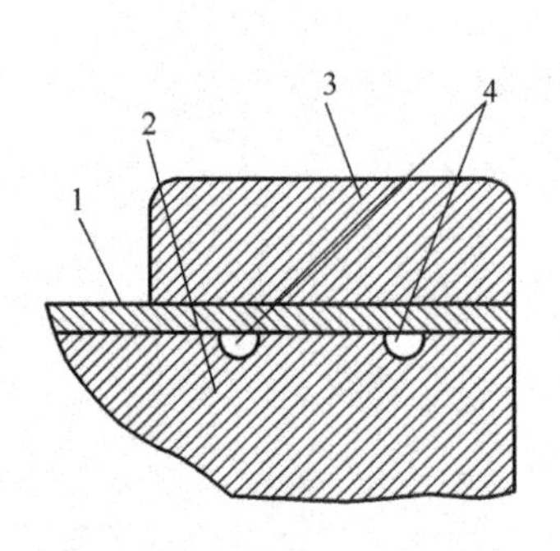

图 3-49　筒体与闷头的联接

1—筒体　2—闷头

3—红套箍　4—半圆槽

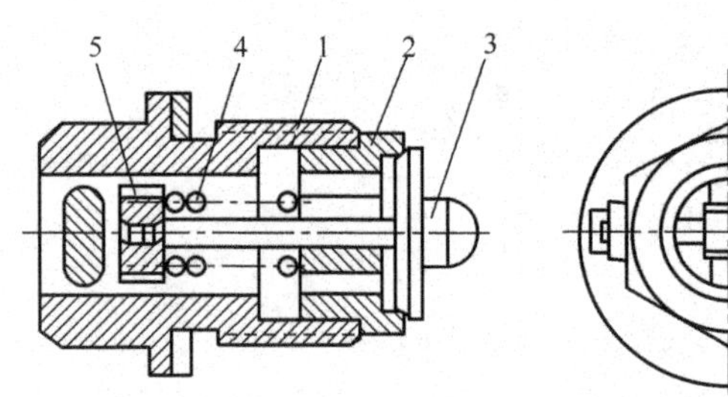

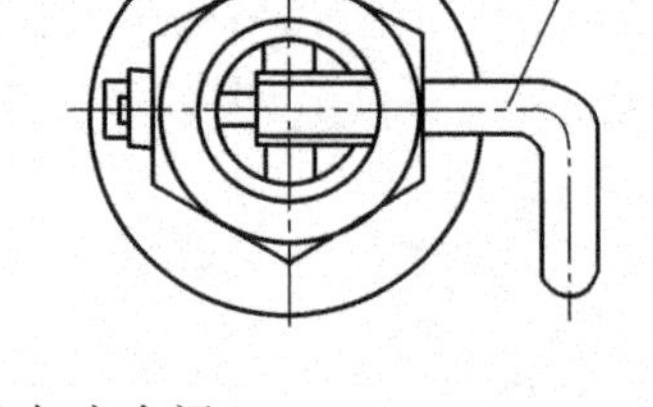

图 3-50　空气安全阀

1—阀座　2—阀座镶套　3—阀芯　4—弹簧　5—压力调节母　6—开关柄

水斗用 2～3mm 厚的紫铜板制成，用来排除烘筒内的冷凝水。其结构和工作原理如图 3-51 所示。刮水板焊在筒体内壁上，与水斗体联接的锥形出水管插入法兰空心轴的孔道中。冷凝水因自身重量而集中在烘筒的下部。当水斗随烘筒回转至下部遇水时，水被刮水板刮入水斗内；当水斗随烘筒继续回转至上部时，水又因自身重力的作用，经锥形水管排出筒外。显然，这种水斗式排水装置只适用于转速较低的烘筒。经过简单的计算，可知其作用的极限转速为 56r/min。

安装在烘筒内的撑箍是由 HT15-33 铸铁制成的弹性圈。其直径可适量调节。外圈均布 7 个凹口，以便冷凝水流通。加装撑箍是为了提高筒体的抗压强度，保证烘筒外圆的圆整度。一般烘筒只安装一只撑箍，阔幅烘筒可安装两只或两只以上。

图 3-52 是虹吸式紫铜烘筒结构示意图。它与水斗式紫铜烘筒的主要差别在排水方式上。水斗式是依靠冷凝水的自重排水的，而虹吸式则是利用虹吸作用排水的。虹吸管是一根一端弯曲的黄铜管。其弯曲端与烘筒内壁保持一定间隙。开车时，筒内积存的冷凝水由蒸汽压入虹吸管，之后，依靠虹吸作用和蒸汽压力，就可不断把冷凝水排出筒外。显然，虹吸管弯曲端与烘筒内壁的间隙越小，运转中筒内残留的冷凝水也越少，烘燥效率就越高。但是，由于虹吸管另一端固定在进气盖端，形成较长的悬臂，刚性较差，为防止擦伤筒壁，一般与筒壁的距离控制在5～8mm。

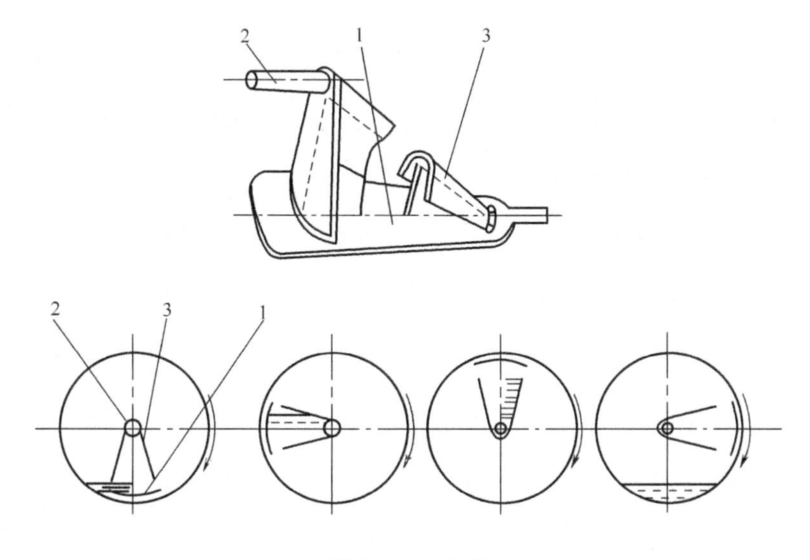

图 3－51　水斗

1—刮水板　2—锥形出水管　3—水斗体

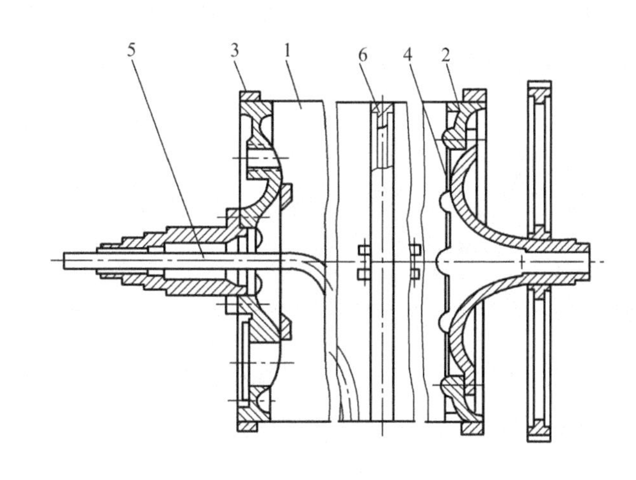

图 3－52　虹吸式紫铜烘筒

1—筒体　2—闷头　3—红套箍　4—法兰空心轴　5—虹吸管　6—撑箍

图 3－53 是虹吸式不锈钢烘筒结构图。它的特点是轻巧而耐腐蚀、强度大，易于清洁。但是，由于不锈钢（1Cr18Ni9Ti）的导热系数比紫铜小得多，烘燥效率较低。在相同的烘燥条件下，紫铜烘筒的车速可比不锈钢烘筒提高 10% 左右。

（二）旋转接头

旋转接头即为动密封装置，如烘筒轴头，除支撑烘筒外，还须对引入烘筒内的蒸汽起到密封作用。目前常用的有柱面密封型、平面密封型和球面密封型。

图 3－54 是一种平面密封进汽头结构示意图。密封接管与烘筒轴头通孔用螺纹联结，螺纹旋向视烘筒转向而定，以保证两者不松脱。蒸汽由进汽头经密封接管进入烘筒轴头通孔，其动密封是由闷汽盖、软环和硬环来完成。软环与硬环之间为平面密封，由压力弹簧的弹力使两接

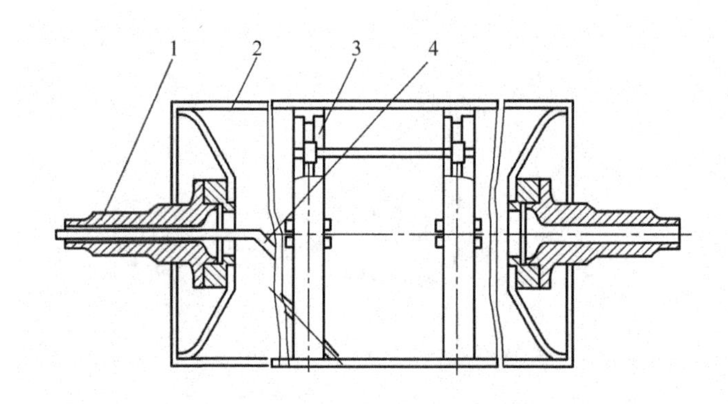

图3-53　虹吸式不锈钢烘筒

1—轴头　2—筒体结合件　3—撑箍　4—虹吸管

触面紧密接触而达到密封效果。软环和硬环分别由 MD-52H 和 H62 制成。软环与闷汽盖之间和硬环与硬环固定座之间各有一只耐热耐磨的合成橡胶密封环，以防止漏汽，并使软环紧压在进汽盖壳体内不回转，而硬环随烘筒轴头一起回转，即运转中只有软环与硬环间紧密接触平面存在摩擦。

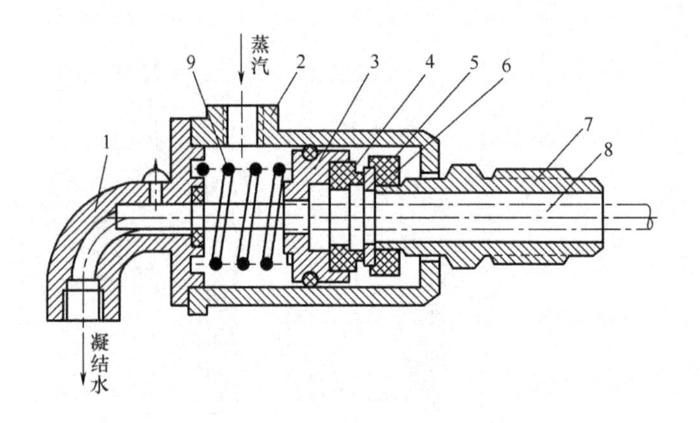

图3-54　平面密封进汽头结构示意图

1—出水管　2—进汽头　3—闷汽盖　4—软环　5—硬环

6—硬环固定座　7—密封接管　8—虹吸管　9—弹簧

（三）疏水器

疏水器俗称回汽甏，又叫阻汽排水阀。其用途是在排除冷凝水的同时，不让蒸汽外泄，提高传热效率，减少热能损耗。疏水器的种类较多，常用的有浮筒式疏水器和钟形浮子式疏水器。浮筒式疏水器的结构如图3-55所示。

图3-56是浮筒式疏水器的工作原理图。当冷凝水和部分蒸汽进入浮筒式疏水器，水的浮力克服浮筒重力以及蒸汽压力，使浮筒上升到截止阀关闭为止。由于截止阀处于关闭状态，蒸汽无法外泄。随着冷凝水的不断进入，冷凝水必然漫入浮筒内。当漫入的水达到一定量时，浮筒以及水的总重量大于浮筒受到的浮力，浮筒下降，截止阀打开，在蒸汽压力的作用下浮筒内的

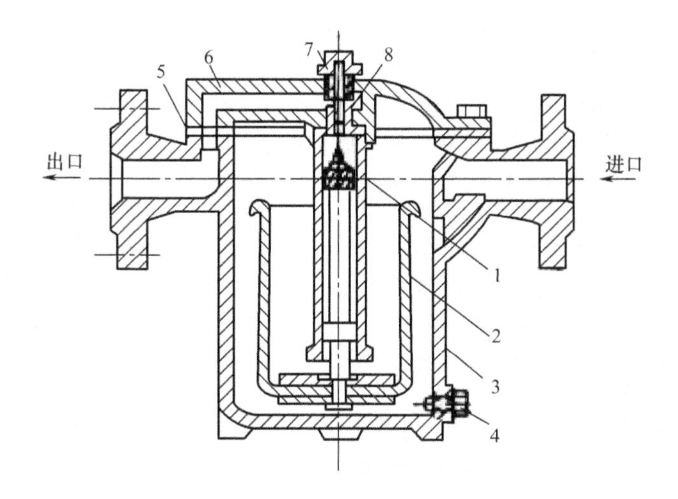

图 3-55 浮筒式疏水器

1—截止阀 2—浮筒 3—壳体 4—堵头 5—垫圈 6—上盖 7—调节阀 8—阀套

部分水被排出，但由于液封的缘故，蒸汽不会外泄。当浮筒内的水排出一定量时，浮力使浮筒重新上升，直到截止阀关闭，进行第二次循环。显然，浮筒式疏水器是一种间歇式排水装置，工作可靠，基本无蒸汽外泄现象。

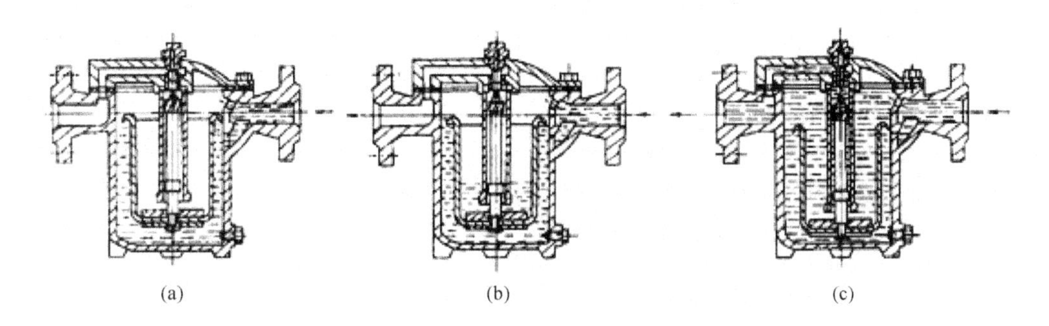

图 3-56 浮筒式疏水器工作原理图

疏水器的安装见图 3-57。旁通管的作用是在开车前或疏水器内冷凝水较多时快速排放冷凝水。检查管是用来随时检查疏水器的排水状况。

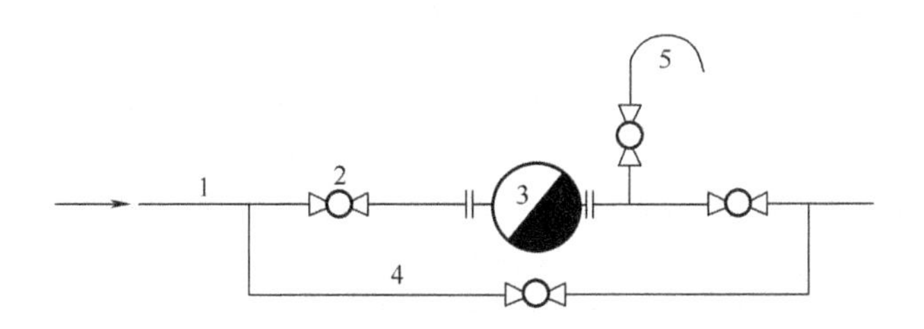

图 3-57 疏水器安装示意图

1—进水管 2—截止阀 3—疏水器 4—旁通管 5—检查管

三、烘筒烘燥机的操作与维护

(一)烘筒烘燥机的操作

①刚开机时,须先开空机并开启以下各阀排除烘筒和立柱内积存的冷凝水和空气:疏水器的直通阀和旁通管的截止阀,立柱下端的排水阀和上端的排汽阀以及立柱下部几个烘筒的空气安全阀。然后稍开进汽阀让少量蒸汽输入烘筒。待蒸汽从开启的空气安全阀喷出后,再关闭上述排水(汽)阀和空气安全阀,按规定和需要的烘筒蒸汽压强,逐渐开大进汽阀加热烘筒,织物运行。

②运转中须经常检查各对立柱进汽管压力计指示值是否正常,按需要对有关进汽调节阀给予必要调整,以防安全阀失灵,输入烘筒的汽压超过允许值,致使烘筒爆裂。

③停机时为了防止空气安全阀失灵而致烘筒内造成负压被压瘪,关闭进汽阀后,仍应开启每对立柱下部几个烘筒的空气安全阀或拉开立柱(或虹吸排水式烘筒的进汽管)上端的排汽阀,使空气及时进入每只烘筒。

(二)烘筒烘燥机的维护保养

全机运转要求平稳,润滑良好,同步及张力调节可靠,运行中织物不跑偏,无折皱。

1. 烘筒烘燥机的维护检修 烘筒烘燥机的维护检修见表3-9。

表3-9 烘筒烘燥机的故障处理

故障情况	处理办法
烘筒内有响声或出水不正常	打开法兰空心轴,检查水斗虹吸管是否损坏 打开法兰空心轴,检查撑箍是否损坏 检查出水管道及疏水器是否堵塞或损坏
烘筒轴承漏水	填料式烘筒轴承:用螺钉顶紧填料或调换填料 平面、球面滑动摩擦式烘筒轴承:调换密封环或橡皮圈,或增加弹簧压力
烘筒轴承底板漏水	紧固轴承底板螺栓或调换石棉垫料
烘筒传动齿轮响声大	检查传动齿轮,发现磨损立即调换
织物在烘筒上运转时起皱	检查烘筒的直径是否呈现椭圆形或圆锥形 检查烘筒的直径是否从小到大排列 检查上下烘筒是否平行,每只烘筒是否水平
烘筒法兰空心轴损坏	调换烘筒
烘筒表面不热	检查进蒸汽管路是否堵塞或损坏

2. 烘筒烘燥机的保养加油(表3－10)

表3－10　烘筒烘燥机的保养加油

机械名称	检查周期	加油周期
烘筒轴承	每年全面检查一次	每周加适量汽缸油或黄油
烘筒	每年全面检查一次	
传动齿轮	每年检查一次	开式:每周加少量黄油 闭式:每年调换机油一次
导辊与滚动轴承	每年检查一次	检查时调换油脂

四、热风烘燥机的类型与工作原理

按其工艺分有烘燥、定形、焙烘等;按其操作方式分有连续式和间歇式;按热源分有蒸汽、导热油、气体燃烧器、电热、各种有机载热体等;按织物在烘房中的状态来分,可分为针布铗定幅式、上下导辊式、长环或短环悬挂式等多种。

采用间壁式加热器的热风烘燥机见图3－58所示。

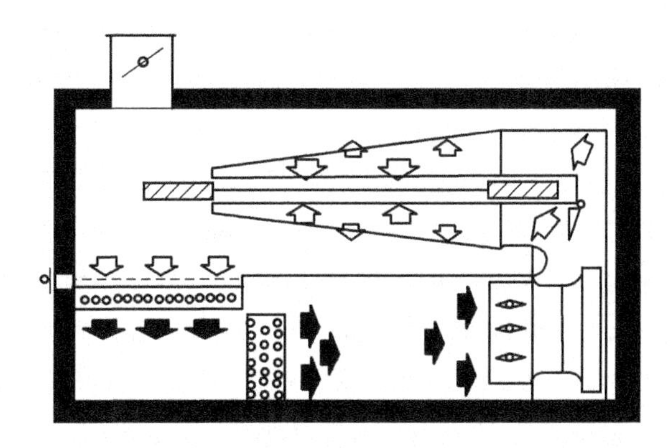

图3－58　间壁式加热器热风烘燥机示意图

蒸汽加热器应按工作压力的1.25倍为试验压力,进行水压试验;导热油加热器应按0.5MPa进行压力实验,不得有渗漏现象。

采用气体燃烧器的热风烘燥机见图3－59。

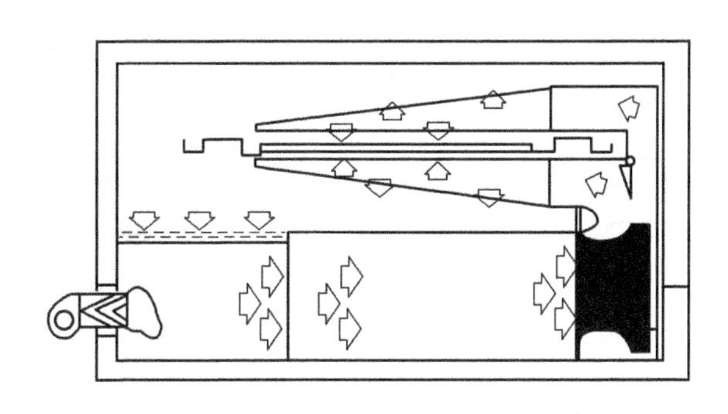

图3－59　气体燃烧器热风烘燥机示意图

气体燃烧器是高温热风烘燥机的关键部件，其结构如图 3－60 所示。空气分两段进入燃烧腔，在燃烧腔内，从燃料气管上径向均布的燃料气喷孔喷出的多股燃料气射流与从空气喷管上同等数量的空气喷孔，喷出的空气射流相撞，强化燃料气风的混合。燃烧室内的高温烟气流经尾焰筒，与尾焰筒壁向小孔喷出的空气射流再次混合燃烧，喷入燃烧室。

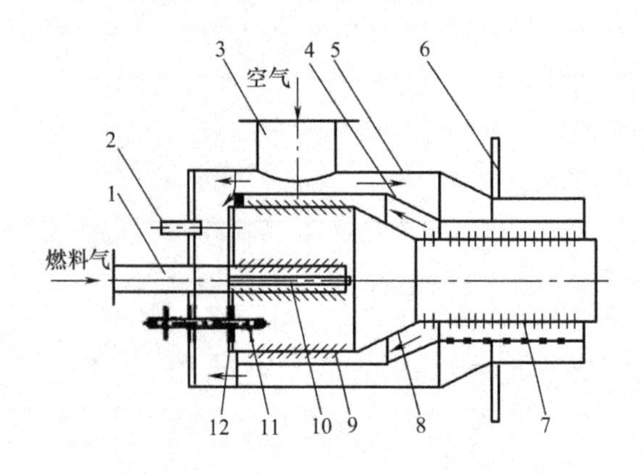

图 3－60　煤气燃烧器示意图

1—燃料气管　2—火焰监测器探头　3—空气管　4—中间筒　5—外壳　6—安装法兰　7—尾焰筒　8—烟气回流孔　9—空气喷管　10—空气芯管　11—高能点火棒　12—孔板

1. 热风拉幅烘燥机　该机用于棉织物的拉幅整理和上浆后的烘燥。织物在布铗的握持下通过烘房，在逐渐拉幅和烘燥的过程中使织物达到规定的幅度。其热风系统如图 3－61 所示。在烘房出布端，上下各有轴流风机一组（狭幅上下各一只，宽幅上下各两只），分别为上下风道喷风所用。由轴流风机吹出的热风经风道平均分配到 24 条宽 8mm 的狭缝嘴，并从垂直方向吹向织物。一部分较湿润的热空气从近织物入口处的排气风机排出烘房，大部分热空气在轴流风机的作用下，回进空气加热器加热后在烘房循环使用。这种烘燥机属热风全机大循环烘燥形式，特点是风道简单，热风循环路线短，系统阻力小。由于风道截面积较大（喷风口总面积仅为进风口截面积的 0.27 倍），所以喷风较均匀。但烘房体积增大，必须配备大容量的空气加热器才能满足温度的要求。

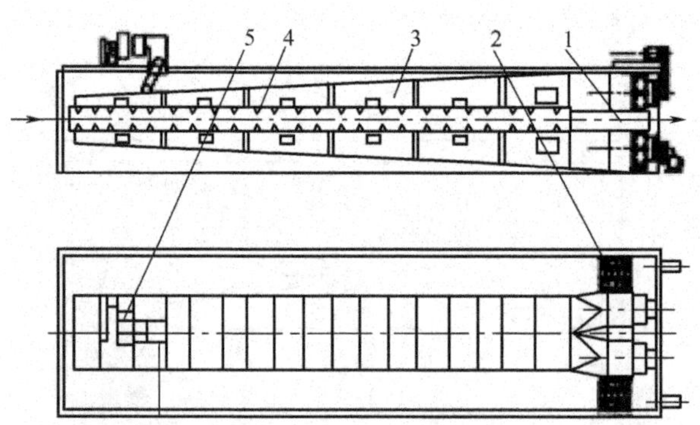

图 3－61　热风拉幅机烘房示意图

1—轴流风机　2—空气加热器　3—风道　4—狭缝喷嘴　5—排气风机

(1)关于喷风均匀性。焙烘、定形、热熔染色等工艺,对烘房温度均匀性要求很高。常常由于定形温度不均匀而产生织物色差。要使烘房内温度均匀,必须注意风道喷口热风的喷风均匀性问题,但有时由于回风的影响,即使喷风均匀,也仍会出现温差问题。

(2)常见喷风口形式。目前热风机械中所采用的喷风口形式大体可归纳为圆孔形及条缝形两种,其中条缝形喷风口又可分为横向和纵向条缝喷口两种,横向喷风口的条缝方向与风道内气流方向垂直如图3-62(a)所示;纵向喷风口的缝方向与风道内气流方向平行,如图3-62(b)所示。

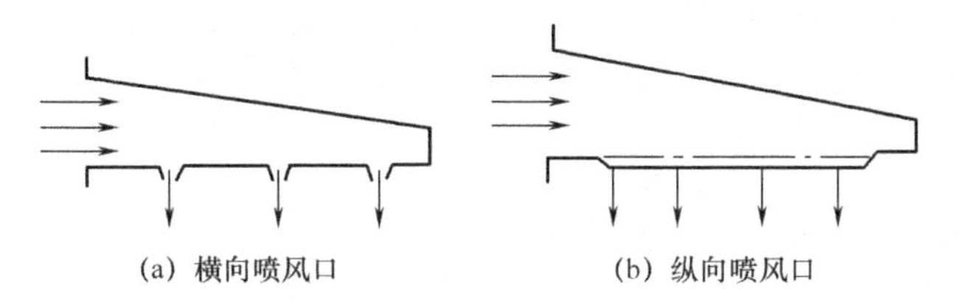

图3-62　条缝喷口风管

要使出风口各点的喷风速度一致,必须保证出风口各点的气体静压力一致。要达到这个要求,可以用静压箱形式控制管道的尺寸及阻力系数,或改变风道的截面。与此同时,还必须控制风道气流进口面积与出口总面积的比值,一般取:

$$i = \frac{\text{喷风口总面积}}{\text{进风口总面积}} \leqslant 0.35$$

(3)布(针)铗式热风烘燥机拉幅机构。布(针)铗式热风烘燥机主要由进布装置、拉幅机构、加热和风道系统、烘房、排气、出布装置和传动机构等组成。

①布铗。布铗分为带柄式和无柄式两种,带柄式布铗结构示意图如图3-63所示。铗座用可锻铸铁制成,底板为不锈钢板,黄铜铗舌上镶有不锈钢刀口,并装有黄铜滑轮。铗舌可绕圆柱销作一定角度的摆动,销则把许多只布铗连成环状。全机有两条环状布铗链,分别装在由左右两条水平的铸铁导板构成的轨道中。左右导布板间的距离可以调节,以适应织物的幅度要求。

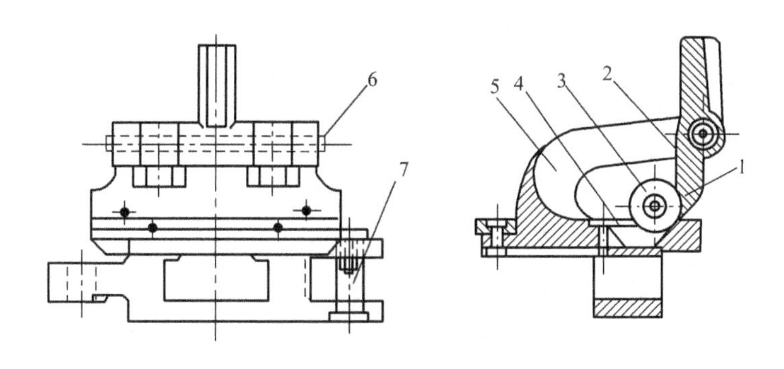

图3-63　带柄布铗结构示意图

1—圆柱销　2—铗舌　3—滑轮　4—铗座　5—刀口　6—底板　7—销

在布铗链的进布端，由于布铗链轮上方的开铗转盘的作用，将绕经转盘的带柄布铗打开，使织物的边部进入其间，如图 3 - 64 所示。

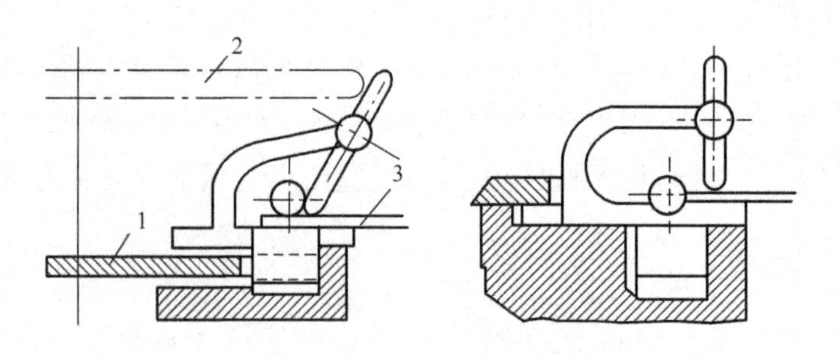

图 3 - 64 带柄布铗工作原理

1—链轮 2—开铗盘 3—织物

在布铗离开转盘时，由于滑轮被织物边部托住，不能落入底板的轮槽中，刀口并未夹住织物。待布铗沿该段轨道的开档逐渐加大而使织物边缘外移至一定位置，滑轮落至底板轮槽中时，刀口触及织物边部，并将它夹住，因而可使铗持宽度均匀。

②针铗。在黄铜针板上，植有稍呈外倾（约 8°）钢针或不锈钢针。织物进入针铗（图3 - 65）时，用两只大小毛刷轮将织物边缘压入针板，扎住织物。这样，织物就不能再作纬向移动。

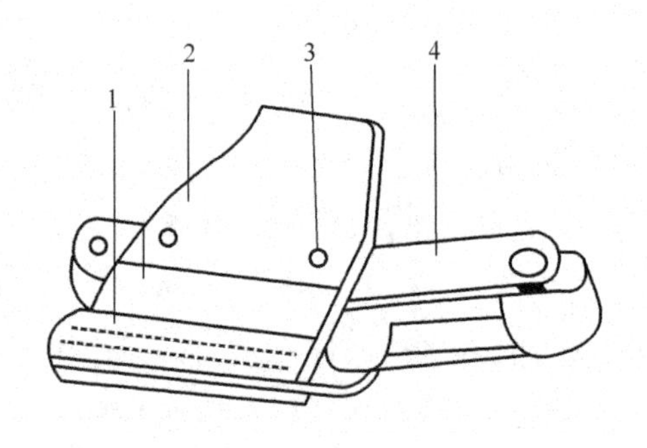

图 3 - 65 针铗示意图

1—针板 2—铗座 3—螺钉 4—链条

针铗链进布处的探边调幅装置也是必不可少的。

布铗链是由适当数量的布铗连接组成。铗座配合链条的节距为 38. 1mm、50. 8mm、60mm、63. 5mm、101. 6mm、127mm，链条的型式有滑动拖板式、滑动轴承式和滚动轴承式。

织物由进口处的自动调幅装置和超喂装置控制，以松式状态进入"八"字形的进口布（针）铗链。之后，左右两条铗链逐渐平行，织物被夹紧在轨道上运行于烘房中，在一定的纬向张力下，受到上下对吹的风嘴中喷出的高温热风烘燥（或焙烘），达到烘干或定形的目的。全机有两条环状布（针）铗链，分别装在左右两条水平的铸铁导板构成的轨道中。左右导板间的距离可以调节，以适应织物的幅度要求。进铗处有自动调幅装置，见图 3 - 66。

其动作由左右探边装置来控制，探边装置（即探边器）有簧片式、光电式和水银触点式等，

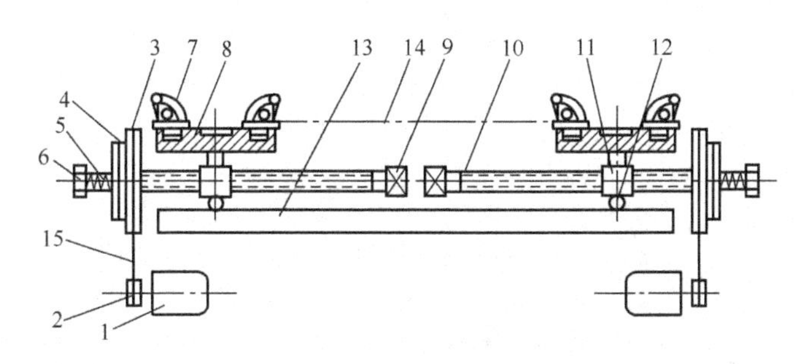

图 3 - 66　进铗自动调幅装置

1—电动机　2—主动三角皮带轮　3—从动三角皮带轮　4—刹车片(石棉铜丝板)
5—弹簧　6—调节螺母　7—布铗(或针铗)　8—轨道　9—滚动轴承　10—螺杆
11—螺母　12—滚轮　13—机架横梁　14—织物　15—三角皮带

图 3 - 67 所示为常用的簧片式探边器。

图 3 - 67(a)所示为织物边缘位置正常,连杆处于垂直状态,调幅电动机不动;当织物边缘外移到一定位置,连杆随之外摆,使连杆触头与上触头相接触,见图 3 - 67(b),该边调幅电动机按需要方向转动,带动该边导板内移;当织物边缘内移超过正常位置达到图 3 - 67(c)所示的状态,连杆触头与下触头相接触,该边调幅电动机带动导板外移。为了减少电动机停止转动时产生的惯性,在两支调幅丝杆的三角皮带轮外侧各装一套制动片和压力弹簧。

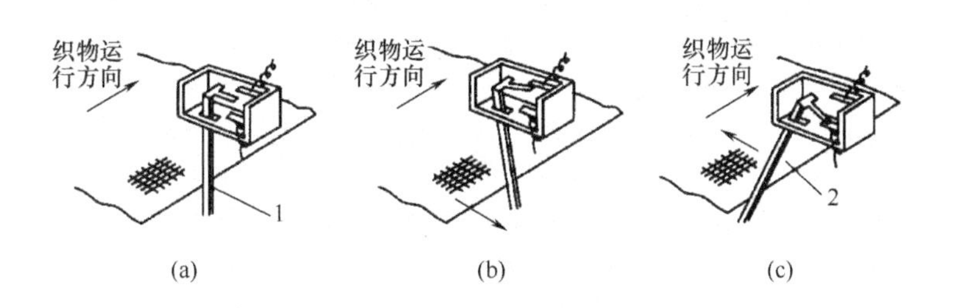

图 3 - 67　簧片式探边器工作示意图

1—探边触杆　2—织物

2. 热定形机　热定形机用于化纤织物的热定形。需要热定形的织物通过超喂装置送到针板上,织物随着针板链条逐步拉宽到需要的幅度尺寸,然后进入高温烘房(180 ~ 230℃),在织物达到定形温度后保持 2.5 ~ 3s,工艺车速为 15 ~ 45m/min。烘房结构如图 3 - 68 所示。

在烘房顶部的燃烧室两侧,各配置离心风机两台(全机共四台)。空气经两排燃烧器加热后,由两侧风机吸入并送到两侧的长方形竖风道中,然后分别送到上横风道和下横风道中,再经导流板均匀地分配到狭缝喷嘴,热风即以垂直方向吹向织物的上下表面。吹出的热风在与织物进行热交换后,在风机和挡流板的控制下回到燃烧室继续加热。排气风机所排出的风量由进出布口进行补风,从而组成了循环回路。

热定形机上采用排气风机,主要作用不是为了排除湿气,而是为了排除一部分化学介质升华物。排气风机也可用于停车后的快速降温。排气风机设计在靠近进出布口的烘房顶部,其目的是使进出布处形成负压,避免烘房内大量气体从进出布口溢出。

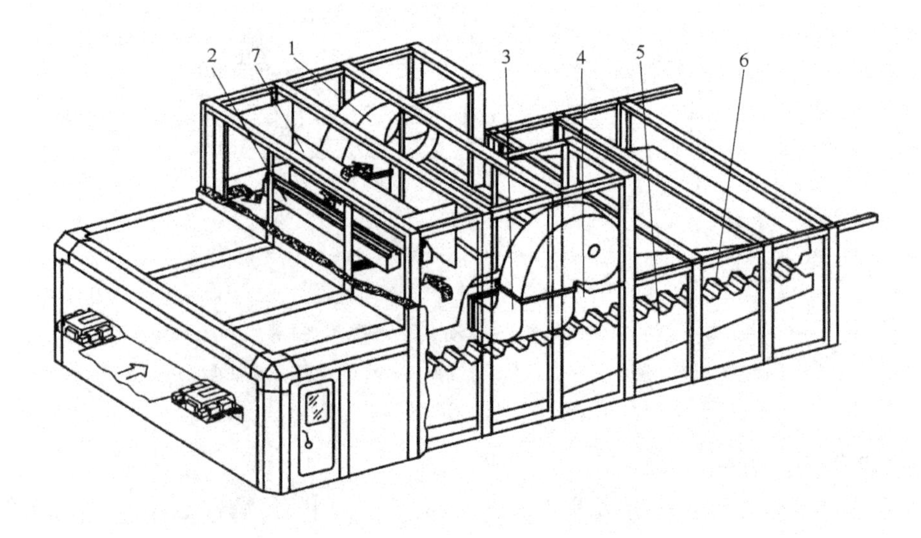

图 3 - 68　热定形机烘房

1—循环风机　2—燃烧器　3—竖风道　4—上横风道　5—下横风道　6—狭缝喷嘴　7—挡流板

热定形机的烘房，为了适应不同热源的需要，空气加热室设计在烘房顶部，整个烘房被分成结构完全相同的前后两大部分。这样的设计，显然使烘房体积较大，大约有 $130m^3$，因此能量消耗也大。如以城市煤气作热源，煤气耗量约 $80m^3/h$。

3. 短环烘燥机　用于织物在无张力情况下进行烘燥，适用于中长纤维织物的烘燥。由于这类织物每平方米克量较大，织物内所含水分较多，需要在烘房内停留时间就长，所以常常设计成多层的。图 3 - 69 所示为五层短环烘燥机。

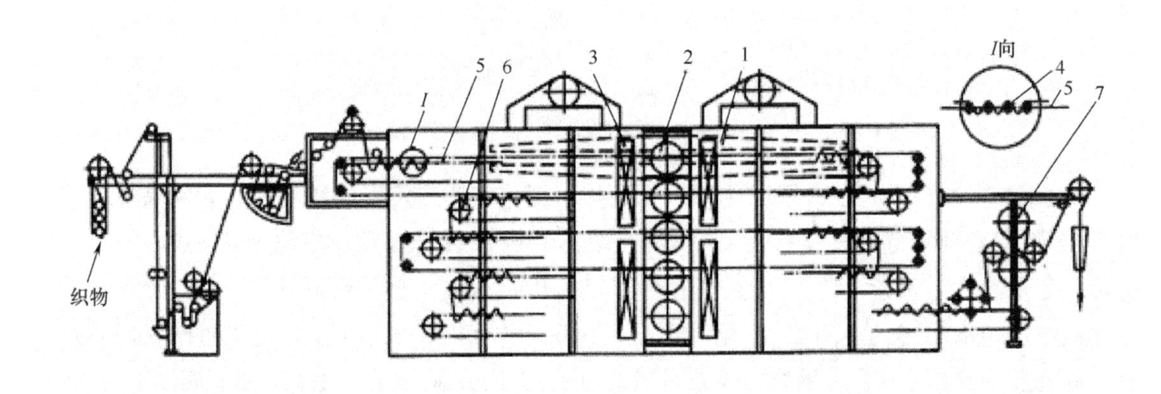

图 3 - 69　五层短环烘燥机示意

1—风道　2—循环风机　3—空气加热器　4—小导辊　5—链条　6—链条盘　7—冷水辊

织物进入烘房是以短环形式悬挂在随链条循环运动的小导辊上。全机共有短环五层，每层有上下风道各一组，每组配有循环风机 2 台，全机共 20 台。考虑到整个烘房不宜过高，因此每层链条轮直径不宜太大，从而限制了风道的高度以及风机的直径。这样不仅增加风道阻力，喷风均匀性也受到影响。考虑到织物需呈松弛状态,因此织物上下喷风速度不能一致,要求向下喷风速度大于向上喷风速度,这样才能保证织物形成的短环在整个烘燥过程中不致被吹乱。织物出烘房后经两只冷水辊冷却后落布。

4. 焙烘机 一般情况下,树脂整理焙烘要在140~170℃温度下处理3~4min,使树脂初缩体在短时期内在纤维上交联固着;热熔染色焙烘要在180~200℃温度下处理1~2min,使分散染料上染。为适应两种工艺不同的处理要求,设计上采用积木式组合设计。图3-70所示为用于热熔染色的单节焙烘机。

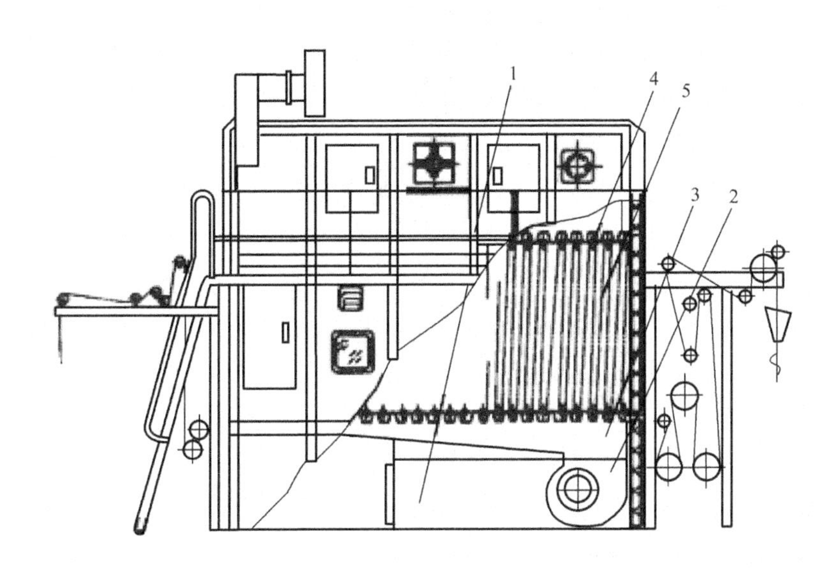

图3-70 导辊式焙烘机

1—燃烧室 2—循环风机 3—横风道 4—导辊 5—织物

这种导辊式焙烘机的特点是容布量大,产量高,织物受热均匀,操作方便,结构简单等。但织物纬向收缩时门幅不易控制。为了防止织物起皱,上下两排导辊中心距不超过2m。

循环空气在燃烧室获得热量后,通过离心风机进入横风道,并由狭缝喷口流出,沿着织物表面扩散流动。为使烘房整体布局紧凑,循环风机采用了双进风多翼式离心风机。因风道与风机出口之间没有扩散管,使高速气流直接进入横风道并突然扩散,所以风道内风速与喷风口的风速不一致。这是由于离开风机的高速风流,进入横风道后与管壁之间摩擦阻力较大,大量能量消耗于克服摩擦阻力上,而由动能所转化的静能就相应减少,所以喷风口的气流流速在两侧就比较低,这种情况对于烘房温度均匀性的影响与回风路线有关,因为气流离开喷风口后即向两侧回流,就会形成两边温度高于中间温度。在热熔染色上表现为织物两边得色深,中间得色浅。

5. 横穿布导辊式烘燥机 用于织物浸轧染液或树脂后的预烘燥。导辊表面的水平度公差为0.20/1000,相邻导而辊之间的平行度公差为0.30/1000,在蒸汽压力为0.3MPa或导热油温度220℃条件下,烘房温度从20℃升到100℃,升温时间不得超过40min。另外,烘房左、中、右温度差<5℃。该机热风循环系统的布置如图3-71所示。

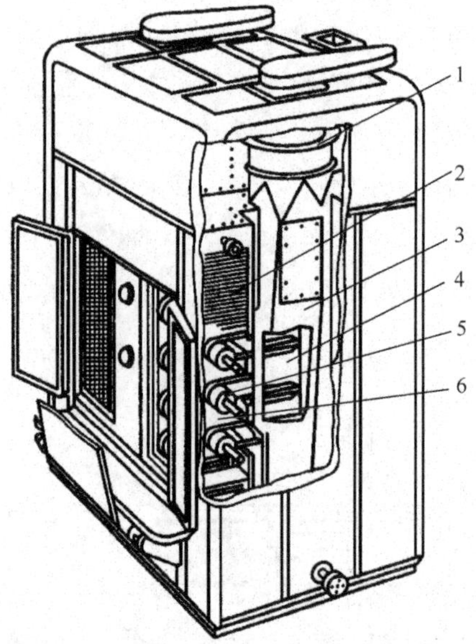

图 3-71 横穿布导辊式烘燥机

1—循环风机 2—空气加热器 3—竖风道 4—横风道 5—导辊 6—织物

循环风机被布置在烘房顶部,左右各一只。两风机之间为空气室,与风机相连接的是由上而下截面变化的竖风道。在两层织物间设有横风道,其左右两端与竖风道的出风口相连接,且能轻易地取下。横风道由两支变截面风管所组成,并有两条喷风口。喷风口宽为15mm,并有1mm厚的钢板把整条喷风口隔成许多小方格,每格宽为26mm,气流以12m/s的速度由喷风口喷出,织物离喷风口的距离仅15mm。因此,喷风均匀性对染色质量的影响很大。

6. 圆网烘燥机 圆网烘燥机分为吸附式和喷射式两种类型。圆网直径为1400mm,数量为2~4只。使用蒸汽压力为0.3MPa,工作温度为110℃。

(1)吸附式圆网烘燥机。用于针织物烘燥的有双圆网和四圆网两种规格。图3-72所示为吸附式圆网烘燥机。圆网直径为1400mm,圆网筒体由2mm厚的钢板卷制而成,表面有直径为3mm小孔,圆网一端有堵头封住,一端与离心风机进风口衔接,圆网的一半被密封板挡住,相邻两个圆网的旋转方向相反,密封板则固定不动。风机将空气自圆网轴向引入,由叶轮切向吹出,通过过滤网,由空气加热器加热后成为热风,经导流板使热风沿宽度方向均匀分配,并穿过圆网进行循环。坯布由喂入帘子超喂送至第一圆网,随即被空气吸附,呈松弛状态覆盖于圆网的下半周表面,并随圆网的转动而向前运行。然后又被第二圆网吸附到上半周表面,最后由输出帘子送出。由于织物经历了正反面交替穿透烘燥,故烘燥均匀、效率高。

吸附式圆网烘燥机适用于一般汗布、棉毛布、绒布类针织物烘燥,由于织物手感、弹性和收缩率尚难达到高标准要求,故不适用于高档针织物的烘燥。

(2)喷射式圆网烘燥机。喷射式圆网烘燥机是利用喷风装置对织物喷射热风,使织物松弛地贴向圆网表面。每节烘燥室有上下排列的两只圆网,一般有1~3节烘燥室,以满足各种不同工艺需要。图3-73所示为两室喷射式圆网烘燥机,每室烘燥机单独传动,在两室之间有光电松紧架,控制同步传动。针织坯布由超喂辊超速送入第一室的下圆网表面,然后以超喂率不超

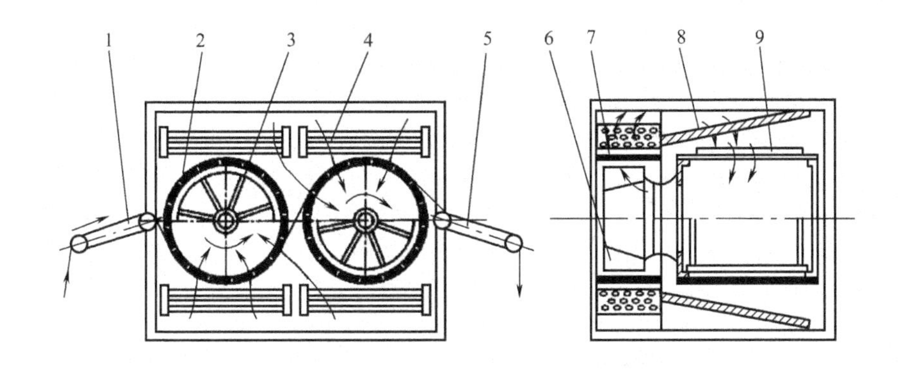

图 3－72　吸附式圆网烘燥机

1—喂入帘子　2—圆网　3—密封板　4—空气加热器　5—输出帘子

6—离心风机　7—过滤网　8—导流板　9—织物

过 2% 的速度转向上圆网，再由输送帘将织物以短环状态送出烘燥室，由于在进布、圆网、短环输送帘的传动中均设有超喂，因而达到松式传动和松式烘燥的目的。圆网由 24 根 ϕ5mm 的拉杆组成外径为 1200mm 的花篮式滚筒，表面包覆不锈钢丝网；喷风装置工作面呈圆弧形，其上设若干喷嘴，以 30m/s 的风速将循环加热的热空气吹向织物。由于织物在烘燥过程中不是被圆网吸住，而是在圆网表面呈松式振荡，并在无张力状态下充分回缩，使织物烘燥后手感柔软，一般用于单幅涤纶经编织物的烘燥。

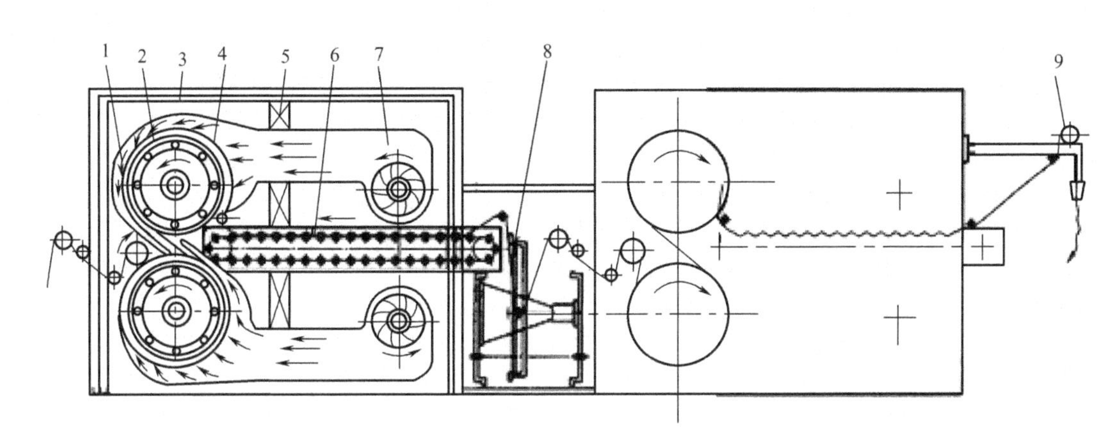

图 3－73　喷射式圆网烘燥机

1—超喂辊　2—圆网　3—烘房机器　4—喷风装置　5—空气加热器

6—输送帘　7—离心风机　8—光电松紧器　9—落布装置

7. 气垫式热风烘燥机　该机主要适用于真丝、仿真丝织物的松式烘干或其他薄型织物的烘干整理。可改善织物的手感，降低缩水率，是一种松式烘燥设备。该类设备种类较多，它由上下两层输送网带输送织物，热风（110～155℃）由两组偏置喷嘴喷出，以一定的角度喷向织物，下层网带有振动装置，使织物波浪前进时达到松弛、收缩、烘燥的目的。它利用空气动力学的原理，低温冷空气通过加热器加热后，由循环风机经风道传送至上、下稳压箱，热空气经稳压后进入上、下风嘴喷向织物表面。由于织物有较大的超喂量,织物在输送网带上呈现一定的波浪,热风穿过织物后,再通过两侧网经回风口返回到加热器循环加热,特殊的喷嘴将热空气喷向织物,并使织物在循环输送带中呈正弦波形状,并达到无张力烘燥的目的,如图3－74所示。该喷嘴系统也可向织物喷射蒸汽,使烘房内产生高环境湿度,以改善特殊织物的收缩效果。它可配备自动清洁设备,以清洗在烘燥中产生的绒毛。

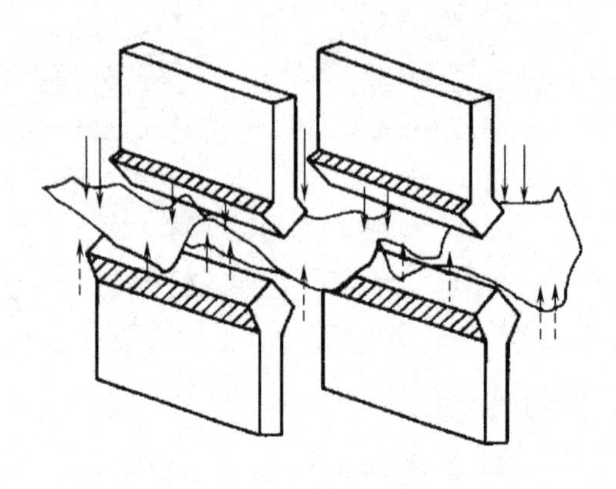

图3－74　正弦气流喷嘴

气垫式热风烘燥机由进布、风道、稳压箱,风嘴、循环风机、散热器、落布和传动装置等组成,见图3－75。

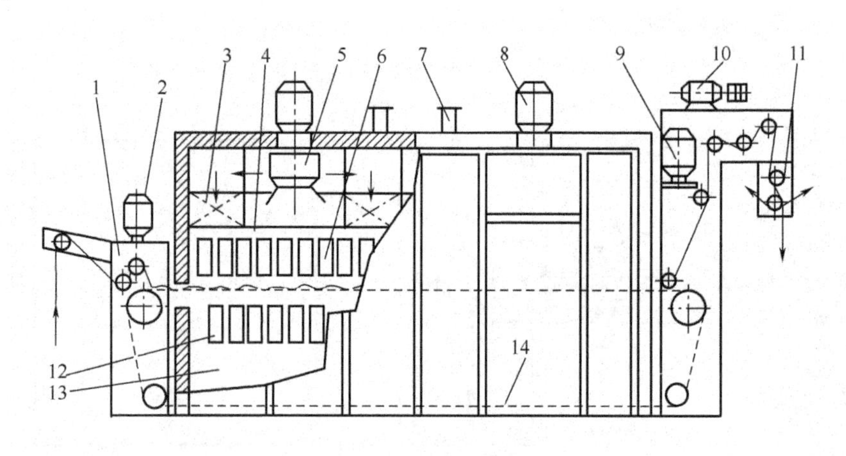

图3－75　气垫式烘燥机

1—进布机架　2—进布电动机　3—加热器　4—上稳压箱　5—循环风机　6—排气口　7—进气口　8—风机电动机　9—电动机　10—出布电动机　11—出布装置　12—下风嘴　13—下稳压箱　14—输送网

进布装置中的喂布辊是由直流电动机通过减速器单独传动的,超喂量的大小可通过仪表显示。由于织物进入有较大的超喂量,在烘燥过程中处于松弛状态,并在输送网上呈现出一定的波浪,不断受到热风的揉搓作用,因此烘燥后织物手感柔软,尺寸稳定。

稳压箱是用1mm厚的薄钢板焊接而成的,上下风嘴固定在稳压箱上,这样喷出的热风较均匀。它不是将热空气直接从上、下风嘴中喷出,而是经稳压后再经风嘴喷出,这样避免了圆网烘燥机织物离风机近风速大,离风机远风速小造成的烘燥不匀现象。

输送网带要求网上无毛刺、棱角等，表面要求平整，否则易损伤织物。是用1.2mm厚、9.5mm宽的不锈钢板冲压成凹凸间隔均匀的网带，然后用ϕ3mm不锈钢网轴串接成网。

气垫式烘燥机加工的有效门幅为1600mm，进布超喂量为0~20%，车速为10~40m/min。热源用0.4MPa蒸汽，总功率为47kW。

8. 成衣烘燥机　成衣烘燥时一般都采用转笼式烘燥机，如图3-76所示。是利用蒸汽或电加热散热器产生的热量，通过风机产生热循环。转笼内有三条肋板，可将织物或成衣抬起或下落。织物在转笼内产生逆向翻滚，使织物与织物相互拍打和揉搓，从而改善烘燥时织物在湿热状态下由于纤维的热可塑性而造成的板硬感。吹入的热风使织物在松弛状态下均匀而缓慢地收缩和干燥，从而使成衣洗后的产品绒毛挺立，手感柔和，飘逸感强。

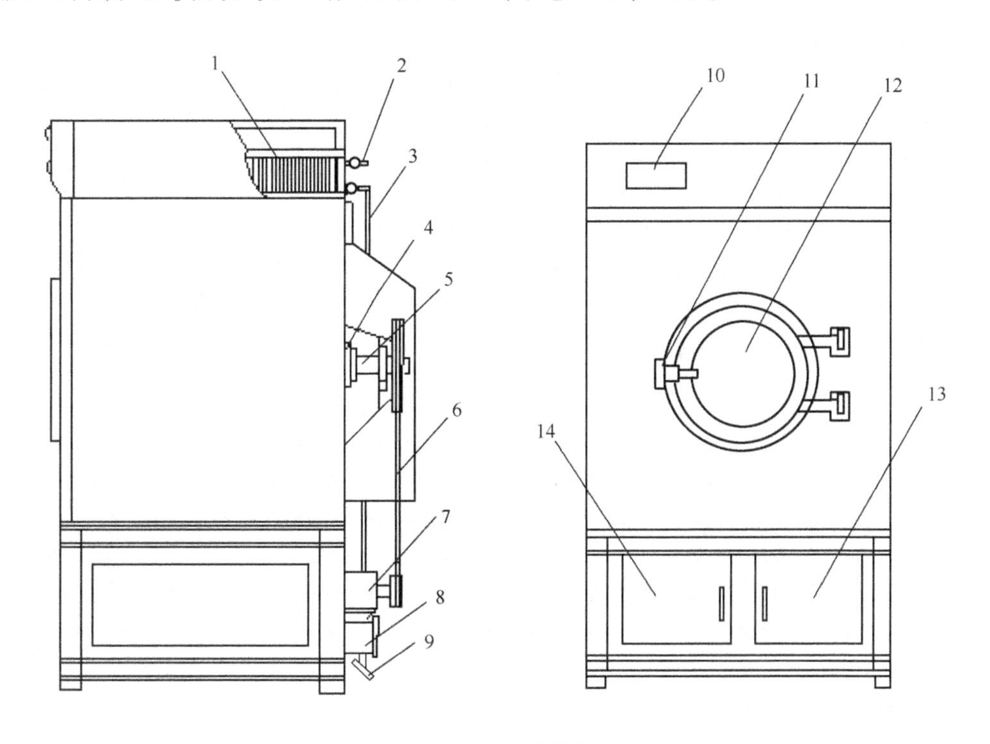

图3-76　转笼式烘燥机

1—散热器　2—蒸汽进口　3—蒸汽出管　4—轴承座　5—转笼轴　6—三角皮带　7—电动机　8—出风管　9—疏水器　10—显示器　11—仓门把　12—仓门　13—电器箱　14—工具箱

成衣烘燥在烘干的同时，还可以进行成衣形态记忆整理，具体方法为：在室温条件下，将柔软整理液以喷雾的方式全部均匀喷洒在转笼式烘燥机内随旋转笼旋转的成衣上，转笼的转速为10~30r/min。喷洒完成后，升温至60~80℃，成衣在旋笼内以匀速方式作往复转动10~15min，烘干至带液率小于等于20%，然后降温并打冷风，直至置于旋转式成衣烘干机内的成衣的带液率小于等于10%。

五、温度测控

1. 红外辐射测量布面温度　红外辐射测量布面温度是一种先进的方法，不论烘房的热源是热风还是辐射能源，所采集的温度是布身温度。辐射能在测量的路径上，由于气氛的吸收、烟雾、灰尘散射等原因所引起的衰减，以及环境温度的影响等，将会带来一定的温差。为了消除此误差，常采用比色法，也就是采用具有双通道的测量装置，每条光路带有适合的滤尘片，分别测量目标辐射和标准黑体辐射的一个单色辐射功率，用两者之比代替上述方法中的辐射功率，进行温度定标，并进而确定温度。如果两个单色波长选择适当，在测量路径中的干扰是完全相同的，积累误差为"0"，两个辐射功率之比与干扰无关，从而大大提高了测量精度。这一系统性能优异，但价格太高。

德国马劳公司的 OMT－7 型布面温度量度及控制仪，用于测量在线织物温度，并利用测量温度与给定值的差值，通过控制器发出信号，控制车速，达到最佳的热定形效果。其工作原理见图 3－77。

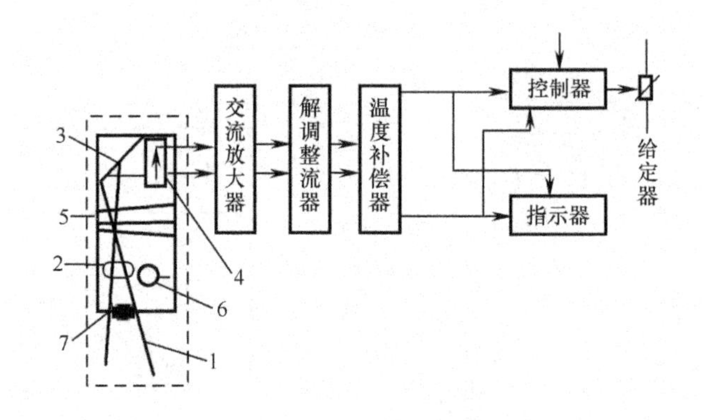

图 3－77 温度检测工作原理图

1—红外辐射波 2—红外波调制器 3—反射镜 4—光电二极管

5—温度补偿器 6—同步电动机 7—光学透镜

烘房内进给运动的织物，所辐射出的红外电磁波通过透镜 7 射入测量头，经同步电动机（转速为 750r/min）带动的机械式光调制器的作用，使得入射的连续式红外电磁波变成时亮时暗的脉冲波，再通过光学通道入射到反射镜上，经反射镜的反射作用把脉冲波反射到二氧化锂钛光电二极管上，由光电二极管把脉冲的红外波变脉冲电流信号，该电流信号再经由交流放大器、解调整流器的作用，得到放大了的与温度有关的直流电压信号，最后再经温度补偿后，输出信号，指示仪表指示，与给定信号比较放大后，输给控制器，发出控制脉冲信号，控制车速。

红外辐射测量头一般安装在拉幅定形机的顶部，距离布面 1m 左右的地方，为了测量精确，应多安置几个测温点。一般对于薄织物，仪表的测量头应设置在烘箱的前半部，在占烘箱烘道长度的 40% 处，而对厚湿织物的加工、检测点应放在烘箱烘道全长的 60% 处。

根据不同织物制订的热定形工艺时间，由于受电网电压变化、烘房湿度波动、车速、织物进烘房含水率改变等干扰因素的影响，从而使热定形工艺时间得不到保证。采用计算机系统的定形时间控制仪，随时采样进入定形机烘房的织物温升工况，在屏幕上可清楚地看到织物的温升曲线，当织物达到定形温度时，计算机就根据定形时间要求，算出织物应该运行的车速，加以控制，此控制系统采用温度传感，控制对象却是车速，而控制目标为定形时间，这是温控的一个特例。

2. 导热油加热系统的温控 图 3－78 所示是热定形机温控系统示意图。热定形机加热和温控的对象是循环风，而导热油加热炉的导热油温度和流量是恒定的，从加热炉来的导热油由进油管经三通分流调节阀进入热交换器，通过热交换器与循环风进行热交换，把热传给循环空气。当循环风温度过高时，铂热电阻传感器将温度信号输送到温度控制仪表，通过设定值与设定值 PID 自整定演算，一方面通过显示器显示出测定值；另一方面控制三通分流调节阀的电动机运转，调节三通分流调节阀的开启度，使进入热交换器的一路关小（热油流量小），把直接回油的一路开大（热油流量大），从而使循环热风温度下降。当循环热风温度下降到某一范围时，温控仪表 PID 自整定演算，使三通分流调节阀作相反动作。

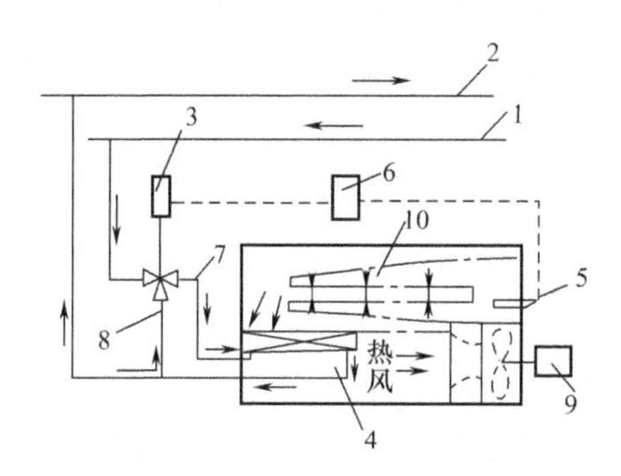

图 3－78　热定形温控系统示意图

1—导热油进油管　2—导热油回油管　3—三通分流调节阀　4—热交换器　5—铂热电阻

6—温度控制仪表　7—出油　8—回油　9—循环风机　10—喷风管

三通分流调节阀在加热温度控制系统中，通过对热交换器的热油流量及阀的直接回油量的控制，达到烘房温度的自控。图 3－79 所示为电动三通密封调节阀的结构原理图。

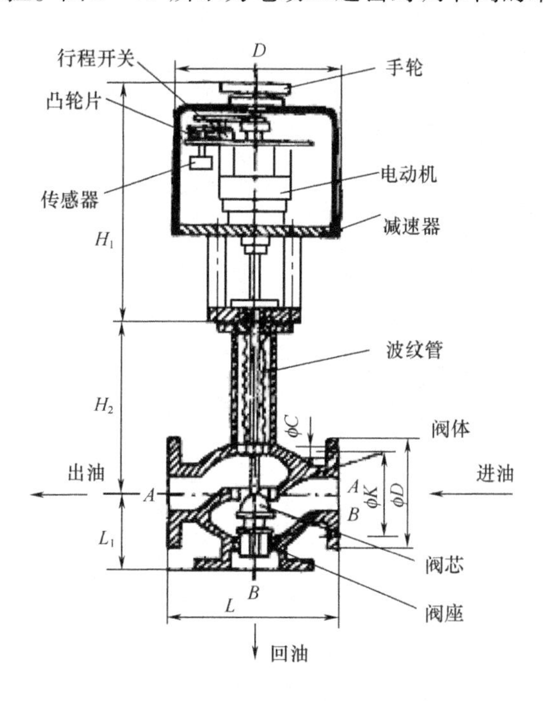

图 3－79　调节阀结构原理图

三通分流调节阀由以单相可逆电动机为动力的直行程电动执行器和有波纹管密封结构的三通调节阀两大部分组成。执行机构接受控制仪表三位(关、开、停)继电信号来控制电动机的正、反可逆运转,通过减速器变换成出轴上、下位移,同时出轴经齿轮、齿条带动电位器和两个凸轮转动并改变电阻值作阀位反馈信号输出,当执行机构在"0"位置或满量程位置,通过两个凸轮分别将限位开关断开,使电动机停转。三通分流调节阀由阀体、阀座、阀芯、波纹管及填料等组成,由于采用了不锈钢波纹管和石墨填料双重密封结构使阀杆的活动部分与热油分隔开,大大提高了阀的密封性能。

六、热风烘燥机的操作与维护

(一)热定形机的操作与维护

1. 准备工作

(1)用导布带将车头、车尾的引布按工艺流程穿布,特别注意不使用轧车时,不应经过轧车压辊和松紧架。

(2)检查各开关是否处于正常规定位置。例如:对中扩幅打在自动,轧车扩幅打在自动,进布扩幅打在自动,剥边器打在自动,轧车强制打在强制上,探布强制开关打在强制上,未脱针打在非强制状态,PLC 故障停止开关处于脱扣状态下,排风处于双排风位置。

(3)进入触摸屏操作画面,并选择主机,这时触摸屏操作画面上"准备"灯闪烁,且桥架允许开车灯亮,否则须进入触摸屏故障画面。当某一项故障显示灯变红时,应相应检查并排除该故障。如无故障,且急停开关未被按住(自锁状态),此时准备指示灯应亮,否则请专业维修人员进行检查维修。当准备指示灯亮后,启动主机,如主机不运行,则在桥架立柱上用按钮起动。如仍不能启动,须请专业维修人员检查维修。

(4)对各节烘房的温度应按工艺要求进行设定,然后运行循环风机,在升温阶段要求主链条运行在导布速下(15m/min)。温度达到设定值后才能上布。

2. 运行操作

(1)温度达到设定值后,方可上布。先按工艺对所需单元机进行选择,然后将布头引入主机,符合上布条件后打开主、被动毛刷轮。这时应注意探头的位置,布面应在探头和反射板之间,探头离布面不要太远或太近。同时应把车头四个被动毛刷轮放下。

(2)进入触摸屏参数画面,根据工艺要求进行参数设定,如下、上超喂量,毛刷轮超喂率(下超喂不宜过大,通常为 ±2% 左右,毛刷轮超喂率根据上超喂量来调整),然后根据布幅要求相应调整前、中、后各段门幅值。

(3)前后方联络正常后开车,同时将探边打在"自动"位置,然后观察布面是否有纬斜现象,若有需进行整纬。布进入烘房时不应挂在轨导间的支架上,并根据工艺要求打开排风。

(4)布到车尾出布时,以最快的速度将布穿好并拉紧。如果挡车工不太熟练,则停机穿布。注意不可碰触未脱针开关。

(5)出布穿好开车后,车头操作人员应打开冷风并保证布左右摆动幅度适中,调整布的进布位置,使光电对中正常工作,并调整前段门幅,使探边在轨导上的两个行程开关位于撞块中间。

（6）车尾操作人员应注意观察出布张力和出布的脱针位置，不能太靠前或太靠后，应调整车尾操作盒上“出布 +”或“出布 -”按钮，并校准出布门幅是否达到工艺门幅。

3. 前后操作联络

（1）前方在正常运行时，如进行参数修改，应打铃通知后方作好准备。

（2）进布处布面出现缝头或烂边，应打铃通知后方。

（3）后方对布面进行检查，如出现质量问题，例如：纬斜、门幅不对、平方米克重不对等应通知前方修改参数。

（4）如有其他方面的故障，前后也应以适当方式联络。

4. 停机 停机前应把前后导布带穿好，单独运行主机，主链条运转。循环风机运行几分钟后停止运转。待烘房温度降到80℃以下方可停车，关排气风机，然后断电。

5. 维护

（1）主传动喇叭箱、超喂齿轮箱以及各部位齿轮箱试车前加油，运转一个月，放掉废油，清理各齿轮箱内污渍，换油。以后每年换油清洗。

（2）开车前须检查调幅蜗轮箱轴承、蜗轮、蜗杆，加好高温润滑脂。以后每年加一次。

（3）调幅丝杆，开车前喷涂二硫化钼，以后每月清扫一次，视情况喷涂二硫化钼，并抽查铜螺母磨损情况，及时更换磨损严重的铜螺母。

（4）开车前检查调幅丝杆两端轴承并加好高温润滑脂。以后每年加一次高温润滑脂。

（5）开车前检查各导布辊两端轴承并加好钠基润滑脂。以后每年加一次。

（6）定期检查主链条和导轨石墨条的磨损情况，及时更换磨损严重的链条和石墨条。主链条每年加一次高温润滑脂。对短时间内磨损严重的情况，须找出原因并解决。

（7）更换织物品种调幅时，须观察全机导轨调幅情况，如发现有调不动或导轨弯曲情况，必须立即停止调幅，停车查找原因，检查铜螺母、调幅蜗轮、蜗杆的磨损情况，丝杆连轴器销子是否脱落。

（8）过滤网，要求每班清扫一次，以保证热效率。

（9）喷风管，要求每月抽出清扫，并检查接口密封是否良好。

（10）各种无级变速器按说明书要求定期加油。

（二）布铗、针铗式热风烘燥机及热定形机的维护保养（表3-11、表3-12）

表3-11 布铗、针铗式热风烘燥机及热定形机的维护保养

机械名称	检查周期	加油周期
布铗与轨道	每三个月检查一次	每周加适量机油（有时每日一次）
针铗与轨道	每月检查一次	每周加适量耐热油（有时每日一次）
拉幅螺杆、螺母	每月检查一次	每周加适量机油
各传动齿轮	每年全面检查一次	开式：加适量机油；闭式：每年换油一次
各传动滚动轴承	每半年检查一次	每三个月加黄油一次
热风风机轴承	每三个月检查一次	每周加高温黄油一次
各滑动轴承	每月检查一次	每日加少量机油一次
各导辊滚动轴承	每年检查一次	每半年加黄油一次

表 3－12 布铗、针铗式热风烘燥机及热定形机的故障处理

故障情况	处理办法
进出铗转盘发热	检查滑动轴承(或滚动轴承)是否断油或磨损 检查转盘轴承端面与轨道接触面 检查布铗、针铗铁链张力是否过大
布铗、针铗链伸长较多	检查针铗链节距是否伸长,套筒、柱销是否磨损 检查布铗套筒和柱销是否磨损 检查布铗柱销孔是否磨损
布铗、针铗链运行有异声	检查两轨道连接处是否有高低不平之处,轨道接触面是否发毛或断油 检查布铗进出开铗是否正常
布铗拉幅有脱铗现象	检查布铁舌刀口与铗底板接触是否良好
针铗拉幅有脱针现象	检查针板上螺钉是否松动 检查针板上长针是否弯曲,长针与针板是否松动
布铗、针铗链运行负荷过重	检查布铗、针铗与轨道接触面是否发毛或断油,或有油污等 检查针铗轨道上的摩擦板是否损坏或摩擦板与轨道是否松动脱开 针铗柱销是否断油、轧刹
进铗探边器失灵	检查探边器电器装置是否失灵(包括电动机) 检查自动调幅装置各部分零件是否损坏
出铗主动轴失效 扩幅套失效	检查主轴与轴套活动接触面是否断油及油污轧刹 检查轴套是否损坏 检查主轴键是否损坏 检查主轴传动件是否损坏
调幅装置失效	检查传动件是否损坏(包括减速箱) 检查调幅螺杆与螺母是否损坏或断油
传动齿轮运行有异声	检查传动齿轮是否有杂物 检查传动齿轮是否损坏或断油
风嘴风量降低	按风机处理办法,检查风道漏气情况
烘房温度降低	检查风机的风量、风压是否正常 检查散热器是否正常 检查热量进入散热器是否正常 检查烘房是否散热漏风

(三)各类热风烘燥机的操作与维修

(1)对各种轴承按规定周期进行检查和加润滑油脂。

(2)做好清洁工作,特别应使与被烘纺织品接触的导布辊、托辊、布铗、针板、圆网、挂纱杆、输送带等经常保持清洁,无污,以免污染织物。

(3)烘房内温度偏低应检查:供汽是否正常,气压是否偏低;加热器有无故障,加热器(散热片)间附着短纤、灰尘是否太多,应经常用压缩空气吹除;烘房隔热性能是否良好,有无漏风,进出口缝面积是否过大,视情况予以处理;循环风机的运转、风量是否正常;排气量是否过大。

(4)循环风机、排气风机等有异声应检查:风机叶轮是否与机壳相碰;风机的轴、键有无损坏;风机轴承是否断油或损坏。

(四)导辊式热风烘燥机的维修

(1)烘房内织物起皱、歪移时应检查:有关区段的导布辊有无变形,辊面是否光洁,转动是否灵活平稳;轴颈有无磨损,轴承是否损坏,轴承座有无松动;水平度、平行度是否符合平车要求。

(2)导布辊力矩电动机电压超过正常数值应检查:织物经向张力是否过大;主、被动导布辊转动是否灵活、平稳;导布辊、传动机构的轴承是否断油或损坏。

七、红外线烘燥机的类型与工作原理

红外线烘燥机是利用辐射传热的加热方式来进行烘燥的。不需要其他物质媒介即能通过织物表面进入内部,使织物的温度内外同时迅速升高,可在很短时间内进行烘燥。这样,不会产生因烘燥不匀而出现的色差和表面化树脂等现象。因此,红外线烘燥主要用于化纤织物的热熔染色和树脂整理预烘。

红外线像可见光一样是一种电磁波。其波长在 0.76 ~ 1000μm,其中尤以 0.76 ~ 40μm 波长范围的红外线热效应最显著,常称为热射线。在研究和应用红外线加热的烘燥技术中,把红外线分为近红外线($\lambda = 0.76 \sim 3\mu m$)、中红外线($\lambda = 3 \sim 30\mu m$)和远红外线($\lambda > 30\mu m$)。

设红外线射到物体上的全部辐射能量为 P,物体吸收的能量为 P_A,反射的能量为 P_R,透射的能量为 P_T,则有:

$$P = P_A + P_R + P_T$$

定义:吸收率 $\alpha = \dfrac{P_A}{P} \times 100\%$

反射率 $\beta = \dfrac{P_R}{P} \times 100\%$

透射率 $\gamma = \dfrac{P_T}{P} \times 100\%$

则以上定义得:

$$\alpha + \beta + \gamma = 1$$

显然,红外线加热和烘燥的热效率决定吸收率 α。一般说来,α 的值与物质的种类、表面状况及红外线的波长等有关。

目前,我国染整厂的红外线烘燥机按其热源可分为电热式和燃气式,均由机架、红外线辐射器、移动装置、排湿装置等组成。

图 3-80 所示为电热式红外线烘燥机。其红外线辐射器是电热碳化管式红外辐射器。碳化管套在电热丝外,放置在石棉垫上,再套上黄铜套筒,用卡箍紧。套筒上有三条轴向长槽,以

增加弹性。辐射器两端套筒夹紧在框架的弹簧夹里。碳化管除用来固定电热丝，减少电热丝的氧化腐蚀外，还起着透射红外线和减少对流热损耗的作用。碳化管用作辐射元件的特点是绝缘性和耐热性好，并能将电热丝辐射出来的 $\lambda < 4\mu m$ 的红外线几乎全部透射，$\lambda \geq 4\mu m$ 的则几乎全部吸收。另外，碳化管内的电热丝温度在1100℃下就可使碳化管达到500℃左右，从而产生红外线，节能效果明显。远红外定向辐射器，光谱范围为1.5～15μm。辐射面具有高效率的定向辐射器，最大散射角为15°。特殊涂层对红外线有很高的反射率，防止热量损耗。

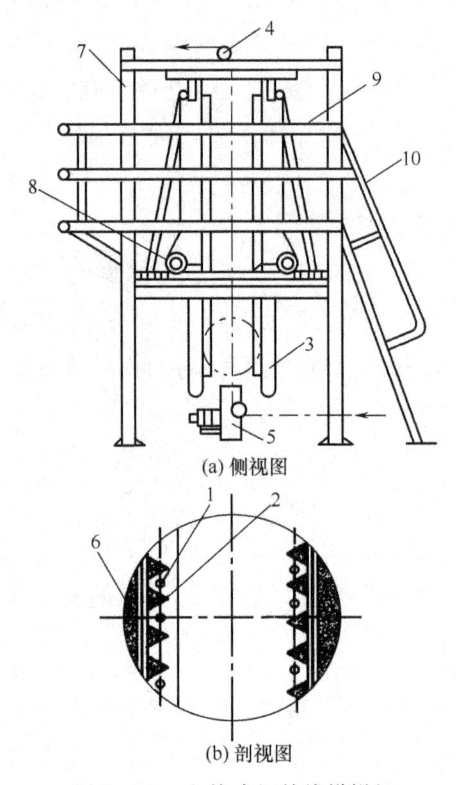

图3－80　电热式红外线烘燥机

1—碳化管(共16支)　2—反射罩　3—反射罩架　4—主动导辊　5—鼓风机
6—隔热层　7—机架　8—反射罩移动装置　9—安全栏杆　10—梯子

常用的碳化管外径为12～30mm，壁厚为1.5～2mm。长为1～1.5m，配装2～2.5kW电热丝。碳化管不能承受机械冲击，使用时应特别注意。电热丝是把电功转变为热能的主要元件，其温度与通过它的电流、电热丝材料、直径、卷绕外径、螺距等有关。一般通过调节电压来控制电热丝温度，以获得所需的辐射波长和辐射功率。

用碳化硅套管代替石英套管，不仅价格便宜，而且碳化硅管的红外辐射频谱在3～16μm波段很均匀，无峰值，具有与石英管不同的辐射特性。

织物在烘燥、上色、固色过程中，主要依靠吸收 $\lambda = 4 \sim 5\mu m$ 的红外线，由此可知，辐射体表面相应温度为550℃。产生此类红外线的远红外线电热管结构如图3－81所示。其最大优点是耗电少，可比普通电热式红外辐射器节电30.5%。

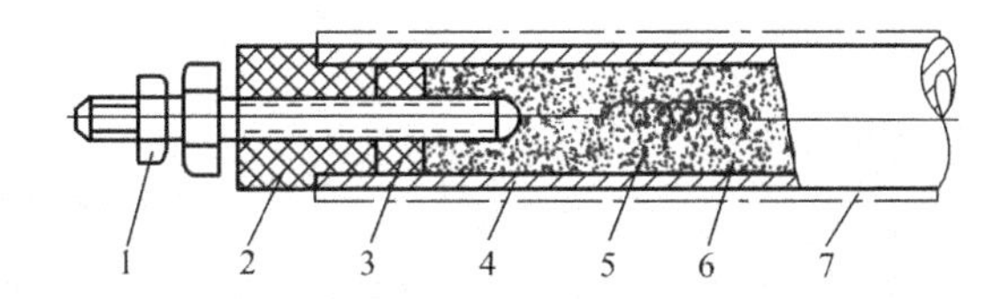

图 3－81 远红外电热器

1—接线装置 2—绝缘子 3—南大胶 4—不锈钢管 5—电热丝 6—氧化镁 7—涂层

图 3－82 所示的远红外定向强辐射器节能效果良好，采用反射层，直接反射辐射能量，提高了定向辐射性能和热效率。辐射的波长为 2.5～15um，能够与织物的吸收达到有效的匹配。

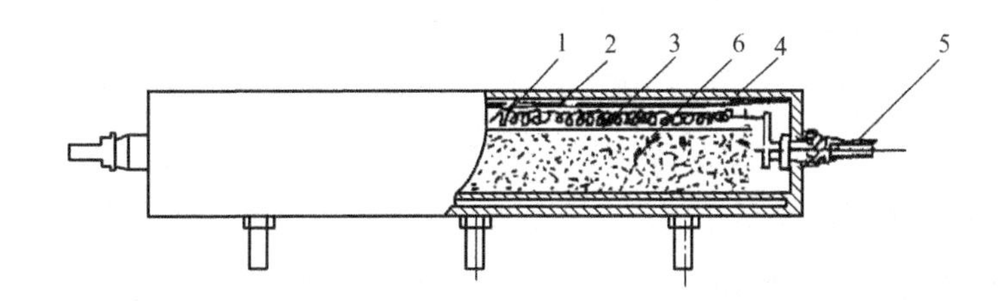

图 3－82 远红外定向强辐射器

1—热源体 2—石英管 3—反射层 4—垫板 5—接线柱 6—硅酸铝纤维毡

目前许多染整厂使用的燃气式红外线烘燥机是煤气红外辐射器。煤气是含有可燃气（H_2、CO、CH_4、C_3H_8、C_4H_{10}、H_2S 等）、助燃气（O_2）、不可燃气（N_2、CO_2、H_2O）等的混合气体。

煤气红外线辐射器就其结构来说，可分为金属网式红外辐射器和多孔陶瓷板覆金属网红外辐射器，分别如图 3－83 与图 3－84 所示。

金属网辐射器的工作过程是：当一定压力的煤气经喷嘴压入燃烧器的引射器 A 时，煤气引射器内的高速流体使孔 A 内压力下降，自动将空气从燃烧器的孔 B 吸入，煤气和空气的混合气体沿引射器逐步得到均匀的速度和浓度继续前进，在与燃烧器内壁气流挡板撞击后喷射至整个燃烧器内部空间，在里网和面网之间燃烧，使面网、辐射网、里网的温度急剧上升，赤热的面网、辐射网、里网和它们的高温烟气都发射出红外线。一个合格的辐射器，在标准煤气压力下，点燃后应燃烧稳定，没有火焰，里外网赤红，且亮度均匀，无噪声。由于铁铬铝的膨胀系数很大，为了防止辐射网在

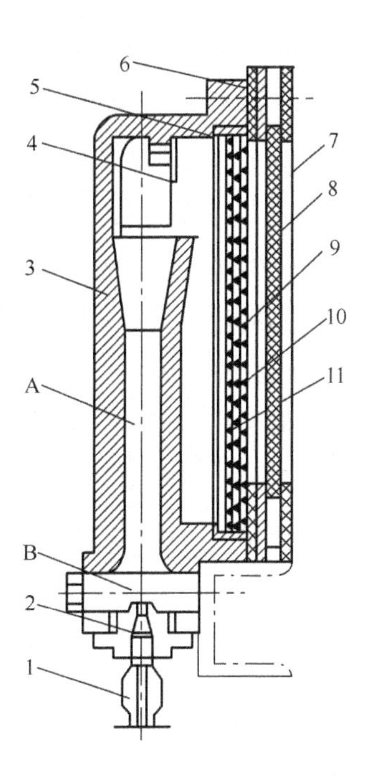

图 3－83 金属网红外辐射器

1—进气接头 2—喷嘴 3—燃烧器 4—气流挡板 5—垫圈（石棉绳） 6—隔热垫片（石棉板） 7—罩子 8—面网 9—辐射网 10—里网 11—底网

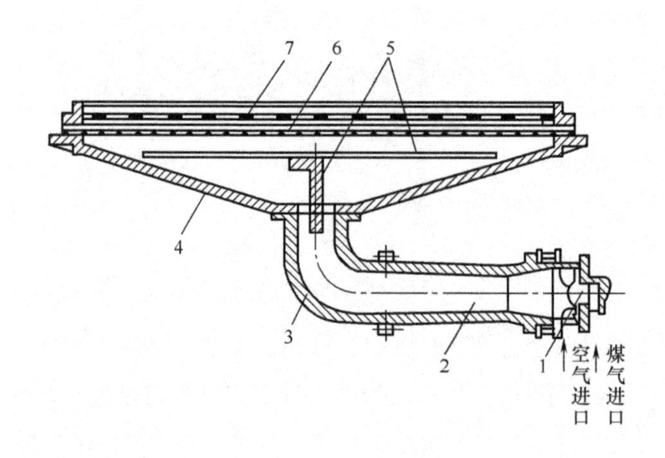

图3-84 多孔陶瓷板覆金属网红外线辐射器

1—喷嘴 2—引射器 3—弯管 4—辐射器壳体 5—挡板 6—多孔陶瓷板 7—金属网

赤红时变形，预先将其冲压成波纹形状。

在多孔陶瓷板覆金属网红外辐射器中，煤气和空气的混合气从气流挡板与辐射器壳间的缝隙喷向多孔陶瓷板，混合气在多孔陶瓷板与金属网间燃烧，形成红外线辐射。

在正常使用的情况下，煤气红外线辐射器金属网的温度在800~1000℃，以2~6μm波长的红外线为主，该波长范围内的辐射占全部辐射能的70%。

八、红外线烘燥机的操作与维护

（一）红外线烘燥机的操作

（1）必须调节各种红外线辐射器辐射材料适宜温度，使其辐射出能被湿纺织品中水分强烈吸收的波长的红外线，以获得较高的热效率。

（2）各种电热红外线辐射器都须配置调压器调整辐射器电热丝的温度，以获得所需辐射波长和辐射功率的红外线。

（3）辐射体温度下降，辐射红外线波长及其辐射功率均有所增加，有利于纺织品烘燥，但总辐射功率却因温度下降而相应减小。因此，对辐射体温度、红外线波长、总辐射功率、辐射面积以及能量损失等应作全面权衡。

（4）须按烘燥过程中织物含水量变化情况和运行布速，控制备组辐射器的辐射强度，以免辐射区的织物含水率过低而使织物迅速升温乃至损伤。

（5）块状辐射器的辐射面不宜距织物太近，以免加热烘燥不匀。

（6）陶瓷辐射板容易碎裂，热时不能沾冷水冷液，更应避免撞击。

（7）为使燃气式辐射器的辐射强度稳定，其气源管道上应装设稳压装置。

（8）为防止运转中处理故障或突然断电停机时，织物停留在辐射区受损，宜采用活塞气虹自动移开辐射器。

(9)对一些原有近红外线辐射元件,可在其辐射面上涂覆适宜的高辐射材料,改装为远红外线辐射元件使用。

(二)红外线烘燥机的维护

(1)电热辐射器的电源线及其接线点必须有安全可靠的绝缘措施,并经常检查。

(2)经常做好辐射器反射罩反射表面的清洁工作,充分发挥其应有的反射效果。

(3)安装块状辐射器时,应将同一排内相邻两只辐射器间留有必要的热胀变形间隙,相邻两排的辐射器须交错排列,以防烘燥不匀。

(4)若燃气长条形辐射器由于金属网受热变形大,或设备较宽而造成中部和边部辐射不匀,则可分成几段壳体,每段一个混合管,能发挥较好效果。

(5)燃气式金属网辐射器在燃烧中有时会产生回火现象,应根据多种回火原因检查处理,如内层网损坏有破洞,燃烧器过热,外界气流对辐射面的波动、冲击,喷嘴加工、安装不符合要求,可燃气压力波动等。当发现回火,应立即关闭回火辐射器的可燃气,检查处理,待辐射器头部冷却后重新点燃使用。

九、射频式烘燥机

射频(Radio - Frequency)烘燥是用27.12MHz或13.56MHz的频率,依靠每秒变化27.12×10^7次或13.56×10^7次的电磁场对被加热烘燥的物体作用所获得的能量来进行烘燥的。射频烘燥仅限于加热电介质,将电介质放置在电场中时,其极性分子(电偶极子)因正负电荷受电场力的作用使自己趋向外电场的作用方向,这样极性分子发生转动运动,当电场方向高频变化时,电偶极子的转动变为激烈的振动,相互间剧烈地摩擦,把从电磁场吸收到的能量转换成热能。它是一种直接加热的方式,热量是由被加热物体内部产生的,被加热物体上的水分能同时发热而蒸发。射频烘燥的工作频率多采用27.12MHz,因其工作电压低可减少介质被电击穿的危险。

射频加热烘燥原理见图3-85。平板电容器的电极为两块平行的平板,它适用于烘燥筒子纱、散纤维及较厚的织物。加热速度可通过调节介质两端的分电压(V_2)来控制,而分电压的调节可通过被烘物体上下面与电极板之间的空间大小来达到。

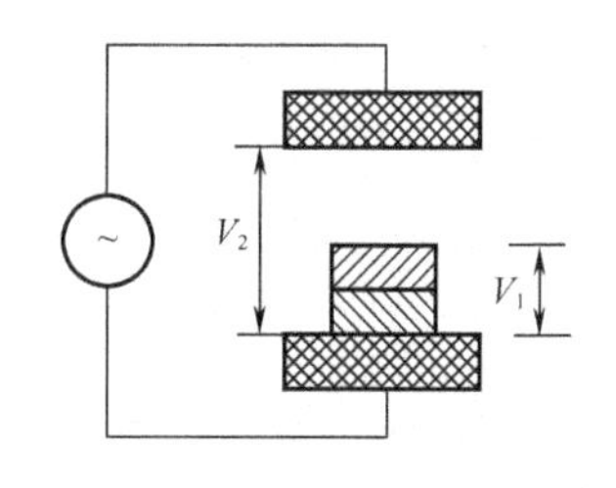

图3-85 射频加热烘燥原理

平板电容器不适合烘干薄的纺织品,因分电压太小不能产生足够的热量,可改用梳状电容器,用两排交叉排列棒状电极替代平板电极,如图3-86所示,其结果使交变电磁场相对于织物旋转一定角度,使分电压增大。它也可将两排棒状电极移近,有类似于平板电容器的特点。

射频烘燥机是一种高效烘干技术,20世纪70年代已应用于毛条和大卷装的加工,后来逐渐用于烘干筒子纱、绞纱、上浆经纱和散纤维。目前把高效离心脱水机与射频烘燥机联合,提高自动化程度。射频烘燥机的外形见图3-87,结构俯视图见图3-88。它主要由机械装置和电气装置两大部分组成。机械部分包括主纱舱、机座架及输送带等。

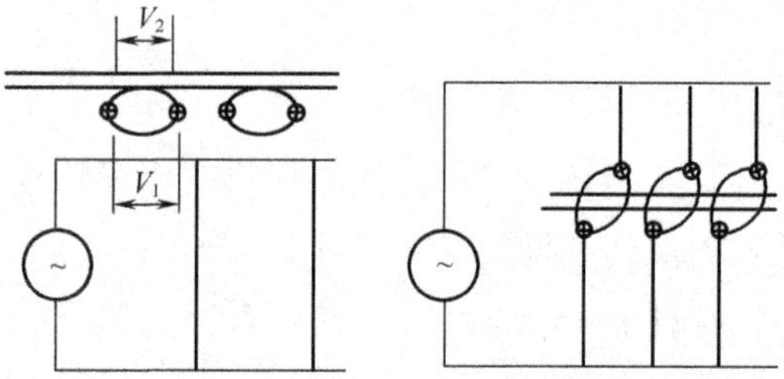

(a) 单排梳状电容器高频加热图

(b) 上、下两排交叉排梳状电容器高频加热图

图 3－86　梳状电容器示意图

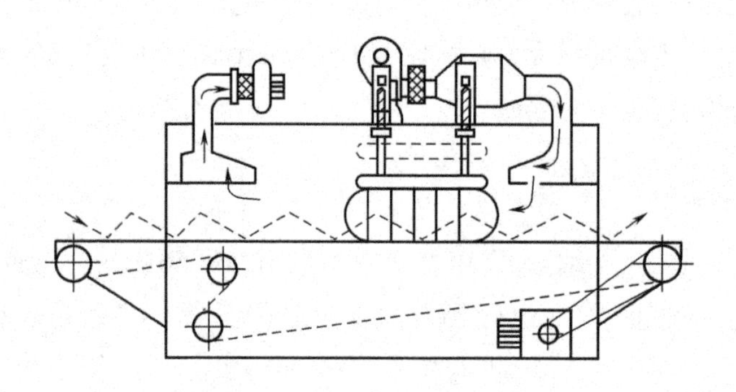

图 3－87　射频烘燥机外形图

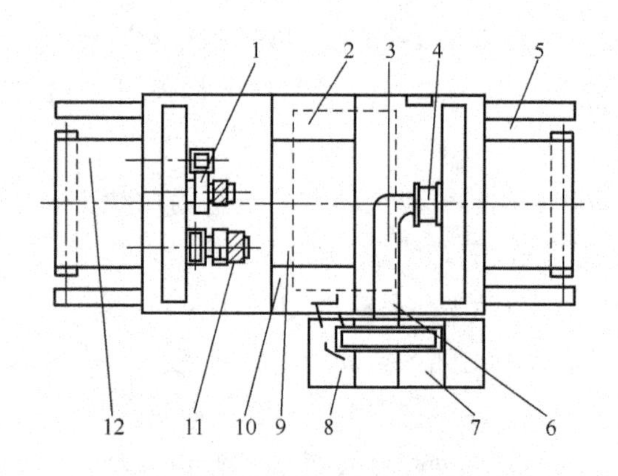

图 3－88　射频烘燥机俯视图

1—排气风机　2—电极　3—压力控制器　4—空气加热器　5—输送带
6—管道排气装置　7—整流器　8—高频发生器　9—电极电压调节器
10—电极调节电动机　11—冷却风机　12—输送带传动电动机

电气部分用三相电压经升压至 13.5kV（最大 15kV）整流，再经电子管等产生一个约 14.5MHz 的高频送到纱舱的电极上，这些高频微波对运行速度为 4～20m/min 的纱进行烘干，水蒸气经排气管道排出室外。

射频装置一般由电源、高压变压器、电源转换器、频率转换器、电流振荡器和电极板等组成。电极板(或电极柱)一般用不锈钢焊制,上下电极装于机内,当被烘物料由输送带输入并通过电极板之间时,高频电场使极性水分子剧烈旋转换位,产生热并汽化。电极柱的排列见图3－89所示。

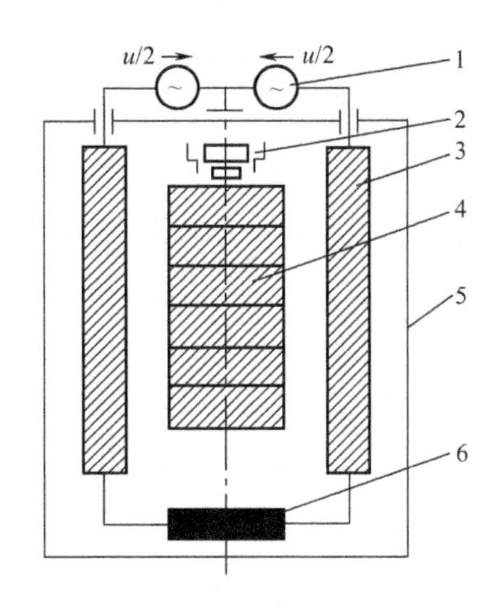

图3－89　电极柱排列示意图

1—高频电源　2—输送导轨　3—电极　4—筒子纱柱
5—屏蔽罩　6—补偿感应线圈

装有高频管等电气元件是射频烘燥机的关键部件。为保证高频管正常工作,有水冷却或空气冷却循环系统,以降低高频管的温度。循环水必须是软水,最好是去离子水,用于冷却变压器、整流器和高频管等。高频管的设计寿命在12000～19000h。

射频烘燥机的特点为烘干周期短,无烘房升温阶段;烘干时热量由内向外传递,无过烘现象,不会产生染料泳移等。

思考题:

1. 从设备的角度分析影响轧液率的因素。
2. 某台均匀轧车出现轧液不匀现象,试分析其原因。
3. 影响洗涤效率的因素有哪些?
4. 提高洗涤效率的措施是什么?
5. 作图说明浮筒式疏水器的工作原理。
6. 分析织物在烘筒上运转时起皱的原因。
7. 作图说明采用间壁式加热器的热风烘燥机由哪些部分组成。
8. 导热油加热系统的温控是怎样实现的。
9. 分析烘房温度降低的原因。
10. 说明燃气金属网辐射器的工作过程。
11. 分析燃气式金属网辐射器在燃烧时产生回火的原因。

项目四　专用设备

✲ **本项目重点:**

1. 掌握专用设备类型和作用。
2. 了解前处理机操作与维护要点。
3. 掌握染色质量与设备的关系。
4. 掌握印花质量与设备的关系。
5. 了解整理设备操作与维护要点。
6. 了解绞纱丝光机的基本组成。

专用设备是指除各种通用单元机和通用装置之外的染整设备。其中有的专用设备可按不同的染整工艺流程排列组合成能对织物进行连续加工的联合机、半连续加工的联合机(如轧卷式染色机);有的可以单独使用,一般为非连续加工设备(如各种卷染机等)。

单元1　前处理机

本单元重点:

1. 掌握气体烧毛机的工作原理。
2. 掌握高效火口的结构特点。
3. 了解练漂机的类型和要求。
4. 了解唇封与辊封的区别。
5. 掌握丝光机张力施加方法。

棉、麻、毛、丝、化纤及其混纺织物在染色、印花、整理之前,都要进行练漂前处理。其目的是利用化学和物理方法除去坯布上含有的天然杂质,以及在纺织过程中加上的浆料和沾上的油污等,使织物具有洁白、柔软和良好的渗透性能,为染色、印花和整理等后加工提供优质的半制品。前处理机就是指完成这些工艺的一类设备。

一、烧毛机的类型与工作原理

烧毛是使织物在火焰上迅速通过或在炽热的金属表面迅速擦过,除去织物表面的绒毛,获得光洁表面的工艺过程。

由于烧毛方式不同,烧毛机一般分为气体烧毛机和热板烧毛机。后者又可分为铜板烧毛机、圆筒烧毛机和电热板烧毛机。

1. 气体烧毛机　气体烧毛机由刷毛箱、烧毛火口和灭火装置三个主要部分组成,如图4－1所示,是目前使用最广泛的一种烧毛机。车别分为左手或右手,工艺幅宽为1600mm、1800mm、2000mm等,工艺车速为40～150m/min,穿布方式为:双面:二正二反、一正一反;单面:二正。

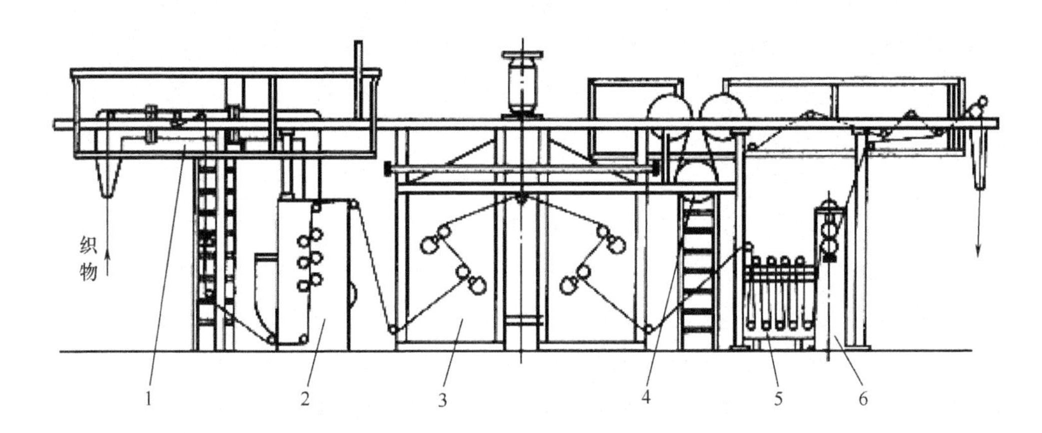

图4－1　气体烧毛机

1—吸尘风道　2—刷毛箱　3—火口　4—冷却辊　5—浸渍槽　6—轧车

织物烧毛前的刷毛、吸尘对烧毛质量影响较大。刷毛的作用是刷去织物坯布表面的纱头、杂物和尘埃,并将未牢固结合于纱线中突出的纤维末端竖立起来,以利于烧去。刷毛箱内有4对螺旋型刷毛辊,直径为200mm,毛高25mm。螺旋型刷毛辊具有对织物开幅去皱作用,且延长吸尘时间。吸尘不尽或有纱头、杂物,在烧毛时易烧伤坯布。吸尘风管在毛刷下面,将刷下的纱头、杂物和尘埃排送到室外的除尘箱中。织物坯布由下而上进入刷毛箱,刷毛辊逆坯布进入方向转动。刷毛辊与坯布的接触面以及转速可调,以控制刷毛强度。导布辊表面都涂有聚四氟乙烯,防止黏结粉尘。

(1)火口种类。火口是气体烧毛机的主要部件。一个优良的火口,燃气与空气混合均匀,能充分燃烧,火焰稳定、均匀,燃烧温度高;火口材料要能耐高温、不变形;在适应不同种类燃气时,火口结构要便于调节或调换。火口的种类较多,有狭缝式、多孔式、冲片辐射式、红外线无焰热空气式等。

①狭缝式火口。狭缝式火口的狭缝大小与使用的可燃气体有关,特别是与火焰的扩散速度有关,可视不同的情况予以调节。可燃气体的燃烧速度快,如城市煤气、水煤气等,狭缝要小一些,一般为0.5～0.8mm;燃烧速度慢的,如丙烷、丁烷等,则狭缝要大一点,一般为1～2mm。狭缝式火口温度为800～900℃。

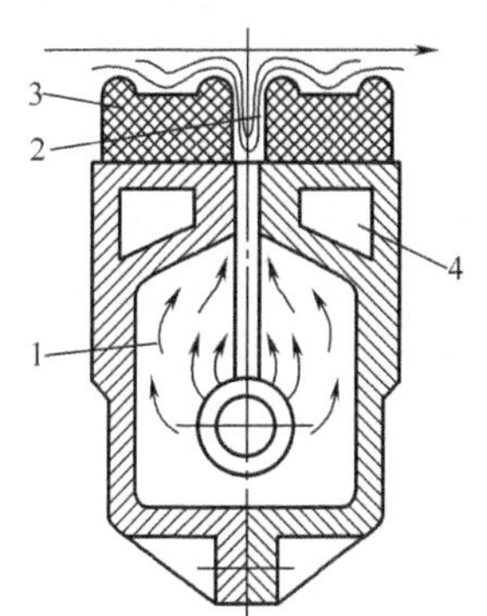

图4－2　辐射式火口

1—混合气室　2—燃烧室

3—耐火砖　4—冷却水通道

②辐射式火口。图4－2所示为辐射式火口。它是在铸铁制成的火口上加装异形耐火砖。当火焰由火口喷射到织物表面进行烧毛时,织物对火焰及被其带动的热空气有一种反射作用,使火焰和热空气反射到异形耐火砖上继续燃烧,并使耐火材料产生热辐射。这样,提高了烧毛温度和火焰的均匀性,增大了布面与

火焰的接触面,从而提高了热效率,火口温度可达到1000℃左右。

③高效火口。图4-3所示为一种近年出现的高效火口。在铸铁火口体的近火口处,有两条冷却用的冷水通道,用来降低火口体的温度。火口体内有两个混合室。在第二混合室的上方,还安装有多层不锈钢叠片,彼此间形成细小的方孔,再上方是由两块能承受骤冷骤热的耐火砖(主要由碳化硅和刚玉粘合后烧结而成)构成的燃烧室和火口。混合气体进第一混合室,发生第一次膨胀,再由斜孔收缩后进入第二混合室,发生第二次膨胀,进入细方孔,再次收缩,使混合气体充分混合,喷入燃烧室燃烧。炽热的耐火砖又加速了混合气体的燃烧速度,并使燃烧完全,温度达到1200℃。这种火口虽仍有部分火焰喷出,但热量利用充分,火口不易变形,火焰稳定性好,烧毛效率高。

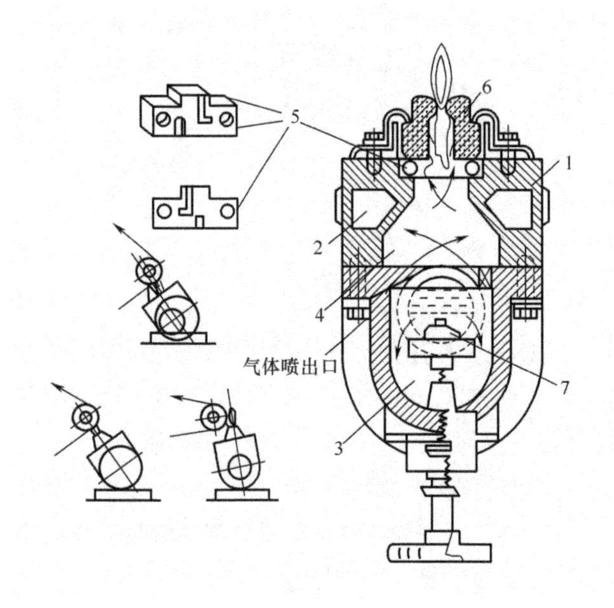

图4-3 高效火口

1—火口体 2—冷水通道 3—第一混合室
4—第二混合室 5—不锈钢喷嘴片 6—耐火砖
7—截止阀

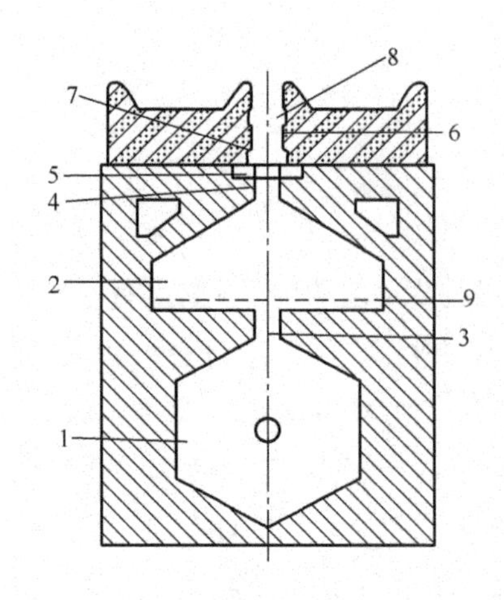

图4-4 双喷射式火口

1—第一混合室 2—第二混合室 3—第一狭缝
4—第二狭缝 5—两条斜缝 6—第三狭缝
7—第一燃烧室 8—第二燃烧室 9—金属网

④双喷射式火口。图4-4所示为双喷射式火口。混合气体进入第一混合室后膨胀,接着在第一狭缝处突然受阻收缩,把损失能转化为气体的混合能,进一步混合。然后,进入第二混合室充分膨胀,由金属网滤去杂质,在第二狭缝处再次受阻收缩后,经两条斜缝喷入第一燃烧室。由于喷射速度较快,形成一定的涡流,又提高了混合气体的混合程度,再经第一、第二两燃烧室预燃,几乎无火焰从火口喷出。因此,耗能少,温度达到1400℃左右,效果好,特别适宜于化纤织物的烧毛。

(2)火口位置。火口的位置如图4-5所示,具体使用必须依据烧毛的坯布而定。

①透烧。火焰以直角撞击自由导向的织物,如图4-5(a)所示。在这一烧毛装置上,可获得最高的烧毛效率。特别适宜用于天然和再生纤维织物,以及各种纤维混纺类型的厚重专业用布。

由于坯布含有一定量的残留水分,当约1300℃的火焰接触到冷和湿的坯布时,即在坯布和火焰间造成空气—蒸汽缓冲层。这一缓冲层是由于空气在热和水分蒸发的影响下而形成的,其

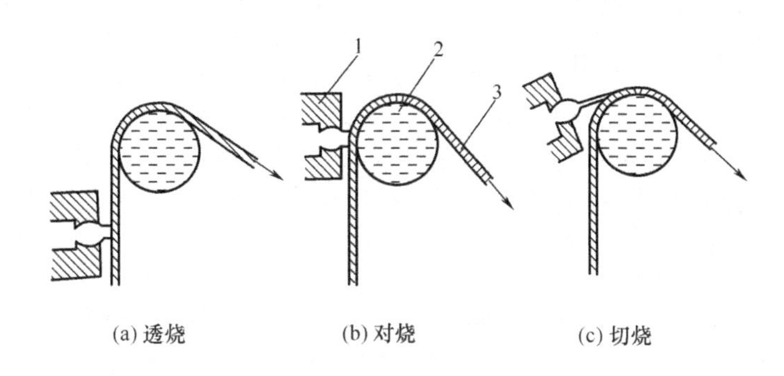

图 4－5　火焰烧毛火口位置

1—火口　2—水冷辊　3—坯布

阻碍了烧毛烧到坯布的底部。坯布在图 4－5(a)的位置时，由于火焰可以将缓冲层挤压通过织物而使其降低。

②对烧。火焰也以直角撞击坯布，但坯布本身则平整地包覆在水冷辊上。由于缓冲层是在织物内侧形成的，被辊筒阻挡而不能散逸，火焰因为有这一缓冲层而不能透过坯布，它仅在织物表面和纱线交织点处是有效的。在图 4－5(b)位置时坯布在烧毛过程中仍然较冷，因而对温度敏感的合成纤维是不可能导致其热损伤的。这一位置上的烧毛适合所有混纺、合成纤维坯布，以及组织结构疏松的坯布。

③切烧。火焰仅以切线方式接触通过坯布，如图 4－5(c)所示。这种烧毛方式，只将突出的纤维末端烧去，而织物本身几乎没有和火焰有任何接触，这一位置特别适用于轻量和敏感的织物，有利于织物的平整。

(3)火口与坯布的间距。烧毛坯布是由水冷辊定位的，因此烧毛火口与水冷辊的相对位置也就是火口与坯布的间距。水冷辊可以上下升降，火口也可以转向。增加火口与坯布的间距，相应地扩大了火焰在织物上的面积，但是，对一定面积的坯布，其所接受的热量仍保持不变，这就可能导致合成纤维织物由骤热变成逐步化和缓慢化受热，致使布面上形成小球或炭化的残渣。因此，一般火口与织物的间距应尽可能小，以防发生上述的弊病。

(4)火焰幅度有级自控。火焰幅度控制可采用无级控制和有级控制。采用火焰幅度有级自动控制作为烧毛机的技术更新，符合我国现状。火焰有级调幅自控示意图如图 4－6 所示。

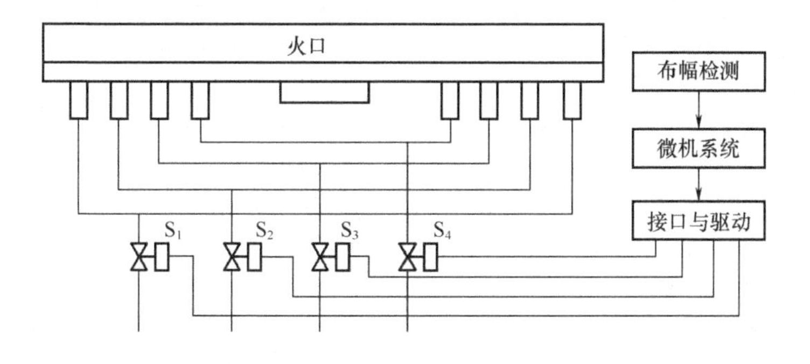

图 4－6　火焰有级调幅自控示意图

采用光电传感器检测坯布幅值,检测值读入微机控制系统,与设定布幅比较,系统按差值自动控制压缩空气两位阀 $S_1 \sim S_4$,同时相应调节罗茨鼓风机的转速,控制火焰强度。系统经接口驱动电路指令 S_4,电磁阀得电阀门开启时,火焰宽度为 1050mm;当 S_4、S_3 开启时,火焰宽度为 1300mm;S_4、S_3、S_2 开启时,火焰宽度为 1550mm;阀 $S_1 \sim S_4$ 全部开启时火焰宽度为 1800mm;阀全部关闭时,火焰宽度为 600mm。

(5)燃气混合器。燃气混合器的结构如图 4-7 所示。由于空气进口管口径大,出口管口径小,在出口处形成很高的气流,在其周围空间出现负压,把煤气按比例吸入混合,进入扩散管。扩散管的口径是逐渐增大的,混合体的流速逐渐降低,使混合气有一定的扩散混合时间,提高混合程度。

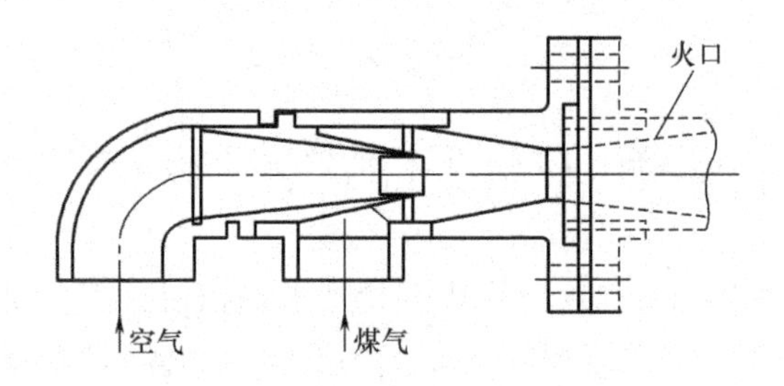

图 4-7　可燃性气体和空气混合器结构示意图

(6)汽油汽化器的结构及工作原理。在没有可燃气体供应的地方使用气体烧毛机时,常配有汽油汽化器,它可以快速地把液状汽油汽化为可燃气体,供烧毛机使用。其结构如图 4-8 所示。汽化器使汽油经过滤油器进入内外转子式油泵,通过流量计控制所需的油量。汽油被送入汽化器顶部的雾化喷头后,汽油以雾状喷下,大部分雾状汽油在列管式加热器表面上被汽化。空气送入汽化器下部,通过翅片式加热器加热,温度在 70~80℃以上,把空气和汽油以(30:1)~(80:1)的比例混合,经汽化器顶部的气水分离器送往烧毛机。未汽化的油滴则回到列管式加热器继续被加热汽化。

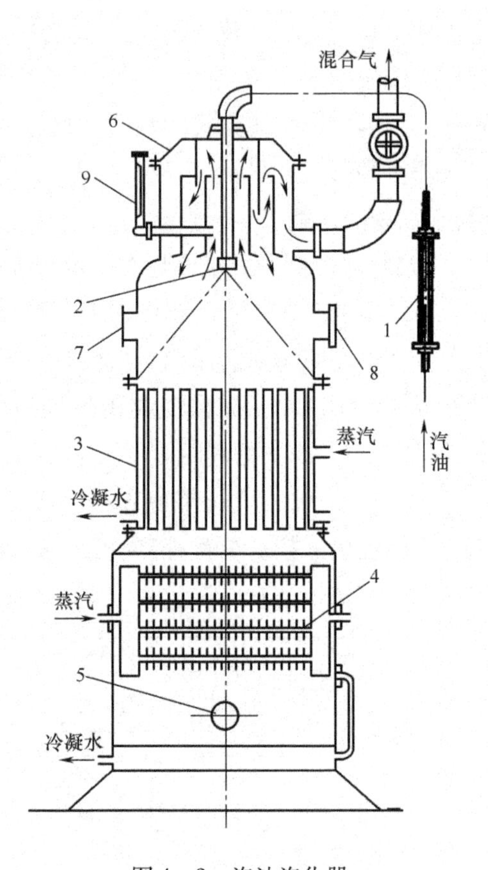

图 4-8　汽油汽化器

1—浮子流量计　2—雾化喷头　3—列管式加热器　4—翅片式加热器　5—进风口　6—气水分离器　7—视孔　8—防爆膜　9—温度计

图 4-9 所示是最佳油气比控制系统示意图。图中热电偶测得火焰温度信号馈入控制器,经模糊控制技术以维持烧毛火焰的最高温度为准则,控制器

输出指令，调整变频器的输出，调节油泵转速，控制燃气的最佳油气比。调节设定好空气旁通阀的开启度后，气路就无须再控制。

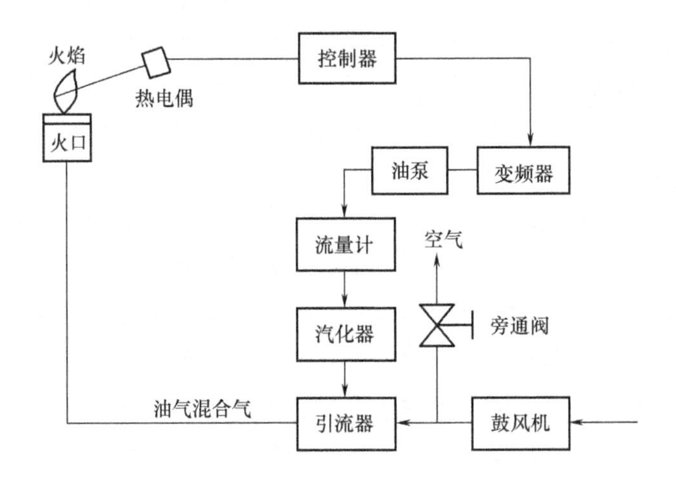

图 4-9　最佳油气比控制系统示意图

(7)灭火装置。该装置是为了灭除刚经烧毛织物表面的残留火星。型式可分为三种：

①浸渍轧液槽。使刚经烧毛的织物在一只或两只浸渍槽内浸渍热水或退浆液，再经轧液，可兼获灭火和浸轧退浆液的效果。

②蒸汽灭火箱。织物在箱内上下导布辊间穿行时，喷射水蒸气灭火，适用于干态平幅出布。

③刷毛灭火箱。织物经箱内尼龙毛刷辊刷除残留火星，灭火的同时也能刷除化纤织物烧毛后的残留焦粒。

2. 铜板烧毛机　铜板烧毛机如图 4-10 所示，由铜板、炉灶和摆布架等组成。铜板弧形半径为 200mm，厚度为 30～40mm，铜板要求表面平直光滑。

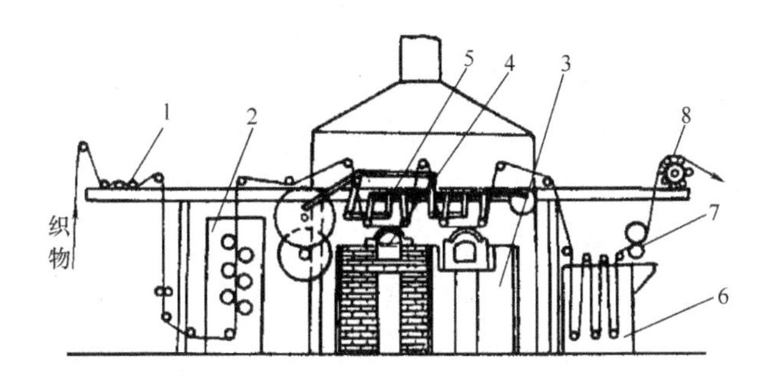

图 4-10　铜板烧毛机

1—进布装置　2—刷毛箱　3—炉灶　4—铜板　5—摆布架　6—浸液槽　7—轧车　8—出布装置

在采用热板接触烧毛时，为充分利用热板上的热能，确保坯布加工后表面烧毛净，而且均匀一致，在热板接触式烧毛火口上面装有均匀摆动式送布架（也称摆布架），有规律且平稳慢速地实现左、右、上、下的摆动。它可随时根据热板烧毛过程中，板面降温实况不断地改变角度，更换新的接触面，使织物始终保持只是与灼热未降温的钢板接触面进行摩擦和接触。保持整个热板的热应力基本一致，确保该弧形板的热稳定性。通过调整摆布架上的升降螺栓，可改变热板与织物的接触弧长(5～60mm)，以满足不同织物、不同工艺和不同烧毛目的的需求。能改善低级棉织物及粗厚型织物的表面光洁度。

热板火口示意图如图4－11所示，其能否正常运转和延长使用寿命，关键在于主要结构件材质的耐热性能、热稳定性能和抗氧化性能。

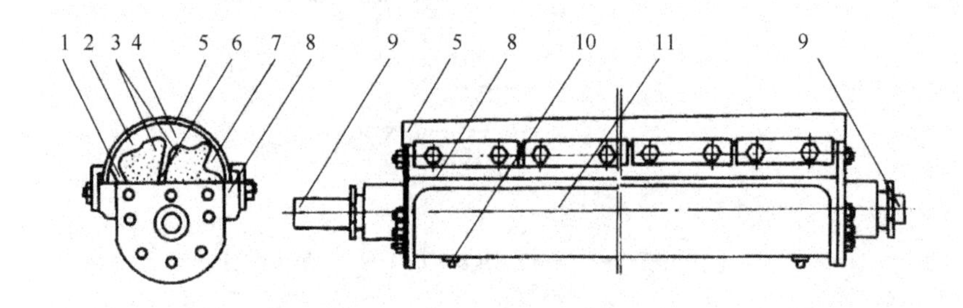

图4－11 旋混热板接触式烧毛装置示意图

1—1#喷嘴 2—第一燃烧室 3—耐火砖 4—第二燃烧室 5—弧形板 6—2#喷嘴 7—第二燃烧室补充燃烧空间 8—上体 9—燃气输入管 10—排污油阀 11—下体

3. 圆筒烧毛机 如图4－12所示的圆筒烧毛机以回转的赤热金属圆筒表面与织物接触的方法烧毛。除稀薄、提花织物和化纤织物外，一般品种均适宜。特别能改善低级棉织物及粗厚型织物的表面光洁度。

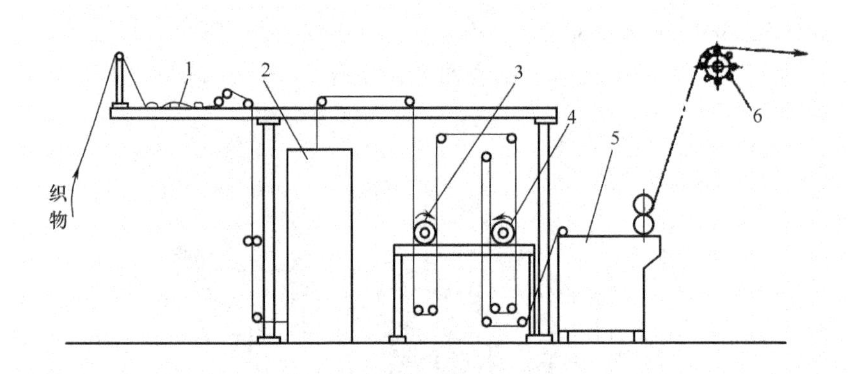

图4－12 圆筒烧毛机

1—进布装置 2—刷毛箱 3、4—圆筒 5—浸液槽 6—出布装置

圆筒做与织物运行方向相反的回转，能较充分地利用其赤热筒面并避免了铜板烧毛因局部板面温度下降而产生烧斑缺陷。

圆筒数量有1～3只，具有2只以上可双面烧毛。烧毛圆筒材料有铜、铸铁和铁镍铬合金等几种，最好使用合金制造。燃料有煤、煤气和重油。温度可达760℃，车速为50～100m/min，比铜板烧毛机均匀，温度稳定，烧毛比较干净。

二、烧毛机的操作与维护

(一)烧毛机的操作

1. 开机准备

(1)机台清洁,按工艺要求穿好引带。

(2)检查火口有无堵塞,导布辊的状态是否良好。

(3)检查风机风量、风压,风机是否有脏物堵塞。

(4)检查液化气压力是否正常,穿布路线是否正常。

2. 运转

(1)进布要齐,认清正反,防止差错混乱。

(2)开启排风机,使火口有一定的风量,开排风排除空气,点火棒,试空气风压是否正常。

(3)天然气阀打开一定位置,织物通过火口部位时,打开天然气总阀,立即开启自动点火装置。根据织物烧毛要求和车速,调整煤气和空气用量的配比。

(4)运转火焰气直向上,喷射有力,火焰均匀整齐,浮火要小。

(5)火焰出现锯齿形时,说明火口堵塞,需停车清理。

(6)冷却水降温,要求水温 50 ~ 55℃,不能过高或过低。

(7)蒸汽灭火,需经常清理避免绒毛堵塞蒸汽孔。

(8)落布整齐,随时检查布面质量。

(9)化纤布烧毛,必须按工艺要求检查布幅收缩情况,防止过烧。

3. 停车

(1)停车检查火焰是否为蓝色,正常后,待织物通过后将天然气阀关闭,天然气火焰逐渐熄灭后,排风 3 ~ 5min 关闭。若停车前火焰不为蓝色,说明空气量小,应检查原因并调整好后按停车步骤停车,否则引起火口爆鸣。

(2)停车后要及时清洁卫生,刷毛箱清除布毛,吸尘罩每周清扫两次。

(3)每班清机一次,刷车不能将水喷到火口上,以免生锈堵塞火口。

(4)杜绝用水冲刷风机和火口。

(二)烧毛时注意事项

(1)防止爆炸。室内要加强通风,使室内空气中可燃气体的浓度不在爆炸极限内,如煤气极限为 5% ~ 50%;输送可燃气体的管道不能泄漏;火口体内和其管道内不能残存可燃气体;风机风管内不得倒灌入可燃气体;点火前先开风机 3 ~ 5min,确认可燃气体已排净时,方可按正常操作程序点火运行;停车先关闭可燃气体,停 3 ~ 5min 后再关风机。

(2)刷毛辊要定时进行清洁,防止纱头缠附表面影响烧毛效果。

(3)进布要齐,防止产生卷边、折皱,以免造成烧毛不匀和染色布烧毛条花。

(4)气体烧毛时应控制可燃性气体与空气的比例。通常是观察火焰,如呈光亮的青蓝色并平稳燃烧为正常;呈橙黄色为空气量不足;蓝色火焰过短且不稳定为空气量过大。

(5)气体火焰呈不连续状态时,说明火口局部阻塞,可用薄钢片疏通。如火口变形,应刨平两侧铁板。

（6）使用铜板或圆筒烧毛机烧毛时，应经常检查铜板或圆筒两端热表面的光亮程度，如呈暗红色，表明温度不够。铜板、圆筒表面要保持平整光洁，表面氧化膜要及时清除，以免产生烧毛条花。

（7）经常检查出布质量，主要是织物烧毛效果；也要注意局部或连续性疵病，如烧毛不匀、破洞等。涤纶混纺布更应注意织物落布温度、手感以及布幅收缩情况。如烧毛过度，一般会发生手感发硬，布幅收缩过大，断裂强力特别是撕破强力显著下降。

（8）没有自控装置的气体烧毛机，运转中发生故障或停车时，应先关闭供气阀门后关车，最后关鼓风机。铜板或圆筒烧毛机发生故障时，应立即移动导布杆，使织物与赤热金属表面脱离，防止布匹烧断。

三、练漂机的类型与工作原理

汽蒸煮练是将烧毛、退浆后的棉布或涤/棉布浸轧煮练液，在汽蒸容布器中汽蒸后进入洗布机水洗。汽蒸煮练的浴比较小，碱液浓度高，棉纤维上杂质和碱之间的反应速率较快，因此织物的汽蒸煮练虽然在常压下进行，但在比较短的时间内，对一般中薄织物仍能获得较好的煮练效果。

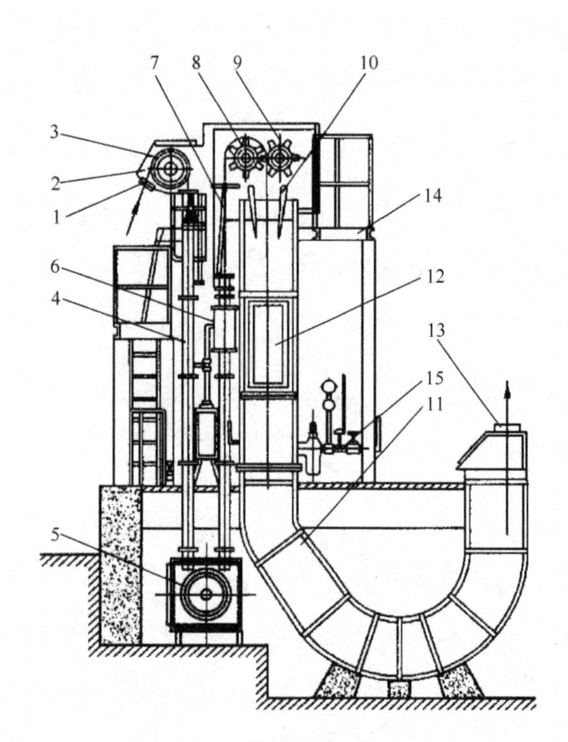

图4－13　汽蒸容布器示意图

1—导布圈　2—进口封闭箱　3—主导轮　4—加热管　5—槽轮箱　6—加热器　7—往复摆动杆　8—六角车　9—墙板　10—摆布板　11—箱体　12—观察窗　13—出布装置　14—操作台　15—蒸汽管道系统

棉及涤/棉织物汽蒸煮练，是连续练漂过程的重要组成部分，故其工艺条件的选择，除了要结合退浆条件外，还必须结合后续的漂白方法。若采用过氧化氢漂白，则汽蒸煮练的条件可以温和些；反之，采用次氯酸盐漂白，则应选择较激烈的煮练条件。

（一）J型箱式练漂机

常用的绳状汽蒸容布器称为汽蒸伞柄箱（俗称汽蒸J型箱）。

1. 设备结构和工作过程　汽蒸容布器由进布装置、加热系统、六角装置、箱体、出布装置，传动设备及操作台等部件组成，如图4－13所示。

（1）进布装置。由数块铸铁板用螺栓拼接联成的封闭式箱体，与六角盘装置的前墙板相连接。两进布端各装一只导布圈，两出布端与加热管相连。由于主动牵引轮产生适量牵引力，使其将含湿的绳状织物送往加热系统加热。

（2）加热系统。由加热管、槽轮箱、加热器等部件组成，呈U形状。

①加热管。直径为 125 ~ 150mm，用 1.5mm 厚的不锈钢薄板制成。

②槽轮箱。箱架由型钢制成，箱体和轮体系 1.5 ~ 2mm 厚不锈钢薄板。

③加热器。结构如图 4 - 14 所示。由 2mm 厚不锈钢薄板制成，蒸汽进入加热器后绕过挡板，再从无数个小孔中喷向自下而上运行的绳状织物，使其温度达到 96 ~ 98℃，而蒸汽又不易外逸。

(3)六角盘装置。由往复摆动装置、六角车、墙板、摆布板等部件组成。

①往复摆动装置。其中摆动杆的一端与固定铰链支座连接，另一端顶部安装一只导布圈，上半部的摆动杆上装有活络轴套和拨叉，而拨叉嵌入往复螺杆螺纹槽内，当往复螺杆做圆周运动时，由于螺纹导向关系，使拨叉在螺纹槽内往复运动而带动轴套运动，因摆动杆的一端连接于固定铰链支座上，当摆动杆以支座为圆心做一定角度的圆弧往复摆动，则轴套便在摆动杆上做适量的上下移动。如图 4 - 15 所示。

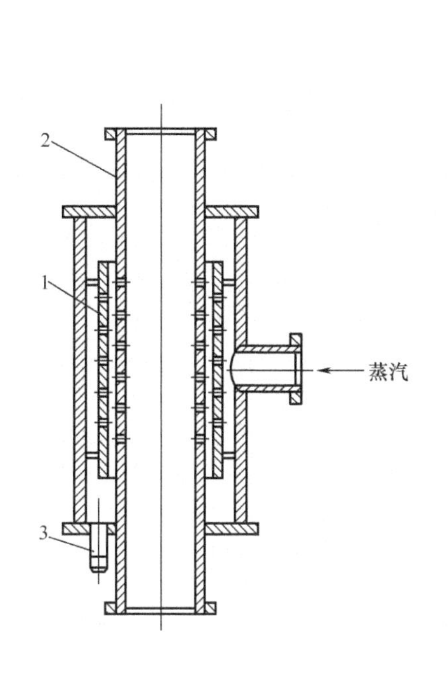

图 4 - 14　加热器示意图

1—挡板　2—加热器内管

3—放冷凝水管

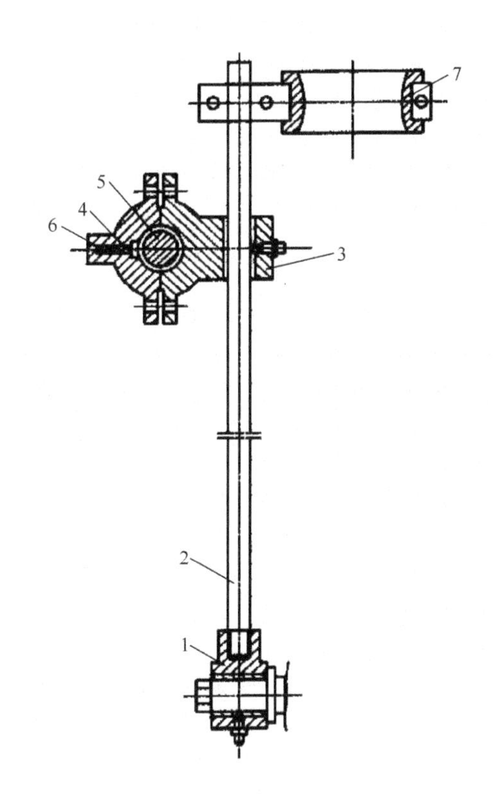

图 4 - 15　往复摆动装置

1—固定铰链支座　2—往复摆动杆　3—轴套　4—拨叉

5—往复螺杆　6—弹簧　7—导布圈

②六角车。夹持条的材料为 1mm 厚的不锈钢薄板，弯成长方形或 U 形长条，安装于铸铁六角夹盘槽内用一对圆柱齿轮啮合传动两只六角车主轴，以超速 20% 左右的线速度夹持牵引绳状织物落入 J 型箱体内。主轴和六角夹盘表面涂上耐腐生漆。

③墙板。采用铸铁墙板，内外涂上耐腐生漆。由数块墙板拼接成箱体，顶上用 2mm 厚不锈

钢薄板密封,另开两扇大小适当的小门,便于操作和检修。

④摆布板。前后共两扇,与门板相似。摆轴、摆架的材料为45#钢和型钢。摆板面装上1mm厚不锈钢薄板,并钻上无数个小孔,减少摆动时的空气阻力。

(4)箱体。由箱胆和箱壳两个部件组成。一般棉织物的平均堆置密度约为3200N/m^{3}左右。在J型箱体中部装有直接蒸汽加热管加热织物,使箱内温度保持103℃左右。

①箱胆。用2mm厚的不锈钢薄板制成的直通箱胆和J型箱胆两个部分连接而成,由于布层的压力和织物受热膨胀,故从进布到出布,箱胆的长度和宽度均由小到大。J型箱胆由数节不同弧长的光滑箱胆连成,其弧度半径的设计原则应有利于布层滑动,防止绳状织物产生擦伤和倒翻、缠结现象。箱体内容布量不多,会影响作用时间,若超过容布量的范围,又会产生设备事故。因此,在直通箱胆上部装设堆布高度标记或自动控制装置,以保证安全运行和改善操作人员的劳动条件。

②箱壳。用型钢制成的机架,能承受整只箱胆、机器和织物自重的载荷,不因受到意外的冲击载荷影响而保持整台机器的平稳性。为此,要有足够的支撑强度和刚度。

(5)出布装置。一般设备只是在导布圈上加装1~2层聚四氟乙烯薄膜的阻汽装置。有的安装一只液封槽,可节省蒸汽,保持箱内温度,为比较理想的结构,但导出的绳状织物带液量较多,对操作带来诸多不便。

2. 织物运行情况 工艺车速为140~180m/min的绳状织物,从紧式绳状洗布机导布圈导出而进入汽蒸容布器的进布口,由主动牵引轮将绳状织物引入加热管,经槽轮箱、加热器、往复导布器,再由一对夹持织物的六角车以超速20%左右的线速度运行(既不会造成织物表面擦伤,又保证有效地拖动织物)。随着摆布板前后摆动,使其左右前后整齐、有条不紊、均匀地落入J型箱体内。经过1~1.5h(根据工艺要求调节汽蒸时间)汽蒸,最后从液封口导出。

(二)履带式练漂机(图4-16)

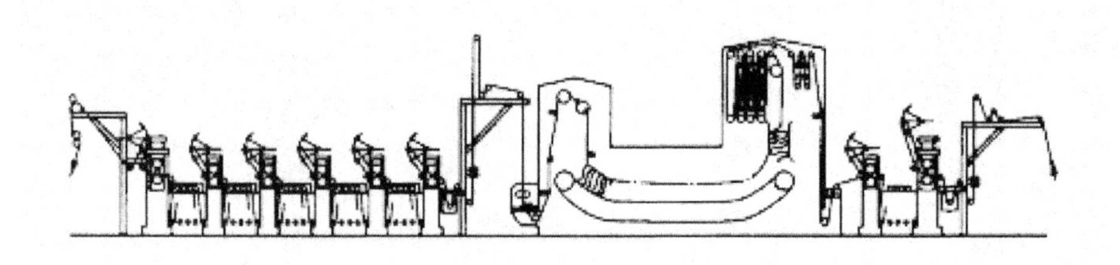

图4-16 履带式练漂机

1. 各单元特点

(1)进布机架。由槽钢机架、进布管、紧布架、电动吸边器及导布辊组成。

(2)浸渍槽。槽体由1Cr18Ni9Ti不锈钢板制成,整个浸渍槽由槽体、导布辊及加热管组成。

(3)平板履带退煮汽蒸箱。箱体采用2mm厚不锈钢板焊接而成,全机采用积木式结构,除进布段两节与出布段一节不变外,中间节数可加减。链条中心距分为5600mm、8000mm、10400mm三种。箱外都有保温层,箱底保持一定的液面,并布有3~5根直接蒸汽加热管,以保持需要的温度和湿度,防止织物产生风干现象。

(4)进布封口。水、汽两用,可根据工艺需要掌握应用,槽内加热管一根,可供水封,加助剂时加热用。

(5)出布封口。织物出布为水封口,离开封口时经一对直径为50mm轧辊后出布。

预蒸部分容量约25m,由一对轧辊、六组不锈钢导辊(其中3组为回形穿布)及六角辊组成,上排6根导辊及一根六角辊为主动辊,由一只1.5kW的直流电动机经摆线针轮减速机通过平皮带拖动,预蒸部分有4组加热喷板,可据加热情况开启和关闭,织物经预热后,经六角辊落布成形,六角辊超速约3%左右。

汽蒸部分由平板履带组成,它由六角辊落布堆置成一定厚度,约300~500mm左右(可通过调节调幅板来达到)。

履带平板由2.5mm不锈钢板冲制而成,平板上开有10mm×50mm长孔多条,便于蒸汽进入,避免织物风干烫伤,履带由1.5kW直流电动机,经摆线针轮减速机,通过链轮,链条传动,积木式汽蒸箱堆置时间分别为30~45min、40~60min、60~90min,堆置时间可有级调节,履带速度与联合机车速无严格同步要求,可单独手控调节履带速度。

2. 使用情况 由于该机的心脏部分是退浆、煮练汽蒸箱,采用了积木式结构,可以满足不同工艺的要求,既可做退浆,又可做煮练、漂白,故可配备不同的设备。且速度也可有70m/min,100m/min两种,可适应高速高效的要求。

(三)翻板式练漂机

如图4-17所示,翻板式平幅汽蒸练漂联合机是目前世界各国应用较多的平幅汽蒸练漂联合机,它具有运行车速高,效率高、质量好,操作方便,设备不易损坏等特点,因此很有发展前景。

翻板机有气动电磁阀活塞凸轮结构和单稳式晶体管程序控制器控制电动机旋转结构两种,并有四层板和六层翻板之分。

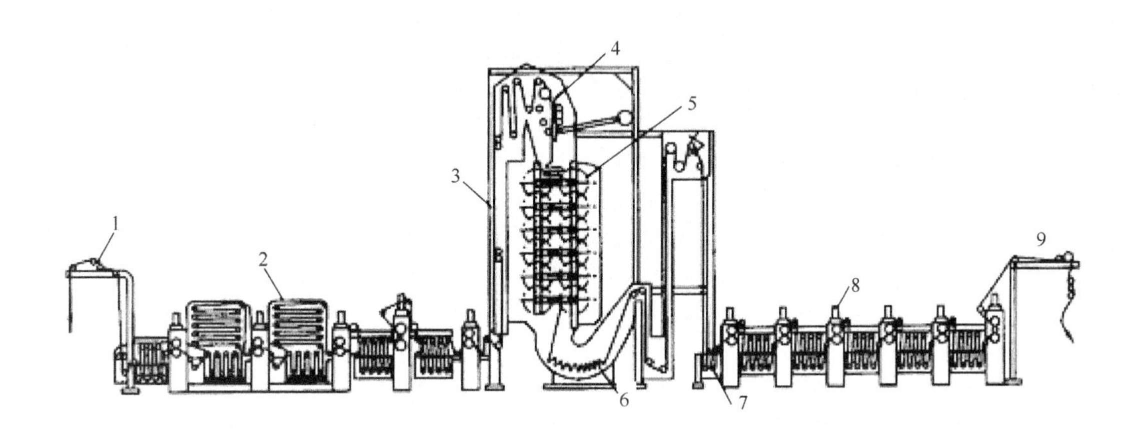

图4-17 翻板式连续练漂机

1—进布装置 2—浸渍轧液槽 3—加热汽蒸区 4—摆布装置 5—翻板
6—浸渍箱 7—液封装置 8—平洗机 9—落布装置

1. 浸渍轧液槽 它是一只全封闭的浸轧槽,四对被动上轧辊(上为合成橡胶软辊,下为纯钛硬辊)及五只被动下导辊组成。上下导辊间距比一般轧液槽的间距大300mm。织物经五浸、五轧,充分浸渍溶液。因一般使用具有强腐蚀特性的亚氯酸钠或双氧水溶液,故硬导辊、轧槽、下导辊轴承座等均采用TA2或TA3纯钛制成,下导辊轴承采用聚四氟乙烯填料或石墨填料。

2. 浸轧轧车 轧车的主被动轧辊为两支合成橡胶软轧辊(也有主动辊为包纯钛硬辊),直径为220mm,辊面材料应由耐磨、耐臭氧、耐气候、耐燃、耐热、耐酸、耐碱的氯丁合成橡胶或丁基合成橡胶制成。主动辊辊面硬度为HSA 85±2,被动辊则为HSA 80±2。

3. 翻板反应塔 长2.8m,宽2.2m,高6~8m。塔内有导布系统、摆布装置、翻板四组或六组(共八块或十二块翻板);前后面装有条形挡布,左右面装有门幅调节装置,以控制落布位置,下部为J型浸渍箱,堆浸五至七组翻板数量的织物,气、液相部分均装有直接蒸汽加热管。塔壳和壳内各种零件均采用纯钛板制成。织物在气相部分(即翻板汽蒸部分)停留20~30min;在液相部分(即J型箱内浸渍加温)停留25~30min,气、液相的温度均为100~105℃。薄织物最多可容布3600m。

(四)R型箱式练漂机(R-BOX)

R-BOX是一种蒸煮反应箱,在反应过程中,部分织物浸渍在液下,可以使织物上的浆料在工艺时间内充分溶胀.从而达到充分去浆料的目的。如图4-18的R-BOX由汽封进布、汽蒸、折叠堆布、输送机构、水封出布、轧液、加热保温和传动机构等部分组成。

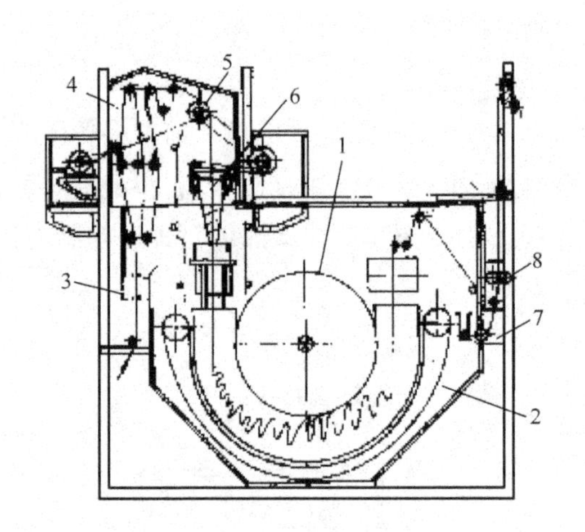

图4-18 R-BOX示意图

1—中心辊 2—履带 3—汽封口 4—汽蒸区 5—六角辊
6—落布斗 7—水封 8—轧辊

输送织物的机构由主动回转的中心辊和主动运行的半圆弧形履带组成。左右两侧有幅宽调节板,可按平幅织物幅宽手动调节。

平幅织物浸渍处理液后经汽封口进机,先在导布辊间汽蒸加热,再经多角辊、落布斗折叠落堆于缓缓运行的半圆弧形输送履带上。

由于履带下部浸在处理液中,并有直接和间接蒸汽加热管使处理液加热和保温,如果煮练液很容易煮沸,它比只经汽蒸的织物效果好。织物在处理液中由中心辊和弧形履带输送,张力很小。

在煮练过程中,织物上的部分浆料在溶胀后脱落进入煮练液,因此,在运行一段时间后,煮练液里会含有大量浆料，会影响织物的煮练效果。有效办法是将煮练液导出箱体经沉淀过滤后再经循环泵打回箱体。另外，织物在经过液下煮练后，还有一定的堆置汽蒸时间，在堆置过程中，织物与大锡林接触处水分易蒸发，造成风干印，为了避免这一疵病，可将循环液喷到大锡林上，以保持与大锡林接触处织物的湿润状态，从而有效地解决了这一问题。

（五）高温高压练漂机

常压饱和蒸汽汽蒸具有在短时间内使织物迅速升温，保持一定水分的特点。但其温度只能达到100～103℃，不能满足高温加工的要求。然而，在封闭系统内，饱和蒸汽的温度却可随其压强的增加而上升，系统内液体沸点温度也随之升高，此即高温高压练漂设备具有高温性能的基本特点。

高温高压汽蒸可以缩短升温时间，提高汽蒸速度。而且，由于蒸汽压力和温度的提高，提高了蒸汽的渗透速率，保持一定的汽蒸时间，则容布量就可增加，汽蒸质量也得到提高。

产生高温高压饱和蒸汽的首要条件是能承受一定压力的封闭系统的存在。因此，系统的密封性是高温高压汽蒸设备的关键。它既要保证织物能连续地进出高压汽蒸箱，又要耐磨，具有一定使用的寿命。如果是间歇生产，则可用静密封来解决，一般用螺栓把箱盖和箱体及填在它们之间的橡胶垫片压紧即可，如高压煮练锅。高温高压练漂机是高温高压设备，为了保证机器在运行中的安全，在机器的上部装置了安全阀。一切必须按规范操作，时刻注重安全生产。

1. 高压煮练锅　高压煮练锅主要供厚重棉织物在高温煮练液中精练加工外，还适宜低级棉的织物煮练，也可供绞纱煮练。可分立式（绳状堆置）和卧式两种，常用立式高压煮练锅。

立式高压煮练锅由煮练锅、加热器、循环泵和循环管路系统等主要部分组成，并配有象鼻式甩布机自动向锅内堆布，如图4－19所示。

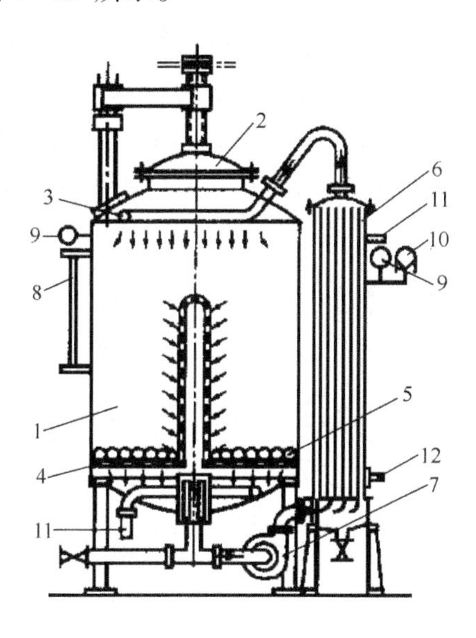

图4－19　立式高压煮练锅示意图

1—锅体　2—锅盖　3—喷液盘管　4—卵石　5—花铁板假底　6—列管式加热器　7—离心泵　8—液位管　9—压力表　10—安全阀　11—蒸汽进口　12—冷凝水出口

（1）锅体。由12～20mm厚钢板焊接的锅体容布量有1.5t、2t、2.5t、3t和4t几种。锅体的底部和顶部都呈碟形。底部上方装有由花铁板拼成的假底，假底上铺有一层直径约100～150mm的卵石。假底与锅底之间装有直接蒸汽盘管，用以加热煮练液。

锅体顶部开有一个圆形锅口，供象鼻式甩布机自动堆布和检修、出布。锅口上装有锅盖，锅盖以重锤平衡式的启闭结构和凹凸牙旋转封闭式的密封结构为好，操作方便，安全可靠。锅盖上有排放锅内空气的阀。锅体旁装有液位管、压力表。锅口内沿装有煮练液喷液盘管。

（2）加热器。常用列管式加热器加热煮练液。加热器内上下管板间竖装有数十只无缝钢管，管外通蒸汽，管内由循环泵送入煮练液，加热后经加热器顶部送往煮练锅内喷液盘管。加热器下端有冷凝水管接装疏水器，排水阻汽。

（3）循环泵。一般采用离心泵，装于煮练锅的下方，用钢管接通锅底出液口和加热器下端进液口。绳状棉织物一般是在0.32MPa左右的压力，即在135℃左右的温度下堆置在煮练锅内煮练。煮练过程中，煮练液由离心泵循环输送经加热器加热送入锅内，透过织物层，经中间多孔排液管和假底由锅底再回入离心泵。锅内煮练液自上而下的循环方式称为顺循环。

这种高压煮练锅虽然是间歇式加工，设备生产率较低，但煮练温度高，煮练效果好。

使用高压煮练锅应注意：

①锅内应均匀堆布，以免煮练液循环不畅而煮练不匀。

②闭盖煮练前，必须先完全排尽锅内空气，以免煮练过程中部分织物生成氧化纤维素，造成脆损或黄斑。

③煮练过程中应经常检查锅内压力，使其保持在规定值以保证煮练效果。

④经常检查循环泵运转是否正常，循环系统有无渗漏，以保证煮练液正常循环。

2. 连续式高温高压汽蒸箱 对于连续生产的高温高压汽蒸的密封，一般有唇式和辊式两种。最简单的唇式密封口，是用两片四氟乙烯制成的唇式夹片，用它压触运行织物，形成密封。由于上下唇与织物间的摩擦严重，对有色织物易产生条花。在唇封上如积有污物，则将沾污织物。因此，一般不适用于连续高温高压汽蒸染色和印花后汽蒸。图4－20是一种常用的唇式密封口。

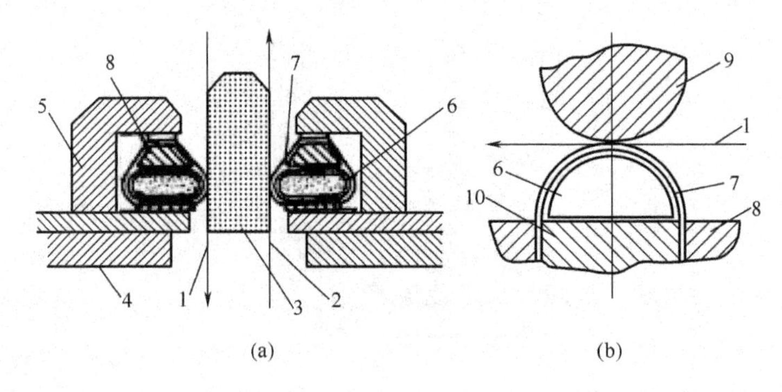

图4－20 唇式汽封口

1—进布 2—出布 3—中心梁平板 4—气袋压板 5—夹具
6—气袋 7—聚四氟乙烯薄膜 8—压板 9—上唇 10—下唇

上唇由不锈钢制成，下唇为外包聚四氟乙烯薄膜的橡胶充气袋，袋内气压为 0.069MPa，使下唇紧贴上唇，织物在其间通过，蒸汽不易外泄。织物经唇封口进入卧式圆筒形汽蒸箱后，堆置在主动回转的不锈钢辊组成的辊床（伞柄）上，在高压（0.196MPa）蒸汽中汽蒸 1～4min，导出洗净。进机织物和出机织物分别从固定安装的中心支架的两个光滑表面滑过，管形气袋内充入压缩空气后，通过外包聚四氟乙烯唇板，将织物压向中心支架表面，形成密封。

如图 4－21 所示的唇封式高温高压汽蒸箱是将进出布唇式汽封口合二为一，见图 4－20（a）。进机织物和出机织物分别从固定安装的中心支架的两个光滑表面滑过，管形气袋内充入压缩空气后，通过外包聚四氟乙烯唇板，将织物压向中心支架表面，形成密封。

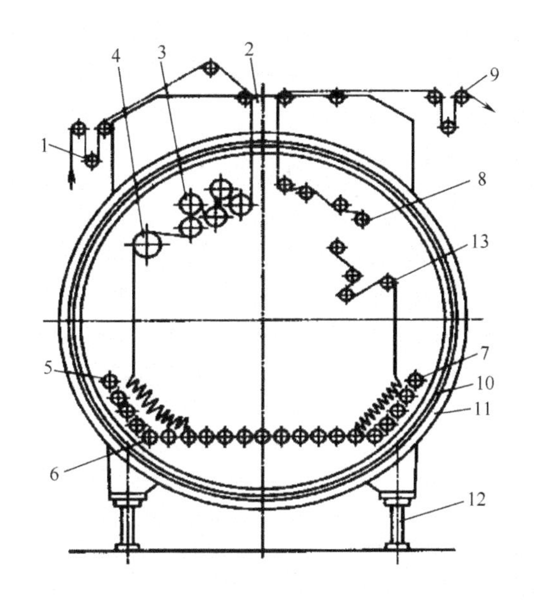

图 4－21　唇封式高温高压汽蒸箱

1—线速度调节装置　2—进出口密封装置（唇封口）　3—牵引辊　4—主动六角辊
5—伞柄箱进布被动辊　6—伞柄箱主动辊　7—伞柄箱出布被动辊　8—扩幅辊
9—出布牵引辊　10—密封圈　11—箱体　12—搁脚　13—紧布器

四、练漂机的操作与维护

（一）退浆机安全操作规程

（1）开车前必须按规定戴好防护用品，并严格按规定检查机器设备、电器装置以及各种安全防护措施是否齐全、灵敏、可靠。如果发现问题，必须修好后才能开车。

（2）开车或试车，挡车工应先检查是否挂有停车牌，并清点人数，确认无危险时，发出信号，前呼后应，才能开车。

（3）操作电器开关，必须侧身操作，一只手操作，另一只手严禁接触任何导电物体，并严禁湿手操作。

（4）机器运转时，要认真检查、监视各种仪表，发现不正常情况，及时采取措施。

（5）机器运转时，不准接触任何转动部件，严禁在转动部件的入口处进行任何操作。

(6)煮布锅升温必须按规定缓慢进行,气压不能超过额定压力。

(7)不准在运行的布匹上跨越和处理故障。

(8)放水阀发生故障要先关闭气门,放开冷水阀,待水温降低后处理。

(9)机器运转时,严禁做清洁工作。

(10)在高处作业,要执行登高作业安全规程,严禁踏在易转动的部件上,上下机器要踏牢扶好,防止碰头,上下梯子要逐级上下,不准往下跳。

(11)停车后释放的各种压力,关闭水、电、汽、热油阀门,关闭电源。

(12)防止穿引带轧手,应两人相互配合,要等操作者发出信号后,才能按电钮启动,且要一手按开,一手按停,随时急停,精力集中。

(13)防止烫伤。水洗箱(槽)的温度达到工艺要求,但是不能沸腾,开启阀门要戴好防护手套防止烫伤。

(14)防止摔伤。化料台及地面浆料要勤清理,路过有浆料的地方要小心,不能奔跑,打闹。攀登梯子要手扶护栏,并注意各护栏是否牢固。

(15)防止酸碱、漂液、水玻璃等烧伤。车间酸碱、漂液管道要有标志,使用者戴好防护用品(手套、眼镜),操作时不要直视各种助剂。

(16)防止电伤。不准用湿手操作,不准一手按电钮,一手接触导体。

(二)汽蒸箱常见问题

1. 直导辊式织物预热区 三种形式蒸箱都装有直导辊式织物预热区,常见的问题是织物有时会起皱,其产生的原因(与机械有关的)如下:上导辊(间隔一支为主动辊)拉布不紧,有可能是布过于干燥,在辊筒表面打滑,或组与组之间张力太小;导布辊的水平度、平行度未达到要求,或辊面沾有污垢未及时清除;导布辊直径太小,刚性太差或轴承缺油磨损;未在适当位置装张紧辊、分布辊;上、下导布辊之间的中心距离太大(中心距离最好≤1m)。

三种型式蒸箱进布处汽封口易漏汽,抽气风机电动机也极易损坏,尤其是电动机与风翼直联时。此风机应全部用不锈钢制造,轴承伸出壳体外,用两套滚动轴承支承,用三角橡胶带传动;导布辊轴端与箱壁间的密封件也易磨损漏气,要经常检查及时更换。

2. 平板履带式汽蒸箱 由不锈钢板制成的平板装在链条上,组成履带并沿轨道运行,织物堆积于平板上边运行边汽蒸。在整个运行过程中,织物接触板面的位置不会改变,所以某些织物就会产生烫伤或压皱痕,尤其是单层履带。若是双层履带,上层织物会翻转到下层去,情况相对会好些。

平板履带使用时间长,输送链条的销子与套筒易磨损,磨损严重时甚至会将链条拉断;链轮和轨道也易磨损;平板与链条的连接处易发生故障;平板表面和板与板之间易被污垢黏结。这些都需要依靠日常检查、清洁、加油,运行中发现故障及时处理。

3. 导辊辊床式汽蒸箱 由不锈钢导布辊排列成辊床,导辊与导辊间留较小间隙(约2mm)。导辊直径视幅宽而定,一般为110~130mm,宽幅时导辊直径为150mm,轴头全部伸出箱壁外。箱壁与轴间安装密封装置,外用滚动轴承,全部导辊皆用链条传动,链条由油箱加油润滑。

织物堆积于导辊上，由进布端逐根传送至出布端，再经张紧辊、分布辊、导布辊，由下一单元拉出。

这种形式汽蒸箱故障率低，维修保养较易。

五、丝光机的类型与工作原理

棉及其混纺的织物在用浓烧碱溶液进行丝光加工时，由于浓烧碱溶液的作用，并受到适当张力，棉纤维发生不可逆的剧烈溶胀，纤维截面趋向圆形，表面光滑，无定形区含量增加，从而可获得耐久的良好光泽，可使染料的吸收能力有所增加，尺寸比较稳定，强力、延伸性等也发生一定变化。

丝光机可分为机织物丝光机、针织物丝光机和纱线丝光机。常见机织物丝光机的类型为布铗丝光机和直辊丝光机两种。

1. 布铗丝光联合机 该机主要组成部分有平幅进布装置、烧碱溶液平幅浸轧机、绷布辊、烧碱溶液平幅浸轧机、布铗链式拉幅淋吸去碱装置、去碱蒸箱、平洗机、平幅出布装置和传动机构等，也有配置烘筒烘燥机烘干后出布。采用湿布丝光工艺，则在平幅进布装置后还需设置高效平幅轧水机，布铗丝光联合机示意图如图 4－22 所示。

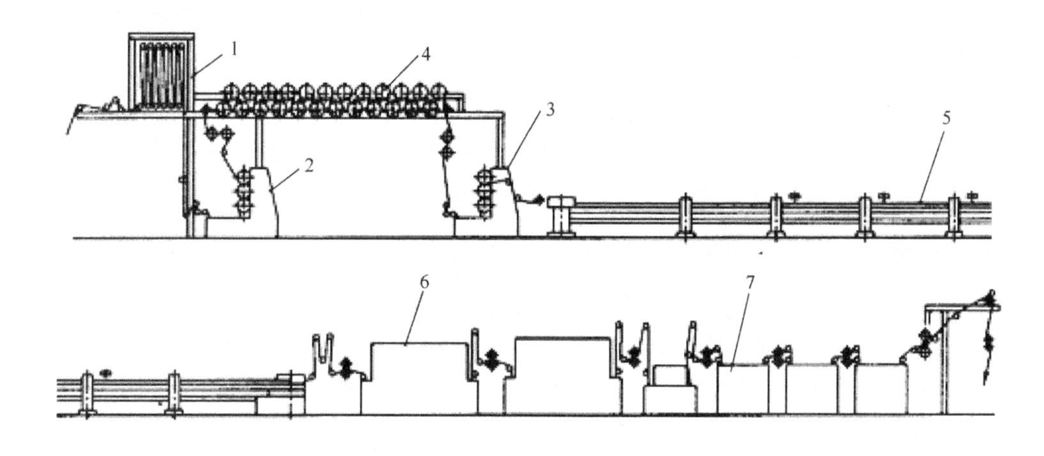

图 4－22 布铗丝光联合机示意图

1—透风装置 2、3—烧碱溶液平幅浸轧机 4—绷布辊

5—布铗链拉幅淋吸去碱装置 6—去碱蒸箱 7—平洗机

(1)平幅进布装置。除具有一般平幅进布装置的各有关通用装置外，增设进布透风装置，主要为了干布丝光时降低织物温度。

(2)烧碱溶液平幅浸轧机。一般采用立式三辊平幅浸轧机，前后共两台，既能均匀轧透，又可调节织物经向张力。轧液辊组合有两种，一种是中辊主动，另一种是上、下两辊主动。主动者为铸铁辊或不锈钢辊，被动者为橡胶辊，轧液辊直径为 300mm。

两台平幅浸轧机的烧碱溶液槽内装有多只导布辊，以延长织物浸渍时间。钢板制浸渍槽的前后装有夹层，通流动冷水以降低槽内碱液温度。为了便于控制碱液浓度而有助于烧碱溶液向织物渗透，浸渍槽宜分隔成前后两槽，两台浸轧机的浸渍槽间连有输液管。目前常将第一台平幅浸轧机的浸渍槽分隔成两小槽，先向第2小槽补充浓烧碱溶液（浓度为300～350g/L），两只浸渍槽间的碱液流动顺序多采用2→1→3。

为了使织物在进入第二台烧碱溶液浸轧机前能带有相当量的烧碱溶液而利于吸收，且在离开第二台浸轧机时带液量要少，以降低耗碱量，因此，对轧液辊组常采用以下加压要求和方法：

对第一台和第二台浸轧机的轧点线压力要求分别为350～500N/cm和420～640N/cm；加压方法可采用第一台为重锤杠杆加压，第二台为油压加压。也可都采用油压加压。第二台的加压油缸活塞直径较第一台大。近年来，多采用活塞气缸（气压0.588MPa）加压。

（3）绷布辊。为了满足浓烧碱溶液对织物有一定的渗透和作用时间，又能防止棉纤维溶胀所致的织物收缩的要求，在两台平幅浸轧机之间的机架上方装有十几根薄钢板制成的空心绷布辊，外径为460～500mm。该辊的数量和外径视设备型号不同而异。绷布辊常由包绕辊面的运行带碱织物拖动而被动回转，近年来，一些高速布铗丝光机的绷布辊则采用主动回转。此外，第二台浸轧机稍有超速，能给织物以适当径向张力，并能按织物品种、工艺要求微调。织物纬向只能利用织物与绷布辊面之间的摩擦给纬向收缩以一定阻力。因此，前后两台浸轧机与绷布辊之间、第二台浸轧机出布处与布铗链拉幅装置进布处之间的带碱织物自由长度必须设法缩短，可在其间装设直辊。

（4）布铗链式拉幅淋吸去碱装置。棉织物或含棉织物在经过烧碱溶液平幅浸轧机、绷布辊的过程中，已受到烧碱溶液一定时间的作用，随后将进入去碱阶段。但带有浓烧碱溶液的上述织物若在没有纬向张力的情况下水洗去碱，则不能获得增加光泽、稳定尺寸等丝光效果。因此先须经拉幅条件下的去碱，使织物上的带碱量降至50g/kg干织物后，才能进行无拉幅去碱。

该装置主要组成部分是布铗链拉幅装置和淋吸去碱装置。布铗链的两只链轮中心距随设备型号不同而异，一般约在14～22m。布铗链拉幅装置的机构及其调幅方法与布铗链式热风烘燥机的拉幅装置相似，这里不再介绍。

织物在拉幅运行的后2/3的一段距离内，受到5台淋洗吸液装置淋吸去碱。每台淋洗器自织物上方将热淡碱液淋至织物全幅，随后再由紧贴于织物下表面的吸液器吸去。吸液器与真空泵相连，表面布满小孔。这是使织物处于伸张状态下，采用淋液和真空吸液以强化织物中液体交换的去碱洗涤方法。由各吸液器吸下的淡碱液按逐步逆流淋洗原理分别送入机下各个指定的淡碱液槽，再由各泵分别输送到相应的淋液器。最后将达到一定浓度（约50g/L）的淡碱液自淡碱液槽用泵输送至烧碱液蒸浓室。

（5）去碱蒸箱。离开拉幅淋吸去碱装置的织物带碱浓度已降至50g/L，可进入无拉幅的去碱蒸箱以汽蒸热洗方法继续去碱。经两台去碱蒸箱去碱后，织物带碱量可降至5g/kg干织物左右。

（6）平洗机。织物出蒸箱后再经平洗机净洗去除残留烧碱，需要时可将平洗槽中一格改用酸液中和。

(7)烘筒烘燥机。有些单层布铗丝光联合机配置烘筒烘燥机,较另经轧水烘燥节省轧水设备、操作工人、电耗和设备占地面积,但传动和操作要求较高。

布铗链式拉幅装置易于调节控制织物拉幅程度,并且拉幅时间较长,淋吸去碱效率较高,能获得良好的丝光效果,适应各种薄厚、密度的织物的丝光。

使用布铗丝光联合机时还须注意:烧碱溶液浸轧机,布铗链式拉幅淋吸装置以及去碱蒸箱与烧碱溶液接触的轴承、布铗等零部件不能采用铜及其合金材料,以免腐蚀损坏。进行涤棉混纺织物丝光时,淋冲淡碱液和去碱蒸箱的温度以不超过70℃为宜,若配置烘筒烘燥机,则出布前须增设织物降温装置。

2. 直辊丝光联合机　直辊丝光联合机的工艺幅宽为1400mm~3600mm,蒸汽压力为0.6~0.8MPa,水压为0.4MPa。该机特点是将平幅织物包绕于多只直辊上浸轧烧碱溶液和冲洗去碱,可供单层或双层织物、单幅或双幅织物的丝光。该机类型很多,但其主要组成并无过大差异。图4-23所示为直辊丝光联合机的一种,由平幅进布装置、烧碱溶液直辊浸渍槽、轧液装置、冲洗去碱直辊槽、去碱蒸箱、平洗机、烘筒烘燥机和平幅出布装置等部分组成。

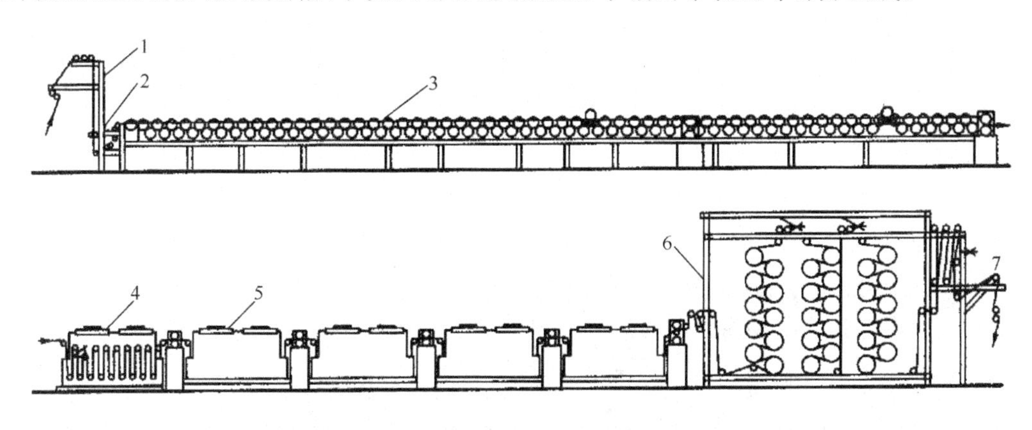

图4-23　直辊丝光联合机示意图

1—进布装置　2—扩幅装置　3—直辊　4—去碱蒸箱　5—平洗槽　6—烘燥装置　7—出布装置

(1)平幅进布装置。一般具有堆布车进布和布卷进布的有关通用装置,视需要选用。由于该机没有拉幅装置,因此在烧碱溶液浸渍槽前装有一组三只扩幅弯辊,使平幅织物扩展去皱。阔幅直辊丝光机能兼供双幅、狭幅织物丝光,另配有左右两对平幅导布器和两组扩幅弯辊。

(2)烧碱溶液直辊浸渍槽。槽内装有多只无缝钢管辊或不锈钢辊组成的直辊,辊面车有左右扩幅细浅螺纹。直辊上方装有多只空心橡胶辊(丁腈橡胶),辊面硬度约HSA85。这些直辊的外径为240~320mm,其数量有6、9、12、15、18、24、30、38对多种,视设备型号而异,按工艺要求选购。下列硬直辊下方辊面接触槽内烧碱溶液。直辊数量较多者,下列部分硬直辊主动回转。经扩幅弯辊扩展的平幅织物进入浸渍槽即包绕于上下直辊表面运行,既可受到烧碱溶液的喷淋,而且始终在烧碱溶液中多浸多轧。该槽设有溢流口以控制槽内烧碱液面,并装有织物拉断自动停机装置。

(3)轧液装置。烧碱溶液直辊浸渍槽和冲洗去碱直辊槽的出布处均设有轧液装置,以减少进去碱槽和去碱蒸箱时织物上带有烧碱溶液的含量。

(4)冲洗去碱直辊槽。槽内装有与浸渍槽内的直辊相同的上下两列多只软、硬直辊，其数量有4、6、8、10、12、14、16、18对多种。在近出槽处有喷水管喷淋热水或热淡碱液，槽内洗液逆流。该槽设有溢流口和织物拉断自动停机装置。

织物通过去碱直辊槽经轧液装置轧液后，即依次经去碱蒸箱和平洗机继续去碱。

运行布速视浸渍槽和去碱槽配置的直辊数量以及去碱蒸箱、平洗机的去碱效率而定，通常为30～100m/min。

进行双层织物丝光时，应特别注意织物通过直辊时布边要整齐，以免染色出现边部色差。烧碱溶液直辊浸渍槽须加强喷淋烧碱液，以防染色产生“阴阳面”色差。

3. 高速直辊布铗丝光联合机 布铗丝光联合机与直辊丝光联合机各有特点，一般认为幅宽在1800mm以内的织物丝光以采用布铗丝光机为主，门幅大于2m的床单类织物，则以采用直辊丝光机为宜。为充分发挥两种丝光机的长处，克服两者的不足，目前有将直辊与布铗结合在一台丝光联合机中的趋向，称为高速直辊布铗丝光联合机，见图4-24所示。在高速运行时，既能保证较长的浸碱时间和去碱效果，又能控制织物幅宽，能使织物获得较好的丝光效果和较小的缩水率。图4-24为高速直辊布铗丝光联合机的一种形式。该机的组成以布铗丝光联合机为基础，增加了直辊浸碱槽和直辊去碱槽。最高布速可达100m/min。工艺流程为：

浸轧碱液→绷布透风→直辊槽浸轧碱液→绷布透风→热淡碱预洗→布铗扩幅→冲淋淡碱（五淋五吸）→直辊槽去碱→长蒸箱去碱→三格平洗→烘燥落布。

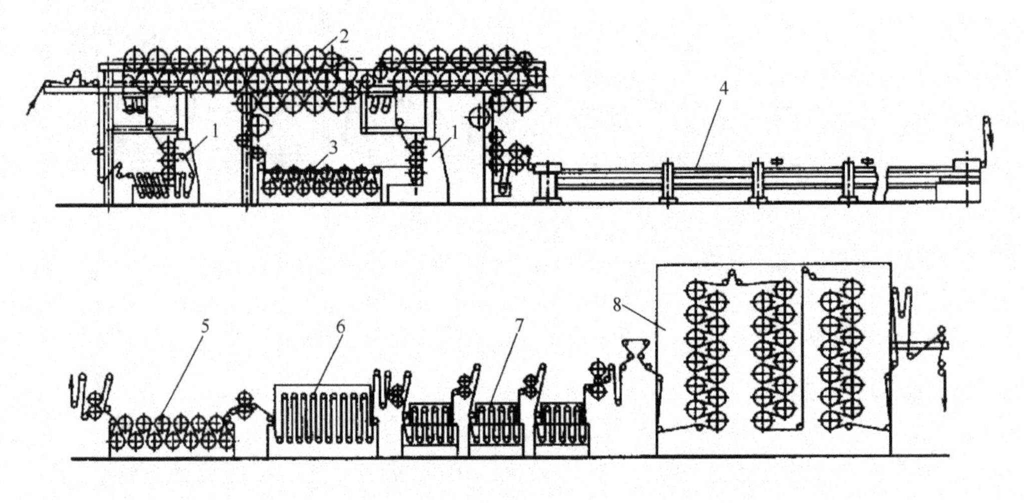

图4-24 高速直辊布铗丝光联合机

1—丝光轧车 2—绷布辊 3—直辊浸碱槽 4—布铗伸幅淋吸去碱装置

5—直辊去碱槽 6—去碱蒸箱 7—平洗机 8—烘筒烘燥机

4. 针织物丝光机 棉针织物经丝光后，不仅可增加光泽、提高可染性和改善手感，更重要的作用是提高针织物的尺寸稳定性。

棉针织物丝光不能像对机织物丝光那样施加太大的张力，因而不能在布铗链式丝光机上加工，一般采用无链丝光机。用于针织物丝光的无链丝光机，有圆筒针织物丝光机和平幅针织物丝光机两类，各有多种型式，其工艺流程则基本相同，均需经过浸渍浓碱液、渗透定形和去碱水洗等工序。各种形式丝光机的不同之处主要是渗透定形区（或称稳定区）和去碱水洗区的机器型式和组成有所不同。

（1）圆筒针织物丝光机。图4－25所示为圆筒针织物丝光机的一种型式。该机由进布装置、透风架、稳定槽、去碱水洗箱和落布装置等组成。

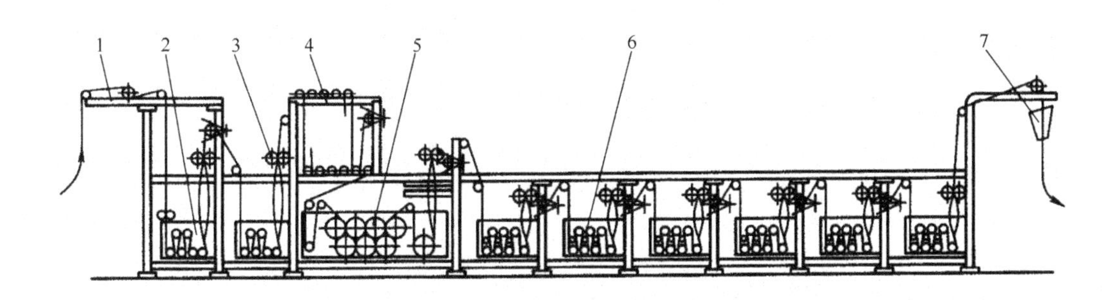

图4－25　圆筒针织物丝光机

1—进布装置　2—浸碱槽　3—小轧车　4—透风架
5—直辊稳定槽　6—去碱水洗箱　7—落布装置

织物通过进布装置的两组环形导布器，使圆筒针织物伸幅，同时去除折皱，并保持织物的上、下两层张力基本一致地平幅进入浸碱槽。两组或三组浓碱液浸渍槽内的各导布辊为积极传动式，以减少织物的伸长。织物经过由多根导布辊（上导布辊由变速电动机单独传动）组成的透风装置，在浸渍浓碱液后有充分溶胀和膨化纤维的时间。直辊稳定（定形）槽中有多只直径为300mm的不锈钢多孔滚筒，织物紧贴于滚筒表面运行，以防止其纬向收缩，同时织物在稳定槽中不断受到高温淡碱液的喷淋而起到定形作用，并获得稳定的丝光效果。去碱水洗箱液下的导布辊由皮带同步传动，箱内还有压缩空气喷射管，利用气泡搅拌洗液以提高洗涤效果。在每个浸碱槽、稳定槽和去碱箱中，当织物进入小轧车前，均经过吹气装置对圆筒织物内部吹压缩空气，使织物鼓成气袋状，以保证织物展平后无折皱地进入轧点。

（2）平幅针织物丝光机。图4－26为平幅针织物丝光机的一种型式。平幅织物通过进布装置的导布器和带式开幅器，以展幅状态和居中位置超喂喂入浓碱液浸渍槽。浸渍槽为转鼓吸入式（简称吸鼓式），使针织坯布能无张力地吸附于转鼓表面均匀浸透碱液。织物出浸渍槽后通过扩幅器，对织物沿幅向均匀展幅并去除卷边。稳定槽内有七根直径为760mm的耐碱合成橡胶绷布辊，辊面车制半圆形螺旋沟槽，相邻两辊的沟槽是相互啮合的。当织物在沟槽辊表面通过时，可使织物纬向滑移受阻，防止纬向收缩。调节相邻绷布辊间中心距，可以控制织物纬向张力；调节绷布辊的表面速度，可以控制织物经向张力。去碱箱和水洗机均采用大直径的转鼓吸入式。织物自稳定槽出来后先经1～2格去碱水洗机，再进入酸洗槽，目的是用酸中和，可进一步去除碱液。酸洗槽内有三根直径较大的不锈钢辊，织物可在较短时间内完成中和作用。

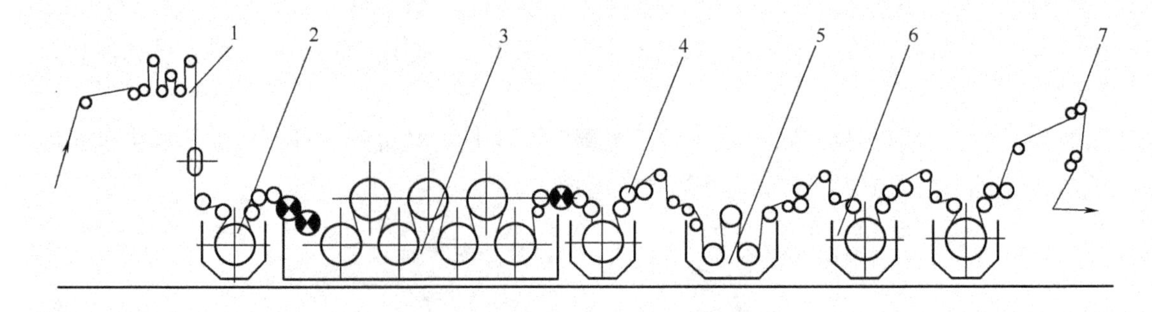

图4-26 平幅针织物丝光机

1—进布装置 2—吸鼓式浸渍槽 3—稳定槽 4—去碱箱

5—酸洗槽 6—吸入式水洗机 7—落布装置

5. 纱线丝光设备 用于纱线丝光的设备主要为绞纱丝光机和喷射式绞纱洗纱机。

(1)绞纱丝光机。绞纱丝光机一般为双臂式绞纱丝光机和回转式绞纱丝光机。

①双臂式绞纱丝光机。如图4-27所示的双臂式绞纱丝光机设有套纱滚筒两对,分别安装在机身的左右两边。套纱滚筒间的距离和转向能自由调节。每对套纱滚筒中有一只滚筒,其上面设有一只硬橡胶轧辊,用于轧除绞纱上的碱液和帮助碱液向棉纤维内渗透。轧辊能自由升降,由油泵加压。每对套纱滚筒的下面各设有碱盘和水盘。碱盘用于盛丝光碱液,能自由升降;水盘用于盛洗下的残碱液,能自由移动,并与残碱液贮槽相通。套纱滚筒上面或中间设有喷水管两根,用于冲洗绞纱上的碱液。半自动双臂绞纱丝光机,仅套纱滚筒间的距离以及碱盘的升降能自动控制。自动双臂绞纱丝光机的套纱滚筒间的距离,以及转向的交替更换、碱盘的升降、水盘的移动、轧辊的升降、喷水管的启闭都能自动控制。

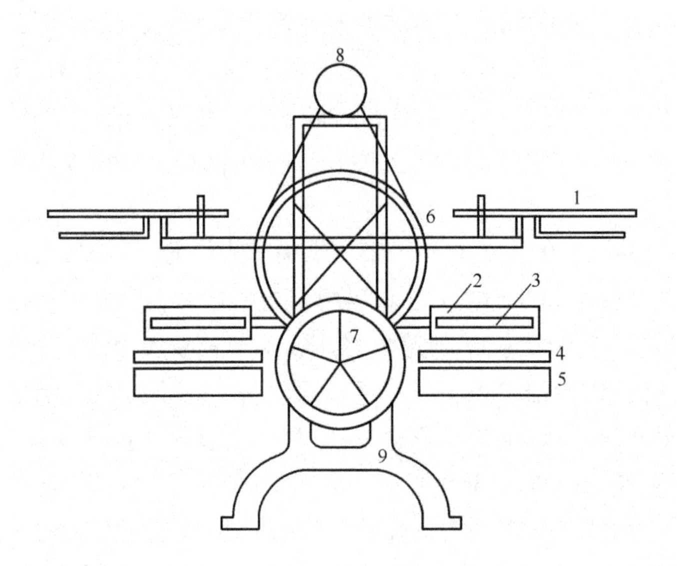

图4-27 双臂式绞纱丝光机结构示意图

1—理纱架 2—套纱滚筒 3—轧辊 4—水盘 5—碱盘 6—皮带轮

7—张力调节轮 8—电动机 9—铁架

自动双臂式绞纱丝光机丝光操作时，先将预先配制并冷却至一定温度的丝光液盛于碱盘中。将预先准备好的绞纱套于滚筒上，开动丝光机，滚筒即撑开至要求的距离，当碱盘升起时，纱线即浸于丝光液中，在滚筒上转动，转向交替更换，在此过程中，滚筒张力先略放松，之后恢复原来张力。轧辊则以要求的压力施压于一只滚筒上。经过顺转1min，倒转1min后轧辊停止施压，同时碱盘即下降。当水盘移动到滚筒下方时，喷水管即开始喷洒温水，同时轧辊又恢复施压。经过一定时间的喷水冲洗后，喷水管停止喷水，轧辊停止施压，滚筒也停止转动，同时水盘移开，滚筒即相互靠近。将绞纱自滚筒上取下，进行酸洗。

②回转式绞纱丝光机。如图4-28所示的回转式绞纱丝光机设有套纱滚筒8对，分别安装在机身中心的回转装置上。套纱滚筒间的距离和转向能自由调节。8对套纱滚筒分占8个位置。浸碱部分各设有碱盘一只，轧液部分设有轧辊和水盘，水洗部分各设有喷水管两根，轧辊一只和水盘一只。碱盘能自动升降。水盘和残碱贮槽相通。轧辊由硬橡胶制成，由油泵施压，能自由升降。整个回转装置、套纱辊间的距离、转向的交替更换、碱盘的升降、轧辊的升降以及喷水管的启闭都能自动控制。

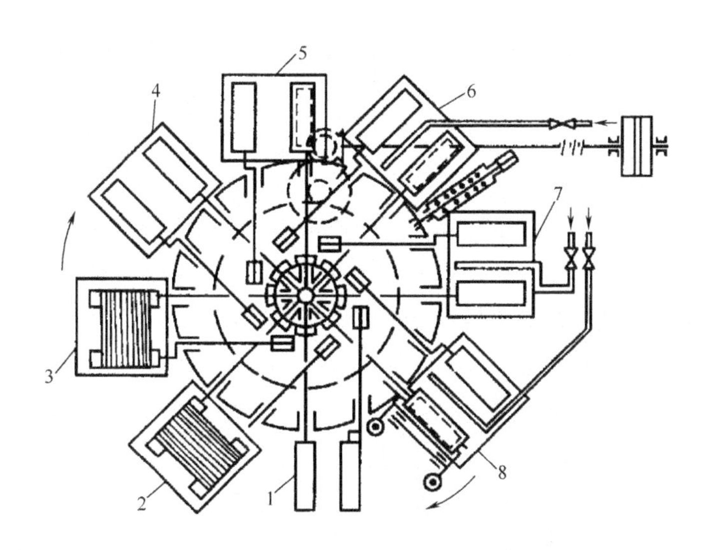

图4-28 回转式绞纱丝光机示意图

1—套挂和卸纱辊 2、3、4—浸碱盘 5—轧液盘 6、7、8—水淡碱洗盘

回转式绞纱丝光机丝光操作时，先将预先配制并经过冷冻至一定温度的丝光液盛于位置2、3、4的碱盘中。将预先准备好的绞纱套于位置1的滚筒上。开动丝光机，辊筒即撑开至要求的距离，同时回转装置开始启动。滚筒由位置1回转至位置2，位置2的碱盘即升起，纱线即浸于丝光液中，在滚筒上转动，转向交替更换。经过一定时间的处理后，滚筒由位置2回转至位置3，以同样方式进行浸碱（此时滚筒张力略放松）。滚筒由位置3回转至位置4，以同样方式进行浸碱（此时滚筒又恢复原来张力）。滚筒由位置4回转至位置5，轧辊以要求的压力施压于一只滚筒上进行轧液。经过一定时间的轧液后，轧辊停止施压，水管停止喷水。滚筒由位置5回转至位置6进行温水轧洗，滚筒由位置6回转至位置7，以同样方式进行温水轧洗，滚筒由位置7回转至位置8，以同样方式进行冷水轧洗。滚筒由位置8回转至位置1，滚筒停止转动，并相互

靠近。将绞纱自滚筒上取下,进行酸洗。

(2)喷射式绞纱洗纱机。喷射式绞纱洗纱机主要由带孔的多只空心管组成。空心管并列成一排,相邻空心管之间应保持一定的距离,棉纱借回转装置转动,相邻空心管的回转装置以相反方向转动,以防止相邻空心管上的棉纱互相纠缠,造成乱纱。空心管上面都设有淋水管,下面设有盛液槽一只,使碱液回收使用或排放出去。

在上述两种绞纱丝光机的操作过程中,绞纱的准备和套纱这两项操作对丝光质量有直接的关系,不可小视。由于干丝光耗费蒸汽和劳动力很大,因此一般都采取湿丝光。在湿丝光中,纱线煮练后脱水应力求均匀,脱水后含水率一般掌握在60%左右。脱水后的纱线应置于槽内或缸内,且不宜久置,以防止局部风干。如果脱水后的纱线放置过夜后进行丝光,丝光前应再进行一次水洗。套纱前应将纱线逐绞理顺、抖直、摊平,遇扎绞绳过紧的应予拆换,遇断头过多的应予调换。套纱时应注意不可使纱线扭曲、重叠或绞纱间留有空隙。

碱盘中的丝光液经过补充后应搅拌均匀,然后进行下一批纱的丝光。补充液的浓度应较起始丝光液的浓度高,以使丝光液的浓度保持稳定。

六、丝光机的操作与维护

(1)各单元传动用减速齿轮箱要定期清洁加油或换油。

(2)经常检查浸没液内的导辊套筒式滑动轴承,发现磨损,要两边同时更新。

(3)穿出箱外的导辊滚动轴承要勤检查,勤加油;箱壁间的密封件磨损漏气时,要及时更换。

(4)机架上的各种辊筒,包括绷布辊,其两端轴承座及滚动轴承也要勤检查、勤加油。若磨损或轴头拉弯,要及时拆下修复。

(5)去碱长蒸箱内织物极易起皱,所以其所用导布辊刚性要好,直径太小要放大更新。若主动导辊用齿轮或链条连接同时运转的,此导辊直径大小应按进布辊筒小,出布辊筒大的顺序排列。

(6)绷布辊筒受张力较大,刚性要好,否则织物极易起皱。

(7)调节单元间松紧架同步时,操作人员为了增加张力,不使织物起皱,常用吊悬重锤来解决。现改为气压式,用气压大小来调节。

(8)直辊槽用的直辊,一般为上六下七,用钢材制成,外包橡胶层。此类辊筒要经常检查,一旦磨损或脱壳要及时更换。安装下部主动直辊时,也要按前小后大加顺序排列。

(9)轧车加压用的气动元件、压力表、承压膜片等,平时要多加检查,若漏气、失效或膜片破损,要及时更新,防止轧车压力不均匀;压力表要定期校验。

(10)布铗轨道易磨损,拆下刨修十分麻烦,如能镶上耐磨滑板,则修复十分方便。

(11)布铗本体一般用马铁制成,固定铗板与活动铗板极易磨损,织物会脱铗。所以,布铗要有整套备件,一旦出现问题,要拆卸全部更换;其连接处的销子和套筒也易磨损,应同样全部拆卸更换。

(12)布铗主传动有两种,一种是伞齿轮装于布铗盘上方,一种是蜗轮减速箱装于布铗盘及平板以下,两边用长轴连接,它们随布铗平板移动而移动。轴上有长键,也有用花键的,由于工作环境差，受碱和振动影响，所以齿轮、键和轴承等极易磨损。每一布铗盘各装一台步进电动机，经传动装置传动。正常运行时两边同步运行，有纬斜时可以单边调节，待纬斜消失，仍恢复同步。

（13）丝光机用泵数量较多，有离心泵和真空泵，泵的轴封、泵叶、轴承等都极易磨损，一旦声音异常，轴端必定会漏液，要拆开检查修理。有时泵打不出水，可能是底阀有污物阻塞，或已损坏，或泵内无引水。

（14）进布处的吸边器一定要保持功能良好，否则会使织物跑偏，造成织物脱铗或撕破。

（15）织物起皱或纬斜，应首先检查辊筒是否弯曲，直径是否太小，轴承是否已磨损有异声，轴承座是否松动或不在平行线上，辊筒表面是否有纱头或污垢积存等。进轧点前，弯辊角度安装不准或扩幅辊正反方向装错，织物张力（松紧架）未调节好等，或缝头不直，织物单边紧或两边紧、中间松等都会造成纬斜。

（16）极易卷边的织物在丝光进布处轧槽前，应该安装剥边器。

（17）去碱长蒸箱内上排主动辊如果是集体传动，则辊筒直径应按进布辊筒小、出布辊筒大的顺序排列。

七、在线检测与自动配加碱系统

该系统主要由测量传感器及变送器、控制器、连续调节阀、开关电磁阀、电源模块以及流体管路等组成。分别在浓碱、循环碱液和水路管道上各引出一路，分别作出调整管路、检测管路和清洗管路。工作液经过传感器进行测量，由微电脑控制浓碱供应量，其流程图如图 4－29 所示。

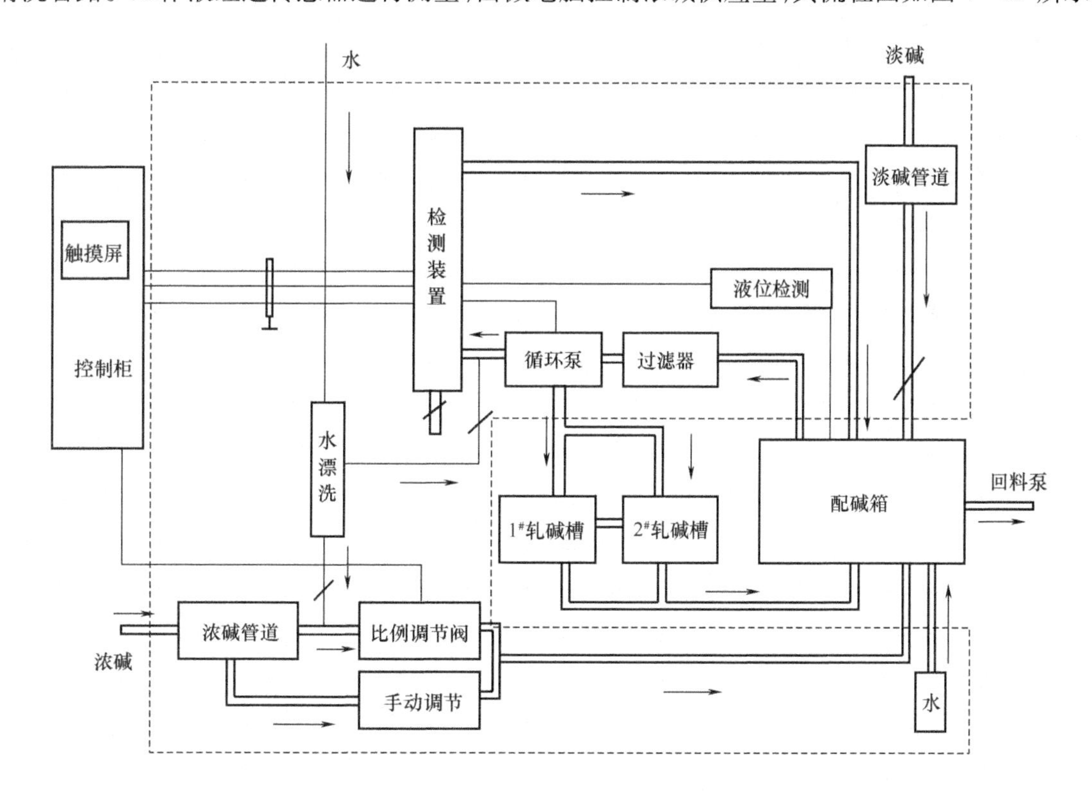

图 4－29　在线检测与自动配加碱系统

淡碱使用液位控制阀门开关,当液位降低时,自动补给淡碱液。浓度不够时控制系统适量加入浓碱。整个系统浓、淡碱双变量调节简单、实用。淡碱自动循环利用,降本增效,减少排污。使用碱回收蒸发装置,节碱20%左右。通过数字化设定参数,实现自动配碱、加补碱,具有自动清洗保护功能,大大提高了可靠性、稳定性。大屏幕人机界面,大容量数据存储,实现浓碱浓度的优化控制。

单元2 染色机

本单元重点:

1. 掌握染色设备的类型。
2. 掌握染色设备的工作原理。
3. 了解染色质量与设备的关系。
4. 了解染色设备的操作方法。
5. 了解染色设备的维护方法。

织物染色是使染料与纤维(织物)发生化学或物理化学结合的过程。织物染色方法可分为浸染和轧染两种方法。浸染是将被染织物反复浸渍在染液中,使之与染液不断地相互接触,从而使染液中的染料逐渐转移到纤维中去,有些染料上染到织物上后洗去浮色即完成染色过程,有些染料则还需经过固色或显色处理。常用的织物浸染设备有绳状加工设备(如绳状染色机、溢流染色机)和平幅加工设备(如卷染机、经轴染色机)。轧染是将织物在浸轧机(染色轧车)中短暂浸渍染液后即经轧压,轧至工艺所需的带液量,然后再经烘燥、汽蒸或热熔等处理,使均匀分布于织物上的染料固着在织物上。织物轧染设备均为平幅加工设备,常用的有轧卷染色机、连续轧染联合机、热熔染色联合机等。

一、卷染机的类型与工作原理

(一)概述

卷染机是间歇式平幅染色机械,织物以平幅状态通过染槽,往复卷绕于卷布辊上。它适用于直接染料、活性染料、还原染料和硫化染料等染色工艺,也适用平幅织物的退浆、煮练、漂白、洗涤和后处理等工艺。

卷染机根据布卷容量可分为普通卷染机(最大布卷外径为600mm)和大容量卷染机(最大布卷外径为1200~1500mm);按染色工艺可分为常压型(最高工作温度为95℃)和高温高压型变速传动式等多种型式。表4-1为几种常用卷染机的主要技术特征。

由表可看出现代卷染机的特点是:

(1)恒速恒张力(微张力)卷绕,织物卷绕张力可在0~1000N范围内设定。

(2)布卷容量大,卷绕直径一般为600~1300mm,对13tex/13tex(45英支×45英支)涤棉混纺织物,卷绕长度可达6000m。

表4-1 常用平幅卷染机技术特征

<table>
<tr><th>类型</th><th>最大布卷直径(mm)</th><th>传动方式</th><th>织物张力(N)</th><th>最高工作温度(℃)</th><th>布速(m/min)</th><th>浴比</th><th>张力调节方式</th><th>适用范围</th></tr>
<tr><td>常温常压卷染机</td><td>600</td><td>差动齿轮箱</td><td>50~500</td><td>95</td><td>约70</td><td>1:3</td><td>差动轮系机构特性保证</td><td>主要适用于棉及其混纺织物的染色、煮练、皂洗、清洗等工序</td></tr>
<tr><td>常温常压大容量卷染机</td><td>1300</td><td>滚珠式差动机构</td><td>0~1000</td><td>95</td><td>10~150</td><td>1:4</td><td>双辊锤摆式张力辊检测，由液压闭环控制</td><td>织物张力随品种与操作需要而异，适用轻薄型到厚重型各种织物(包括丝绒和灯芯绒类织物)的前处理和染色工序</td></tr>
<tr><td>高温高压大容量卷染机</td><td>1200</td><td>滚轮摩擦盘无级变速机构</td><td>0~1000</td><td>140</td><td>10~120</td><td>1:4</td><td>张力弹簧通过杠杆机构自调，闭环控制</td><td>适用化纤及其混纺织物的前处理和染色工序</td></tr>
<tr><td>常温常压卷染机</td><td>600,800</td><td>液压</td><td>0~600</td><td>95</td><td>30~110</td><td>1:3</td><td>直流闭环液压控制</td><td>适用轻薄和柔软型织物的前处理和染色工序</td></tr>
<tr><td>常温常压大容量卷染机</td><td>1000,1200</td><td rowspan="2">直流电动机和交流变频电动机</td><td rowspan="2">80~500</td><td>95</td><td rowspan="2">20~120</td><td rowspan="2">1:4</td><td>导辊传感器连续调节</td><td>适用各种织物的前处理和染色工序</td></tr>
<tr><td>高温高压大容量卷染机</td><td>1000</td><td>140</td><td>交流变频</td><td>适用化纤及其混纺织物的前处理和染色工序</td></tr>
</table>

(3)织物速度范围广，可达10~150m/min。

(4)浴比小，最小仅(1:3)~(1:4)。

(5)自动化程度高，除自动换向、自动计道及自动停车外，还采用微机对染液度、浓度、浴比、织物速度、张力等工艺参数及染液循环、加料等工艺过程进行自动控制。

(二)常用卷染机

图4-30所示为国内应用较普遍的常压高温卷染机，染槽和前后活动封闭罩壳由不锈钢板制成，两根不锈钢交卷辊直径为220mm，最大卷绕直径为600mm，染槽容量较小，槽内染液最高温度可达95℃(直接蒸汽加热和间接蒸汽保温)。染色时，自布卷上退下的平幅织物，穿过染液槽内导布辊，浸渍染液后，经扩幅架展平并卷绕至另一根交卷辊上，视为第一道卷染，织物即将退完时，接上一段导布，然后两辊反向旋转，织物又一次通过染液槽，卷绕到在织前一根交卷辊上，视为第二道卷染，如此交替进行，直至达到工艺规定的卷染道数，在卷染过程中，由于布层间的相互挤压，使染料逐渐渗入纤维内部，为减少染色织物头尾色差，一般卷染道数取偶数。

1. *差动卷染机* 差动卷染机上两根交卷辊，在卷染过程中，上绕布卷的直径逐渐增大；退绕布卷的直径相应减小。由于差动轮系的特点，两卷辊的转速和为一常数，两辊的转速根据其上的织物量自行调整。另外，由于两辊均为主动，织物的张力比普通卷染机的张力小。卷染机差动轮系传动图如图4-31所示。

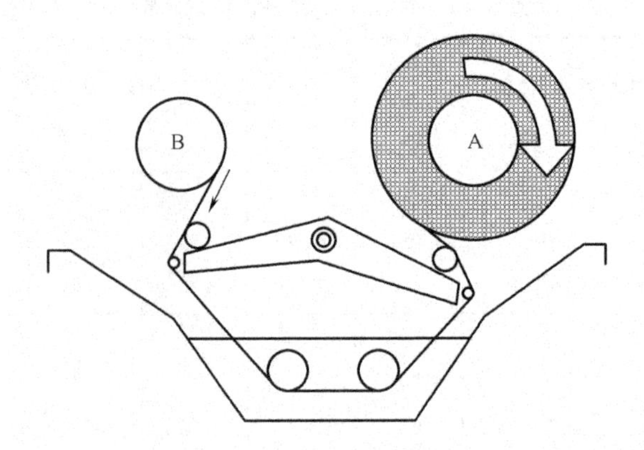

图4-30 常压高温卷染机示意图

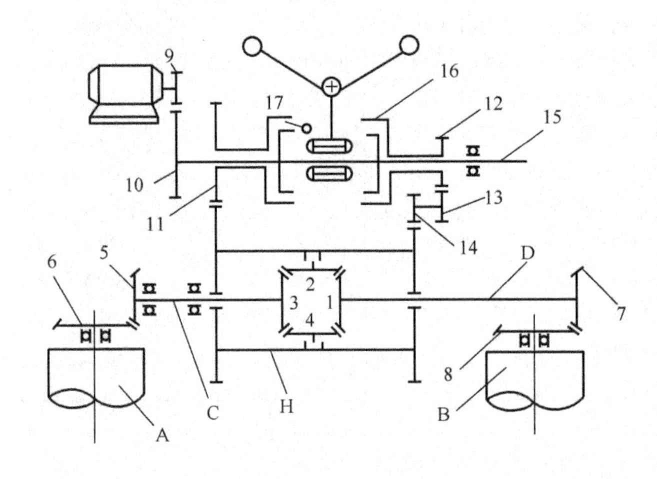

图4-31 卷染机差动轮系传动图

1、2、3、4—差动轮系齿轮 5、6、7、8—圆锥齿轮 9、10、11、12、13、14—圆柱齿轮 15—传动轴 16、17—离合器 A、B—交卷辊 C、D—差动轮系输出轴 H—转臂

在该周转轮系中，由于：

$$i_{13}^{H} = \frac{n_1 - n_H}{n_3 - n_H} = -\frac{Z_3}{Z_1} = -1$$

$$n_H = \frac{n_1 + n_3}{2}$$

式中：Z_1、Z_3——锥形齿轮1、3的齿数；

n_1、n_3——周转轮系两输出轴的转速，r/min；

n_H——周转轮系转臂的转速(常数)，r/min。

设周转轮系两端输出轴与两只卷布辊之间的传动比为 i，则：

$$n_A = i \cdot n_3$$

$$n_B = i \cdot n_1$$

从而
$$n_A + n_B = 2i \cdot n_H$$

式中：n_A——卷布辊 A 的转速，r/min；

n_B——卷布辊 B 的转速，r/min。

若不考虑织物长度变化，A 辊和 B 辊上织物在同一瞬间的线速度相等。设 A 辊和 B 辊的卷绕织物直径分别为 D_A 和 D_B，则：

$$\frac{n_A}{n_B} = \frac{D_B}{D_A}$$

$$n_A + \frac{n_A D_A}{D_B} = 2i \cdot n_H$$

$$n_A = 2i \cdot n_H \frac{D_B}{D_A + D_B}$$

$$n_B = 2i \cdot n_H \frac{D_A}{D_A + D_B}$$

所以：

$$v = \pi D_A n_A = \pi D_B n_B = 2\pi i \cdot n_H \cdot \frac{D_A D_B}{D_A + D_B}$$

由上式可知，织物速度（v，m/s）由 $\frac{D_A D_B}{D_A + D_B}$ 决定。

2. 滚轮摩擦盘传动　巨型卷染机（工艺幅宽 1800mm、最高车速 100m/min、最高温度 98℃、最大卷径 800mm）一般采用双交卷辊各一套无级变速传动装置，常用的有双直流电动机、双调频电动机、双液压电动机传动等形式，可保证在卷染全过程中达到织物恒速恒张力卷绕。也有采用由一只滚轮摩擦传动双圆盘的无级变速机构来传动两交卷辊的传动装置，如图 4－32 所示。

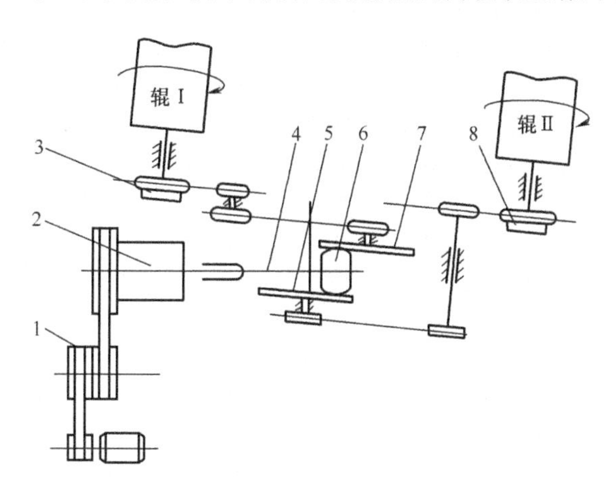

图 4－32　滚轮摩擦盘传动装置

1—无级变速器　2—安全离合器　3、8—超越离合器　4—传动主轴

5、7—摩擦盘　6—滚轮

图中滚轮6与主轴4之间为滑键连接，滚轮可随主轴做圆周转动，同时沿主轴轴线移动。在卷染过程中，滚轮与摩擦盘5、摩擦盘7之间产生摩擦传动，在滚轮圆周上受到的摩擦阻力可分解为沿滚轮切向和轴向分力，其中轴向分力能推动滚轮沿主轴移动。随着卷绕辊(图示辊Ⅱ)布卷直径的增大，滚轮上的轴向分力是使滚轮背离摩擦盘5的芯轴方向移动(即摩擦盘5的转动半径逐渐增大)，使卷绕辊的转速逐渐减慢，此时摩擦盘7与滚轮接触点的位置因滚轮朝向摩擦盘7的芯轴方向移动(即摩擦盘7的转动半径逐渐减小)，因而使退绕辊(图示辊Ⅰ)的转速相应地逐渐增快，从而使卷染织物的绕速度保持恒定。

滚动摩擦盘传动系统与差动轮系传动系统的最大区别是在卷绕过程中系统能对织物张力进行直接控制，而布速则是靠其恒功率特性进行自调。该传动系统在不同卷径比时的张力不匀比($\phi_T = \frac{T_{max}}{T_{min}}$)和速度不匀比($\phi_V = \frac{V_{max}}{V_{min}}$)均较小，见表4-2。

表4-2 卷径比对速度、张力的影响

卷径比	1.5	2	2.5	3	3.5	4	4.5
张力、速度不匀比	1.020	1.054	1.088	1.188	1.144	1.166	1.185

3. 高温高压卷染机 高温高压卷染机主要用于对涤纶织物进行分散染料的高温染色。一般分固定型和移动型两种型式。

图4-33所示为固定型高温高压卷染机的一种型式。在承压筒体上部有两条进出布长孔，卷染时用硅橡胶密封条由封盖将孔封闭。筒体内有两根不锈钢交卷辊，其轴承安装在筒体外侧，因而采用机械动密封装置。筒体前后各有一套打卷布架，用于卷染后织物出机打卷。该机最大工作压力为0.29MPa，最高工作温度为143℃，最大布卷直径为1200mm，最高布速为120m/min，张力设定范围为10~1000。卷染机在保温时其染液温度波动不超过设定温度的±1.5℃；织物正常运行时，其线速度误差≤设定值的3%。

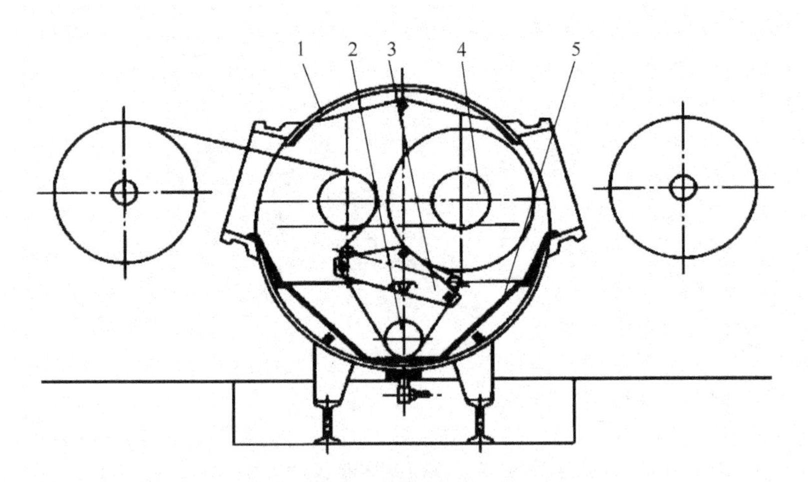

图4-33 固定型高温高压卷染机

1—筒体 2—导布辊 3—扩幅装置 4—卷布辊 5—染槽

固定型高温高压卷染机占地面积小,但布卷进出辅助时间长,生产效率低。另一种移动型高温高压卷染机是由一只卧式高温高压筒体和两台带滚轮的可移动卷染机所组成。筒体内有轨道、轴端联轴节和机械密封装置等。当一台卷染机在筒体外与双辊传动系统完成打卷操作后推进高温高压筒体内进行高温高压染色时,另一台卷染机又可进行打卷操作,作好准备工作或进行100℃以下的染色和水洗操作。这种高温高压染色机生产利用率高,但占地面积大。这种卷染机常采用双直流电动机传动,其调速原理见图4-34。

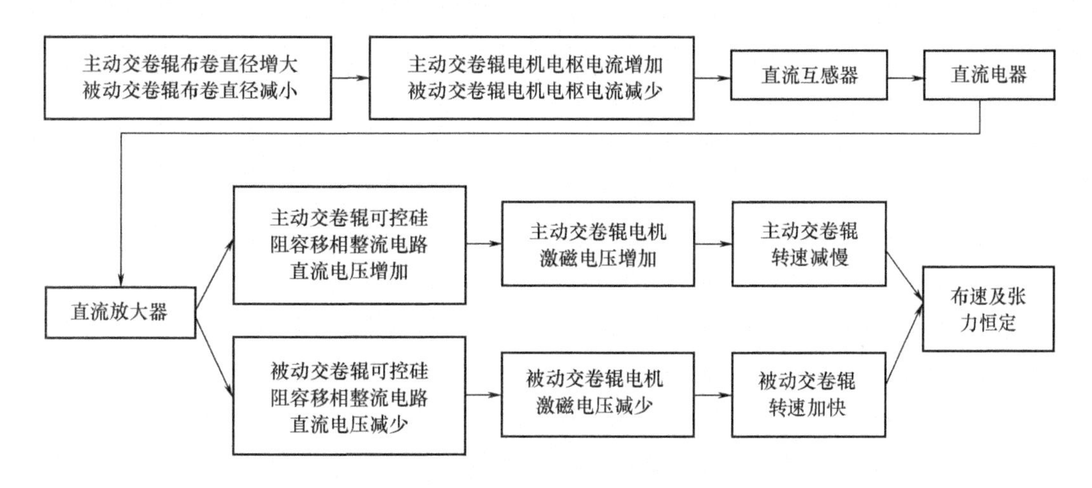

图4-34 直流电动机驱动调速原理

由图4-34可知,退卷侧的电动机始终处于发电状态,通常的做法都是采用制动单元加制动电阻,将负载回馈给变频器的电能以热量的形式消耗掉。对于卷染机这样长期工作在发电状态下的设备来说,这种方式对电能的浪费是很大的,同时,也因为要配备大的电阻箱而占用电气控制柜的空间。

为了保证恒张力、恒速度,同时节能,目前广泛采用如图4-35所示的变频卷染机。高性能矢量变频器可以方便支持公用直流母线,将两台变频器的直流母线直接并联,这样卷染机正常工作时,因为放卷制动所产生的电量通过并联的母线又回馈到收卷的电动机上,从而使电能得到充分利用,极大地提高了电能的使用效率。但是在快速停车的时候,两台电动机都处于发电

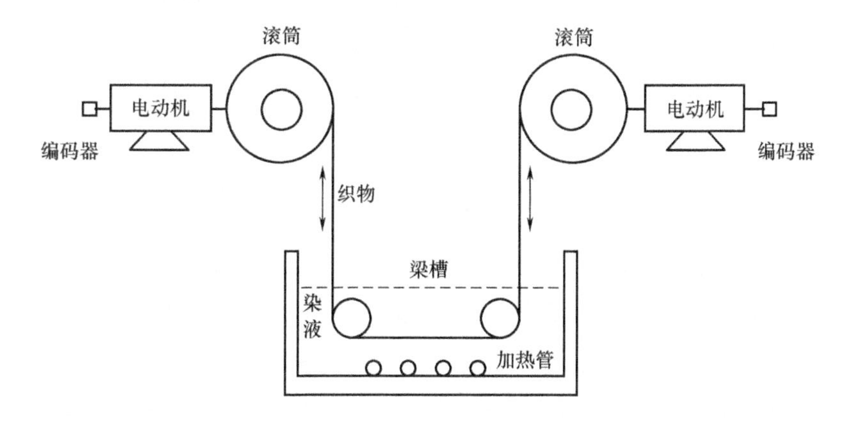

图4-35 变频卷染机示意图

状态,在其中的一台变频器上面仍旧并联了一个制动电阻,这个制动电阻的工作是短时的,能耗很小,主要是防止在系统停车时造成的变频器过压故障。

变频卷染机以专用张力控制器作为主控制器,采用触摸屏作为人机界面,它主要完成的是布匹张力、运行线速度、布匹厚度、来回卷染次数的设定,退卷电动机的运行频率、上卷电动机输出转矩的计算,自动调头、自动停车等相关逻辑动作的控制。变频器和控制器之间采用485通讯。两台完全一样的变频器,它们均工作于有PG矢量控制模式下。上布时,卷染机专用张力控制器记录下卷在辊筒上面的布匹圈数,然后由操作工测量该布匹的厚度,把这个值输入到控制器,控制器将根据坯布的厚度和布匹的圈数,可以精确计算出滚筒的直径。采用这种厚度积分法可以轻松获得时实转动半径,且误差较小。控制器通过实转动半径,用户设定的张力、线速度,准确计算出相应的转矩(上卷电动机)和匹配频率(退卷电动机),通过串行485通讯,传输给变频器作为控制上、退卷电动机的基本参数。从而保证了恒线速度与恒张力的控制,其中,恒张力控制是利用矢量变频器的转矩控制来实现的。

二、卷染机的操作与维护

(一)卷染机的操作

(1)首先空车运行,观察有无异常情况。

(2)准备待处理织物,并在织物两端各缝10m左右的机头布。

(3)将织物经过A辊通过有染液的染槽使织物浸透后卷在B辊上,按下B辊卷绕按钮,使织物在B辊上绕5~6圈。如图4-36所示。

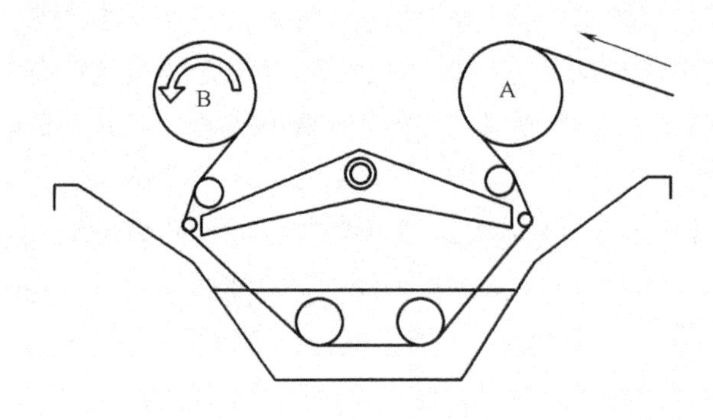

图4-36　卷染机上布示意图

(4)将B辊传动的计数器置于零。

(5)按下B辊卷绕按钮,使织物卷入B辊,在卷绕过程中织物边缘要保持整齐。

(6)当织物全部卷到B辊上后,按下停车按钮。机头布通过张紧辊、底辊再反卷到A辊上。

(7)按下A辊卷绕按钮,使机头布在A辊上绕5~6圈。

(8)将A辊传动的计数器置于零。

(9)根据工艺要求在道数表上设定好往返道数。

(10)根据工艺要求选择好张力和速度,张力控制由电位器调节,速度由万能转换开关控制。

(11)按下相应卷布钮,然后按下自动钮,自动信号灯亮,整机自动运行。

(12)当织物的道数完成后,整机停止运行,停车信号灯亮,然后出布操作。

手动:接通电源开关,按下上卷按钮或退卷按钮后机器启动运行。只有当按下停止按钮后整机才会停止。

自动:在按下上卷按钮或退卷按钮后再按自动开关,自动信号灯亮,整机运行,并根据道数表设定的道数运行直至自动停车。在自动运行过程中,按下停车按钮可以停车,但需要重新启动时,要按下上卷按钮或退卷按钮,并再按下自动钮,即可恢复自动运行。

点动:当道数设定为零时,按下上卷按钮或退卷按钮整机可以点动运行。

(二)卷染机的维护

(1)卷布辊、导布辊、染槽等部件上不可放置重物,且避免被冲击和碰撞,织物的幅宽尽量与卷布辊相适应。

(2)织物调头时间不宜太短,一般不超过2s,不宜经常变动,以保护继电器盒电动机。

(3)开闭槽门应轻巧,以防损坏视窗玻璃。

(4)经常检查电器元件接触是否良好,动作程序是否正常。

(5)定期紧固所有螺纹连接件。

(6)定期更换胶木轴承,左右两端的轴承必须同时更换。

(7)直流电动机电刷应定期更换,更换后需要进行1h以上的电刷磨合。

(8)每年整机调校水平一次。

三、溢流喷射染色机的类型与工作原理

溢流喷射染色机是一种绳状染色机械。它的基本特点是用高速循环的染液来输送织物,使织物以绳状松弛状态反复通过染液喷射区(或溢流区)和浸渍区循环运行,由于织物不断受到高压染液的冲击和浸渍,故染色匀透,手感柔软、丰厚,对针织物和丝织物染色最为适宜。

1. 溢流喷射染色机的分类 国内外各种溢流喷射染色机的型式很多,从加工工艺分有常压型(最高工作温度为98℃、工作压力为0.2~0.4MPa、布速为80~200m/min)和高温高压型(最高工作温度为140℃、工作压力为0.4MPa、布速为41~410m/min)。溢流喷射染色机的主要组成部分有机身(包括导布管、浸渍槽等)、喷射系统(包括喷嘴或溢流嘴)、提布辊、染液加热循环系统(包括循环泵、热交换器、过滤器、回流管路及阀门、配料缸及加料泵等)、自控系统(包括温度、布速控制、织物缝头探测)等。

溢流喷射染色机从外形结构来看,可归纳为紧凑式和管道式两大类。紧凑式外形像横卧的罐,故也称罐式,其特点是结构紧凑、占地面积小、浴比小[最小浴比为(1:4)~(1:5)]、织物不易打结(因抖布空间大),但由于染液在浸渍槽中呈半充满状态,在染色过程中易产生泡沫,往往要添加消泡剂,所以紧凑式溢流喷射染色机对化学助剂的要求比较高,适合加工较厚重的织物。管道式外形呈管道形状,机身由导布管和储布管(相当于浸渍槽)组成,导布管可以在储布管的上方或下方。管道式溢流喷射染色机占地面积较大,浴比也较大[一般在(1:5)~(1:10)],由于织物在储布管中呈平卧状移动,所以染色过程中织物承受张力小,又由于喷嘴或溢流嘴全浸没在染

液中，所以染色过程中不会产生泡沫，也不易擦伤织物。储布管中的染液可以是全充满的，也可以是半充满状态，根据染色工艺需要进行调节。管道式溢流喷射染色机适用于轻薄型织物的染色。

溢流喷射染色机从织物输送方式来分，可归纳为三种型式：第一种是溢流染色机，织物主要依靠染液的液位差所形成的势能，推动其运行；第二种是喷射染色机，织物主要依靠喷嘴喷射出的高速液流来推动织物运行，其他如软喷射、溢喷染色机等实际上是喷射染色机的变种型式，其目的是降低织物所受的张力，减少纯喷射对织物可能造成的表面损伤；第三种是溢流喷射式染色机，织物主要由喷出的液流来推动运行。

2. 溢流喷射染色机的工作原理 喷射染色机种类繁多，图4－37为典型的机型。一般由喷嘴、逆喷嘴、染槽、循环泵、加热器、取样装置、自控系统等部件组成，它们的作用如下：

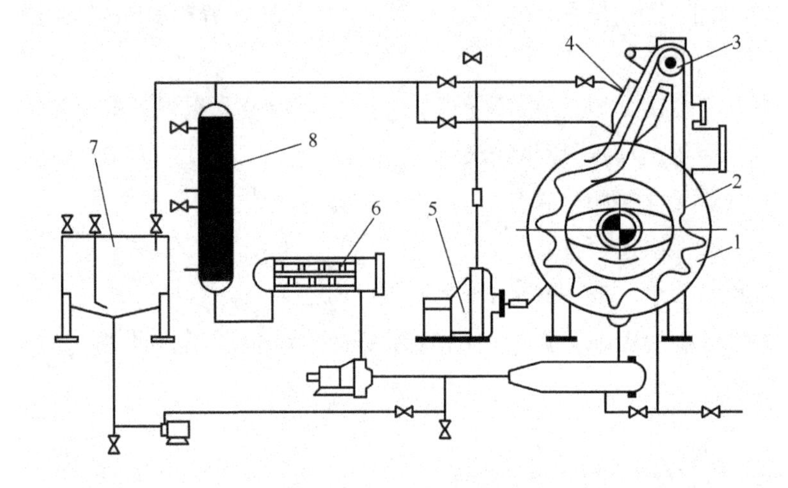

图4－37 典型喷射染色机示意图

1—染槽 2—织物 3—提布辊 4—喷嘴 5—主泵
6—过滤器 7—加料槽 8—热交换器

（1）喷嘴。不同的喷射染色机采用不同的喷嘴，喷嘴的要求是在短距离内（几米以内），既要求提高流速，又要使织物通过喷嘴时不受到局部的冲击。常见的喷嘴有三种，如图4－38所示。

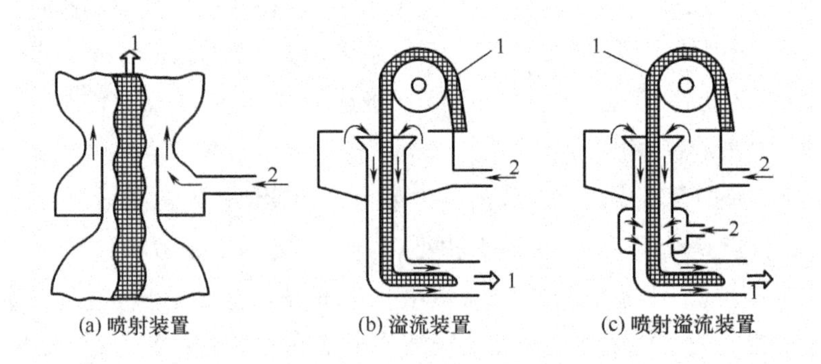

图4－38 喷嘴示意图

1—织物流动方向 2—喷射或溢流口

图 4 - 38 中(a)为喷射式喷嘴。织物的运动由喷射产生的喷射强力带动,喷嘴将高压的染液喷射在织物上,使织物与此染液接触并获得循环运动的动力,因此在喷嘴中压力特别高,一般在 0.2MPa 左右。图 4 - 38 中(b)为溢流式喷嘴。其原理与喷射式喷嘴相同,只不过压力要比喷射式喷嘴低得多。织物循环运动的动力主要来自提布辊,织物是通过提布辊作用提升至一定高度,然后进入溢流口。泵的作用是使染液具有一定的位能,在溢流口辅助织物运动,在染色过程中,让大量且柔和的染液裹着已提升至高位而顺势下行的织物向前输送。图 4 - 38 中(c)为喷射溢流混合型。该系统由喷嘴与溢流槽混合而成,织物运行时,在喷嘴的喷射及溢流染液的双重作用下,带动织物运行。

在溢流喷射式的染机上都装有喷嘴,其直径一般配有 50mm、60mm、70mm、80mm、100mm 数种,有时用户要加工特薄或特厚的产品,还可让机械生产厂商提供 <50mm 或 >100mm 的喷嘴。

对轻薄型织物,如涤纶的蚊帐布、巴里纱、春亚纺、有光汗布及羽纱等,它们的重量一般在 $50 \sim 100g/m^2$ 之间,以选择 50mm 的喷嘴为宜。

较厚型织物,如涤纶篷帆布、毛圈布、涤纶及其混纺的呢绒、一般仿革类产品,它们的平方米克重大致在 $400g/m^2$ 左右,宜选择 100mm 的喷嘴;最厚重的甚至可以选择 100mm 以上的特大喷嘴。在选择时,首先喷嘴的直径要适当比织物绳状(湿态)的直径稍宽一些,织物越厚重就越要注意这一点,防止在染色过程中被缝头或打结处交叉卡住喷嘴。其次,对喷嘴拆卸一定要仔细、稳妥,全方位固定在三只螺钉上,直至经检查不再动摇为止。

应用溢流喷射机染色,堵布现象似乎不可避免。经长久观察认为,不论是进口机还是国产机,如使用不当都会出现不同程度的堵布状况,产生原因有四点:第一,织物进机后须缓慢平稳地走顺 3 ~ 5min 后,再关门、加料,有时由于加工品种的变动,而机械上的某些装置尚未调整(如回液阀、喷嘴等)就急于投料以致产生机械性堵布;第二,有时对一些轻薄高密织物,如春亚纺、涤塔夫绸等它们进机后不是往下沉,而是飘浮在液面的,如既不采取充满全溢流方式,加之回液阀热交换器和滤网等的影响,又不采取在染浴中添加除气剂等让纤维中的空气排出等措施,织物很容易打结堵布,这样就要重新为织物制订工艺、选助剂,防止问题发生;第三,操作人员将织物输进染机,仍然要不时注意观察机内织物是否出现堵布,一经发现立即启用反冲排堵装置,就很容易排除,如时间一长将越套越深,即使被发现了也无济于事,造成损失;第四,织物进机加料后,观察染浴中的泡沫是否增多,因为有时不加消泡剂或用量加得不到位,或抑泡作用差,甚至水质硬度高都会在常温下发生泡沫,从而产生“气搏”而形成堵布。必须指出,如在染色时要加消泡剂就应在泡沫未出现前加入,这样的抑泡效果较好。

在织物加工时,不同重量及幅宽的织物需采用不同口径的喷嘴,但要迅速调换喷嘴对许多染色机来讲,仍然是个麻烦。而德国公司采用可调式喷嘴,见图 4 - 39 所示。该喷嘴有 6 挡调节,可根据不同织物调节喷口大小(50 ~ 120mm),减少了织物因喷嘴的湍流而造成织物的缠扭,织物通过喷嘴时运行平稳,喷嘴对织物压力小,减少了起毛起球现象,且喷嘴免清洗。

(2)循环泵。循环泵是喷射染色机最关键的部件之一,其作用是使染液循环流动并强制染液向织物内部渗透,故泵的性能直接影响织物的加工质量。在染色过程中,匀染是至关重要的,随着小浴比和快速染色的发展,要求喷射染色机所用泵的流量大一些为好。大流量泵除可增加

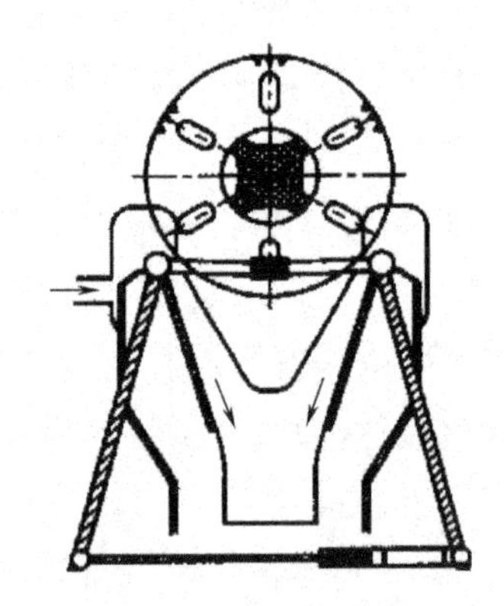

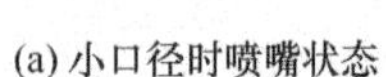

(a) 小口径时喷嘴状态　　(b) 大口径时喷嘴状态

图4－39　可调式喷嘴

单位时间内通过单位重量被染织物的染液量外，还能使染液较均匀地通过被染物，同时大流量泵使热交换器的热量能较快地传给染液与被染物，不但可提高染液的升温速度、缩短了整个染色过程所需的时间，而且有助于染液温度均匀。喷射染色机其染槽内的温差应保持在1℃之内，才能保证被染物匀染。一般来说，染色机的浴比越小，染液升温速度越快，则需要泵的流量越大。

目前的高温高压喷射染色机大多具有溢流和喷射两种功能。要适应多种织物的染色，最好选用流量较缓和（$150m^3/h$ 左右）、喷射力较大（扬程35m左右）的泵。这样既能根据织物厚薄调节流量，降低张力，又能依靠喷射力促使织物在染色过程中充分展开，从而达到张力小、匀染性好、不易打结和堵布的目的。

（3）逆喷嘴。织物在染槽中以绳状折皱状态存在，离开染槽进入喷嘴时，往往会造成打褶，导致喷管堵塞。在许多系统中传感装置并不够灵敏，时常不能维持正常的工作，甚至喷管堵塞仍未发现。离喷射嘴较远的逆喷嘴的作用可以减轻织物的缠结现象，一旦发现堵塞可关闭机器前面的布速调节阀，同时将逆喷嘴阀开大，织物便会快速逆向运行，堵住的织物便得到拉伸松弛，排除堵塞后再关闭逆喷嘴，打开布速调节阀，使织物正常运行。

（4）染槽。喷射染色机染槽的形状多种多样，但各种染槽的功能基本相同。染槽是织物染色过程中进行循环运动与染液长时间接触的地方，在染槽内织物整齐而有规则的排列，并按顺序向前运动。从生产效率来看，染槽体积越大，加工织物量越多，生产效率高，但染槽太大带来的问题是织物在染槽中停留的时间长，容易引起染色的不匀。在染色过程中绳状织物形成布环，通过提布辊、喷嘴输布管到染槽体不断作循环运动。要使织物染色均匀，必须提高织物每分钟循环次数，以增加织物与运动染液的接触，织物每分钟循环次数可通过下式计算：

$$n = V/L$$

式中：n ——织物在染槽内每分钟循环次数，次/min；

V——织物运行速度，m/min；

L——被染织物长度，m。

从上式可知,要增加织物每分钟循环次数,可以增加布速。但增加布速必须加快提布辊转速,加大溢流量,结果会使织物运行中张力增大。另外,提布辊转速加快会加剧机械磨损,溢流量过大又会冲乱织物,使织物排列不整齐而形成打结,因此缩短被染织物长度是增加织物每分钟循环次数的又一个途径,故喷射染色机多采用双室型染槽,用隔板将染槽分为两个或更多工作室,大容量的织物分为两个或更多布环,这样染槽内就有多条织物在运行,织物每分钟循环次数增加了数倍,从而提高了织物染色的均匀性。

(5)缝头探测器。在较先进溢流喷射染色机中,还安装有缝头探测器,其功能是:

①检测被染织物在机内的运行状况,以便操作工及时处理。

②计算并显示被染织物在机内的实际运行速度,以便操作工及时调整提布辊的转速,使提布辊的提布速度与织物的实际运行速度相吻合,从而减少提布辊对织物的磨损,确保织物的质量。

③织物染色完成后,使织物的缝头停在染色机的出口处,操作工可方便地找到缝头,节省织物的出缸操作时间,提高机器的利用率。

对传感器的要求是能在直径 150mm 的不锈钢管道外,透过 5mm 的管壁探测到被染织物缝头,并且当织物缝头通过检测点时,给出电信号。此外,还要求耐温、耐潮、抗干扰能力强等。传感器由检测线圈、放大器、脉冲形成电路等组成。而喷射染机织物的运行管道是由不锈钢材料制成的,而不锈钢是弱磁材料,在外磁场中磁化量和磁阻都很小,几乎对外磁场无任何影响,并且没有剩磁。将 ϕ10mm × 10mm 的圆柱型永磁铁缝在被染色织物的接头处随织物在染色机内循环运转,每当缝头通过检测点附近时,在检测点形成了一个突变的磁场。在这个变化磁场的作用下,可使检测线圈的磁通量发生变化,产生感应电势。该电势信号经放大器放大,积分滤波后输出,最终由脉冲形成电路输出一定宽度的正脉冲信号,该控制信号经处理后驱动执行及显示系统。

(6)热交换器。热交换器的作用是使染槽迅速升温与降温。在喷射溢流染色机中,热交换器多采用间壁式列管热交换器。通常加热蒸汽在管外流过,染液在管道内运行,通过管壁蒸汽将热量传递给染液,使染液获得能量而迅速升温。由于喷射染色机具有良好的匀染性,故升温速度与普通绳状机相比要快得多,这就要求热交换器有较大的热量传递功能,即传热面积要大。此外,为保持热交换器的工作效率和染液的畅通,必须对热交换器进行定期清洁,以去除附着在金属表面上的污垢。

图 4 -40 所示的设备是丝绸用溢流染色机。整机由染槽、导绸辊、加料桶、热交换器、过滤器、进出绸架和各种管路等组成。织物进入染槽后。由水流带动织物平滑移动,织物在染槽的任何部件均能与染液接触,或浸于染液中,每条染色管配有两条独立导绸管道分隔绸匹,保证织物在最佳状态下移动,由于染槽是相通的,故染色均匀。

提升辊采用一个位置可调的大直径导绸辊,大直径导绸辊可避免织物在导绸辊上打滑,从而减少织物在导绸辊表面被擦伤的可能,其位置可调是指导绸辊沿着垂直方向上下调整。一般说来,当染较轻薄的织物时,可将导绸辊调整得离染槽液位近一些,这样织物所受到的提升力较小。而当被染织物较厚时,则可将导绸辊向上调整,这时虽然织物受到的张力较大,但由于织物

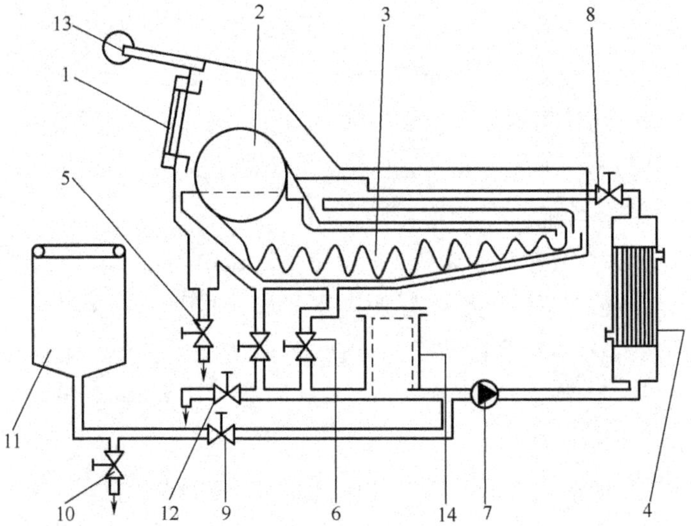

图4-40　丝绸溢流染色机

1—进绸窗　2—导绸辊　3—导绸管道　4—热交换器　5—溢流阀　6—抽水调节阀　7—主循环泵
8—流量控制阀　9—进料调节阀　10—排料阀　11—加料桶　12—排水阀　13—出绸辊　14—过滤器

离开导绸辊时跟溢流管进口处的距离加大，故可避免织物在该处造成堵塞。导绸辊的可调距离约为80mm。另外将该导绸辊制成鼓形，也就是中间直径大，两端直径小，有利于织物的开幅，同时可避免其跑偏，使之顺利进入溢流管。

导绸辊离液面很近，最小距离为15mm。使导绸辊提取织物的重量（织物本身的重量和织物吸收染液的重量之和）大大减小，同时织物所受的张力也大为减小，有利于真丝绸的染色。

溢流管的截面呈椭圆形，如图4-41所示，这可帮助织物在溢流管内尽可能地展开运行，避免紊流。与普通的圆形截面溢流管相比较，椭圆形溢流管可减少织物的缠结，又可避免矩形截面溢流管内死角处容易沾色的缺点。

在染槽液面与导绸辊之间安装了逆向给液装置，使织物能以平幅状态从染液中到达导绸辊，减少织物在染色过程中产生的皱印。同时还能减少织物在导绸辊上与染液之间的温度差，确保匀染。

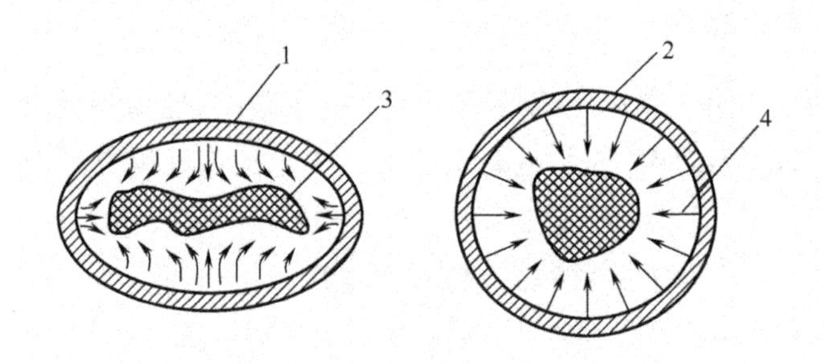

图4-41　溢流管内织物状态示意图

1—椭圆形溢流管　2—圆形溢流管　3—织物　4—液体湍流方向

溢流管尾部是断开的,织物能以瀑布型式传送到染槽,减小织物被拉伤、擦伤的可能性。且溢流管尾部较高,并逐渐向机头方向前倾,能使织物在运行中较自然地向染槽的前部移动,使织物和染槽间的摩擦力较小。染槽的底部开有许多小孔,使织物从溢流管出来进入染槽后,能尽可能以平幅状态展开。

设置有流量控制阀和回水调节阀,使织物在染槽内的运行速度得到控制,可避免因织物运行太快而造成阻塞,也可避免因织物运行太慢而产生不必要的附加张力。在导绸辊与溢流管进口之间还装有堵绸自停装置,既能自动也可手动,方便了操作。在溢流管进口处及出口端,分别装有玻璃门窗,使操作者可清楚地观察到织物的运行情况以便及时处理堵布。为了排除机内大量的雾汽并使之保持常温常压染色状态,在染槽顶部开有专门的排汽口,使视镜玻璃清晰度提高。

四、溢流喷射染色机的操作

(1)开电源。

(2)开启蒸汽、水、进液阀门。

(3)工艺编程。

(4)进水,水位在15~25cm,关闭进水阀门。

(5)进布。

①将布头投入喷嘴。

②打开主循环泵,布被吸入。

③待进布剩余2~3m时,停主循环泵,将前后布头缝头。

④开启主循环泵。

(6)速度调整。

①提布辊调速。

②主循环泵调速。

(7)加料。加料时主循环泵和提布辊速度放慢,加完后立即关闭进水阀,防止主循环泵将空气吸入。加完料后,应清洗加料缸。

(8)加压。染槽内温度超过80℃,主循环泵可能产生“漩涡真空”现象,遇到这种情况就需要加压,关闭缸盖;当温度超过90℃时,需要将泄压阀关闭。

(9)温度。设置升温曲线。

(10)水洗。水洗前应注意染槽内温度是否低于80℃,否则应继续降温。

(11)出布。停止主泵,注意缸内是否有压力或者温度是否低于80℃,并打开泄压阀,打开缸盖,重新启动主泵,并放慢速度,找到布头后,关闭主泵,解开布头,出布。

(12)清缸。开启放液阀,放掉染液。加入洗液,清洗。

五、气流喷射染色机的类型与工作原理

传统的喷射染色机是以染液作为输送织物的介质,而气流喷射染色机则以鼓风机产生的气流作为输送介质驱动织物在染槽中高速运行。气流染色织物是依靠气流牵引运动,与液流牵引

织物相比,空气的质量比液体小得多,即使用很高的速度来带动织物。也不会对织物表面造成损伤;在气流喷嘴中,织物一方面受到气流的牵引。另一方面在气流中悬浮激烈抖动,这对加速染液向织物纤维边界层的运动是非常有利的。依靠这种快速变换动态平衡可以缩短织物的匀染时间,提高生产效率。织物在气流的驱动下,通过具有一双气隙的喷嘴,出喷嘴后经过一扩展形的输布管,由于气体膨胀,使绳状织物展幅。在此基础上,有两组多孔喷淋管向织物表面喷淋染液,使染液在织物表面均匀分布,并可防止织物的折皱和粘搭。在升温过程中,空气密度随着温度升高而降低,若离心式鼓风机的转速保持不变,则气流量会相应减小,布速减慢。所以气流染色机采用电子仪器控制变频器,跟踪保持鼓风机的功率不变,以补偿温度对气流速度的影响,保证织物在一定速度下运行。气流传动的织物速率要高于液流系统,而且织物受到较小的张力。与常规喷射染色机相比,具有如下优点:染色时间缩短50%以上,蒸汽和水节约50%(根据被处理织物的吸水能力,浴比平均为1:3或更低),染色重现性好,无泡沫,因而使洗涤处理降低到最低程度,生产所需的时间短。气流喷射染色机特别适合超细聚酯纤维织物的染色,因为聚酯超细纤维具有比表面积大,以及织物紧密不透水等特点,要求染色时必须保持高速运行,对织物又没有过大的冲击力,这是一般喷射染色机难以做到的。新型气流喷射染色机使织物在运行过程中能反复充分展幅,克服绳状皱痕、磨毛织物粘搭以及织物包住染液形成水袋的弊端。

喷气染色机是一种罐状加压染色机,它既有喷射和溢流系统,又有空气喷射系统,借助强大的热空气流,使染液分散成微小的液滴覆盖在纤维表面,适合于各种机、针织物的小浴比染色。其结构如图4-42所示。

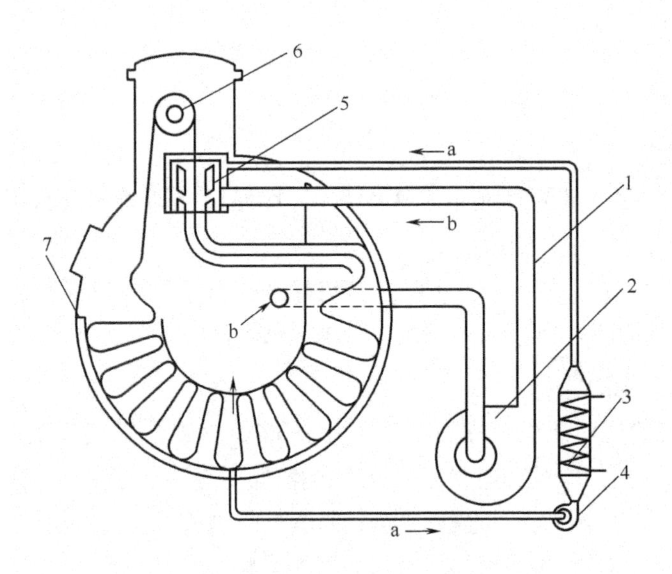

图4-42 喷气染色机结构示意图

a—染液循环方向 b—气体循环方向

1—气体循环管 2—气体循环风机 3—热交换器 4—染液循环泵

5—溢流喷射喷嘴 6—提升辊 7—染槽

织物由主动回转的导布辊带动，借助于溢流喷射系统染液的喷射作用，同时因喷气系统喷出的空气流的作用，使织物进入输布管道内，加速织物的运行速度。染液由罐体底部沿管道回流到循环泵，经加热器加热后，进入喷射系统，对织物进行循环喷液。空气循环的强力喷气作用，使喷射系统喷出的染液均匀分散在纤维表面，因而可采用小浴比染色，典型浴比为1∶3。容布量每管约50kg，可同时加工两股绳状织物，并可进行1+1联体染机、2+2联体染机。

气流染色中，温度仍然是由循环染液来传递的。由于这部分染液的量非常少。所以需要的热量也很小。通过很高的循环频率保证了温度分布的均匀性。采用气流雾化染色。布液完全分离，染液除在喷嘴中与织物交换的那一部分外，其余大部分是通过一个旁通支路直接回到染槽底部，且不断循环。染浴量少，再加上很高的循环频率，可以减小温度梯度。提高升温的控制精度，这对染料的上染速率及上染率的控制起到很重要的作用。

高温高压喷气染色机，如图4-43所示，采用可调式喷嘴（其由拉伐尔喷嘴演变而成）并通过鼓风喷射系统带动织物运行。为了能使染液在任何条件下，气、液两相进入喷嘴后都能混合成雾化状，根据拉伐尔原理，将雾化区设计成渐缩渐扩形。环状狭缝的喷嘴轴向截面中，狭缝由渐缩段、直段、渐扩段三部分组成。高压风机产生的气流通过该狭缝时，产生动能很大的高速气流，在直段（也称喉部）与染液相遇，并将染液击碎成雾状，从而达到染液雾化的目的。带有染化料的雾状混合气流喷向织物。是一种非常均匀的吹洒，对织物表面损伤很小。整机采用特种不锈钢材料制造，具有外观光滑，防酸碱腐蚀的特点。它可用于外观敏感性织物（如桃皮绒织物、超细纤维织物）染色加工。

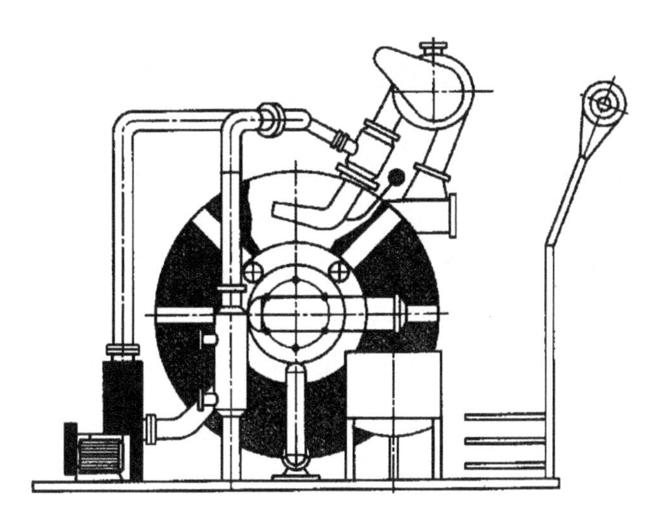

图4-43　高温高压喷气染色机

该机主要技术参数：管数为1~4管，容布量为180kg/管，织物速度为75~600m/min，浴比为1∶2（鼓风喷气状态）和1∶4（喷射染色状态），最高染色温度为140℃。

高温高压喷气染色机具有很多的自动控制功能，染色过程的温度、压力、液位、保温时间、升降温速度、提升辊和染液泵的转速等参数，均通过多功能微机T501处理和控制，然后转入到程序控制器，由其控制各执行机械对上述参数进行自动控制。

(1)温度控制。染色机的温度控制包括对加料缸染化料、助剂等温度控制;热交换器升降温控制;机器的升温、降温、保温时间、升降温速率的控制。机器的实际温度一方面由设置在操纵箱上数字式温度显示仪显示,另一方面同时输入到程序控制器内与设定值相比较,其差值控制电磁阀的开启和关闭的行程大小,进行温度控制。

(2)液位控制。染色机液位检测采用不锈钢浮球,浮球内含有磁钢。当浮球接近于液位控制继电器,发出通、断信号。该信号经程序控制器处理,控制电磁阀的开启和关闭(位式控制),从而达到控制气动阀,使水或染液进入。

(3)压力控制。对于化纤织物的染色,压力参数的控制极其重要,为此该机也考虑了对压力参数的控制。如图4-44所示。

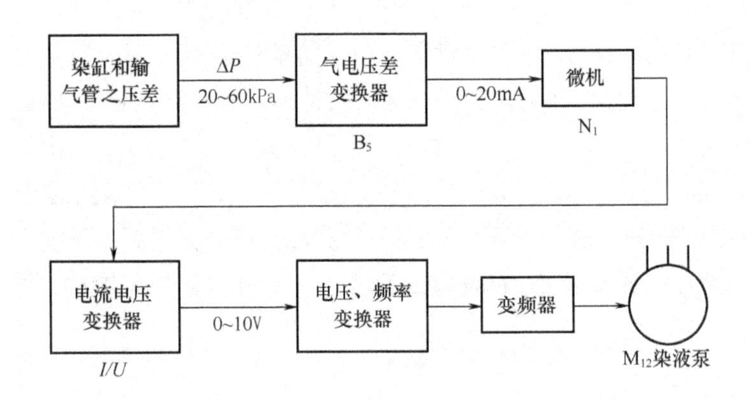

图4-44 压力控制过程

(4)过压和温度保护。染色机是高温高压设备,为了保证机器在运行中的安全,在机器的上方装置了蒸汽安全阀,当染缸和输气管之压力差(ΔP)超过0.075MPa时,则蒸汽安全阀打开放汽降压,同时在电气上也采用了安全装置,只允许压力差在0.02~0.06MPa间进行染色,一旦机器内部压力超过0.06MPa,则压力继电器将该信号输入到程序控制器内,同时程序控制器接通电磁阀开启气动阀,进行排气降压,始终使机器处于安全状态下运行。另外在升温过程中,当机器温度达到80℃时,此时若进布端盖确系关闭(相应信号灯亮),则机器内温度继续进行升温到工艺温度。反之进端盖尚未盖紧或开启状态,则机器温度保持在80℃,不再上升,指示灯显示端盖未关以提示操作者。当降温时,只有下降到80℃时,控制蒸汽的气动阀自动关闭,进布端盖方可开启以保证安全。

(5)织物堵转、打结声光报警及处理。当织物在运行中由于某种原因,发生堵转和打结时,操作者可以将操作杆向右移出,控制设置在操纵箱下方的开关,实现提升辊停转或反转,即可排除堵转或打结。

(6)控制柜超温报警。由于多功能微机和多功能控制器设置在控制柜内,要求控制柜环境温度不能大于45℃以保证系统正常运行,所以柜子内设置温度继电器。当控制柜内温度超过45℃时,则红灯亮,以示操作人员必须采取通风降温措施,以确保微机正常运行。

(7)染色机电脑。染色机的电脑有多种型号。现以图4－45所示的染色曲线为例,依据常见的XH－KG66染色机电脑来说明其主要的操作方法。

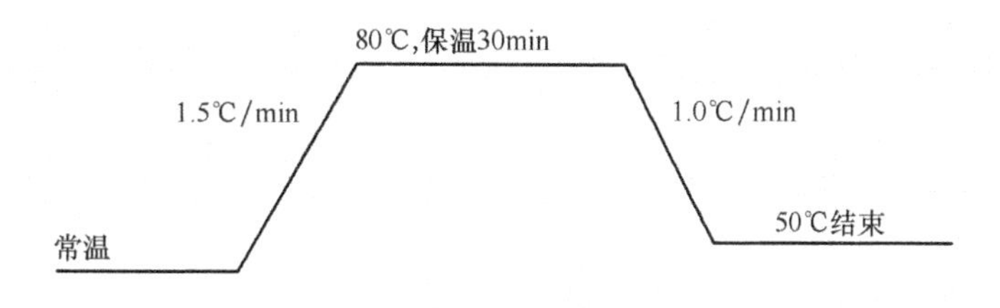

图4－45　某染色曲线

设:工艺号F为2#,步序号L从第0步编程即F2L0。编制步骤见表4－3。

表4－3　某染色程序编制步骤

序号	操作内容	数码显示			品种号F# 步序号L#
		目标温度	速率	保温时间	
1	按复位键	P			
2	按编程键	F0L0			待输入F#L#
3	按数字键	F2L0			品种号2输入
4	按上翻键	000.0	0.0	00	待输入数据
5	设置升温保温	080	1.5	30	设置数据
6	按上翻键	F2L1			进入第1步
7	等待2s后显示	000.0	0.0	00	待输入数据
8	设置降温保温	050.0	1.0	05	设置数据
9	按上翻键	F2L2			进入第2步
10	设置结束程序	000.0	0.0	00	结束第3步
11	按复位键	P			

六、气流染色机的操作

(1)检查整个机器的水路、压缩空气管路、蒸汽管路的连接是否牢靠,管路有无泄漏。电器连接线路、动力连接电路是否可靠。

(2)打开控制电脑,检查水压、外接蒸汽压力、外接压缩空气压力是否符合开机工作条件。

(3)按染色工艺要求调整电脑控制的各种参数:染色时间、温度、升降温速率等,编制各个控制阀门的顺序动作程序。

(4)在以上程序完成后方可进入染布作业状态:

①入布。开动风机运转,提布辊运转,打开工作门,把布头从工作门送进缸内,布头从入布口吸入染布室,然后从染布室出来,回到储布槽。入布完成后停止提布棍和风机运转,把布头和

布尾用缝纫机缝织起来，里面埋上小的电磁铁块。以便染布完成后便于寻找布头。

②配制染液。按照工艺要求在染料桶中加入染料和水（水的加入量由电脑控制），需要一定温度的配料，（由电脑控制）可打开蒸汽加热阀门加热，同时染液泵工作，循环搅拌染液，电脑控制染料桶中的染液达到一定温度。

③盐桶准备。如果工艺需要在固色阶段加盐，则在盐桶加入工艺要求的盐类，电脑控制加入时间和加入的量。电脑控制盐泵循环工作，在处理液中拌匀盐分。

④机器工作阶段。这一阶段可分为：漂洗和染色，漂洗时根据工艺要求用热水或冷水漂洗布匹，开动风机和提布辊，布匹反复高速循环，同时喷淋嘴打开急速喷水，淋下的水（从取样针阀取样）视污染程度定时排出。染色时根据工艺要求加入一定温度的适量水，开动风机和提布辊，让布匹高速循环运转，同时打开定量注料系统，注入染液，布匹开始染色，染色完成后，进行固色处理，在一定温度、一定时间段内分层次加入各种盐类，保持一段时间进行固色，此过程完成后，进行煮碱处理（视工艺要求），然后再进行两次洗水处理，漂洗完成后，停机泄压打开工作门，取样、送样与样板色进行比对，如果没有色差和其他大问题，即可出缸，如果出现色差，配置修正调和色染液继续循环上述动作。

⑤出布阶段。染色完成后，泄压排水，打开缸的工作门，找出布头，启动出布电动机，从出布架出完缸内布匹。布出完后，打开洗缸阀门，对缸内进行彻底清洗。

⑥染色、洗水过程中的人工监控。染色洗水过程中应适时对缸内染液或污水进行监控，定时从取样口取出染液对其颜色和浓度进行判断，用经验判断染液是否合适，是否能染成预定的色样。洗水阶段对排污口附近的水质也应进行取样观察，一旦水质混浊，应立即进行更换。

七、经轴染色机的工作原理

经轴染色机又称卷轴染色机。织物是以平幅卷绕在一只带孔的芯轴上进行染色的，在染色过程中，布卷仅作慢速回转，而染液则在染液泵控制下，正向（自芯轴内向布卷外）或反向（自布卷外向芯轴内）强行穿透织物层进行循环。经轴染色机分常压型和高温高压型两种，分别适用于不同纤维材料织物的染色工艺。图 4－46 所示为高温高压经轴染色机示意图。

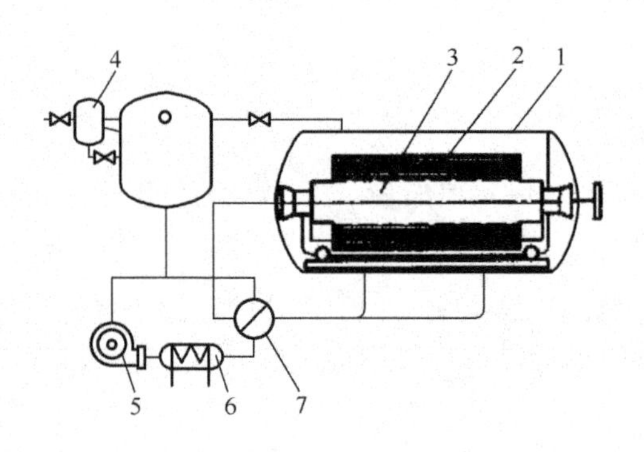

图 4－46　高温高压经轴染色机

1—染缸　2—织物层　3—芯轴　4—添加槽　5—循环泵　6—热交换器　7—换向阀

染色前先由专用打卷机将织物平整地卷绕在表面布满小孔的空心轴(称作芯轴)上,然后送入高压染缸中。开始先进温水,由循环泵使温水在四通换向阀控制下,正反循环逐渐升温,一方面将织物中的空气驱除,另一方面又将织物浸透洗涤,然后通入染液继续升温,升温操作按工艺规定严格准确进行,包括染液正反交替循环的顺序和时间。染液正反循环交替周期应视织物品种、染料类别、布卷直径等因素决定,一般是正向循环时间多于反向循环,有些疏松织物则只用正向循环,不采用反向循环,以防止产生皱缩。染色完毕后要逐渐降温,以避免织物手感硬板,降温至90℃以后可排汽排液,冲洗和出机。

高温高压经轴染色机主要应用于轻薄型或中厚型涤纶织物(如蚊帐布、装饰布等)的染色,最高染色温度为140℃。

经轴染色机的优点是染色织物的尺寸稳定性良好,不会产生折皱,染色的织物滑爽挺括,对菱形花纹、条纹的针织物用经轴染色比用绳状浸染和液流染色的质量都好。但该机不适用于要求丰满膨松或凹凸花纹织物的染色,对于有弹性的厚重型变形丝针织物也不适用,这是因为染液透过布层时有压力,染色后坯布呈扁平状,从而损害了花型纹路的清晰。

八、经轴染色机的操作与维护

1. 准备

(1)检查染色机的染料桶、助剂桶中是否干净,如不干净,立即清理。

(2)准备经轴,加上不锈钢板,检查经轴是否包得平整,布与不锈钢板之间不得有空隙。

(3)挡板必须干净,无颜色沾污。

2. 进布

(1)进布灯亮时,将机门打开,检查机器内是否干净。

(2)检查加料桶有无污物、脏迹,如有须清除。

(3)检查机门密封圈,确保机门上密封圈完好无损。

(4)单轴染色时需在染色机中放一个减容器,经轴一端必须有密封圈。

(5)布车推到经轴染色机前,经轴推到机器里,布车不能撞到染色机上。

(6)放上不锈钢盘,旋紧。

(7)关好机门,严禁将剪刀、染整流程单等遗留在机器内,关门时要小心,确保不要将衣服等夹在门里。

(8)进布后,按"OK"按钮。

安全要点:加水后检查液位,检查机门是否漏水,机器加压后再检查一次。

3. 加染料助剂

(1)准备助剂灯亮时,打开助剂桶盖,检查助剂是否已加入到该桶中,如已注入,盖上盖子,在控制屏上按"OK"键,程序继续进行,自动进入加助剂步骤。

(2)准备染料灯亮时,打开染料桶盖,检查染料是否已加入到该桶中,如已注入,盖上盖子,在控制屏上按"OK"键,程序继续进行,自动进入加染料步骤。

(3)助剂、染料加到染色机后,立即手动冲洗加料桶,保证加料桶内壁干净、无沾污。

4. 出布

(1)出布灯亮起时,按“ACCEPT CALL”键,然后按“下一步”按钮直到程序结束。

(2)打开机门。

(3)将布车推到机门前。

(4)将经轴架拉到布车上,装好防护装置,将布车推到湿布区。

(5)将不锈钢绑带,不锈钢板拿掉,用行车将经轴移到经轴退卷车上。

九、轧卷式染色机

轧卷式染色机适用于活性染料冷轧堆染色工艺,属于半连续生产方式。图4-47所示均匀冷染机是轧卷式染色机的一种形式。该机工艺车速为17.5~70m/min,织物经均匀轧车浸轧染液后,通过容布量约8m的透风架,然后打卷。浸轧染液后的布卷要保持慢速转动(5~10r/min),以防布卷在堆置过程中染液下沉而造成织物染色不匀或横档等疵病。堆置后的水洗,普遍采用平幅穿孔水洗机,洗涤时将织物卷绕在多孔辊上,多孔辊一端与压力水相连,洗涤水由多孔辊内部穿过布层流向外部,对织物进行冲洗,冲洗后的污水流入下水道不再回用。也可采用绳洗机或平洗机进行水洗。

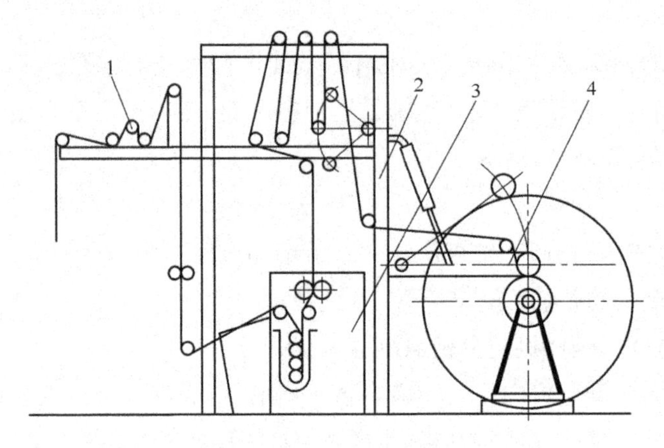

图4-47 均匀冷染机

1—进布装置 2—透风架 3—均匀轧车 4—打卷装置

十、连续轧染机的类型与工作原理

连续轧染机由一些单元机组成,主要有轧车(浸轧装置)、固色、平洗、烘燥、汽蒸等单元装置。各种染料由于染色工艺过程及条件不同,因而有各种轧染机。如还原染料悬浮体染色机、热溶染色机等。

(一)连续轧染联合机

连续轧染联合机通常由热风打底联合机和显色皂洗联合机两个机组组成,分别如图4-48(a)与图4-48(b)所示。适用于染色工艺稳定、批量较大的织物染色。由于各种染料的工艺流程各不相同,因而要根据各种织物及各种染料染色工艺的特殊性和共性,经过合理分段,组成能适应尽可能多的染色工艺。

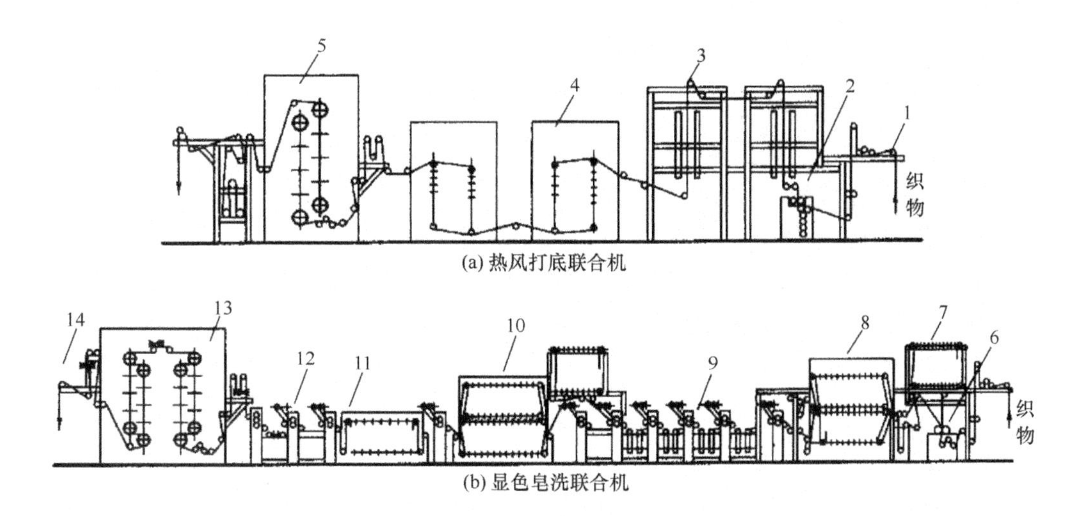

图 4-48 连续轧染联合机示意图

1—进布装置 2、6—均匀轧车 3—红外线烘燥机 4—横导辊热风烘燥机
5—烘筒烘燥机 7—透风辊 8—还原蒸箱 9—平洗槽 10—皂蒸箱
11—长蒸箱 12—平洗槽 13—烘筒烘燥机 14—落布装置

以还原染料悬浮体连续轧染为例,浸轧染料悬浮液必须均匀,多配用均匀轧车。为了使还原液很好地透入织物和减少织物上染料溶入还原液中,浸轧染料悬浮液后的织物必须立即烘燥,要求烘燥均匀,不产生染料泳移现象。因此常将红外线烘燥机与高效、烘燥均匀的热风烘燥机组合使用。为了适应较高运行布速需要,可后接烘筒烘燥机组合使用。为了冷却烘后涤棉混纺织物,落布前设置三只冷水冷却辊。

对显色皂洗联合机要求还原蒸箱具有足够的容布量,以满足运行布速、汽蒸时间的需要,并在防止空气进入蒸箱和消除水渍等方面应有良好的性能。皂蒸箱、长蒸箱以及平洗槽应根据提高净洗效率的有关措施,使之具有耗汽、耗水少,净洗效率高的良好效果。液槽、导布辊、打底烘筒、主要平洗槽及平洗轧液装置的主动轧液辊等宜用不锈钢制成,耐腐蚀,适应性强。染液槽、热风烘燥机和还原蒸箱应有温度自控装置。

这种连续轧染联合机采用直流电动机多单元同步传动,热风烘燥机和蒸箱的部分导布辊则由力矩电动机拖动,织物张力低,成品缩水率小。工艺车速为 35~70m/min,视织物厚薄及其纤维种类而定。该机使用的蒸汽温度为 102℃,蒸汽压力为 0.196~0.392MPa。

(二)热熔染色联合机

热熔染色法是目前涤棉混纺织物染色的主要方法之一。涤棉混纺织物中的涤纶和棉需选用相应的两种不同品种的染料进行染色。染涤纶采用分散染料,棉则需采用染色牢度较高的棉用染料(如还原染料、活性染料等)。热熔染色时这两种染料可以采用一浴法染色工艺(即两种染料同浴浸轧,分步固着),也可采用二浴法工艺(即分浴染色工艺)。

二浴法工艺,一般先用分散染料染涤纶,再将棉用染料套染棉,然后进行固色、皂洗等后处理。以分散/还原热熔染色二浴法工艺为例,其工艺流程为:

浸轧分散染料→预烘→烘干→热熔焙烘（200℃，80～160s）→浸轧还原染料→预烘→烘干→浸轧还原液→汽蒸→水洗→氧化→皂洗→水洗→烘干。

图4－49所示为适用于涤棉混纺织物连续染色的热熔染色联合机，公称宽度1800～3600mm，工作宽度1600～3400mm；公称车速70m/min，工艺车速20～60m/min。该机是根据分散染料、棉用染料二浴法热熔染色工艺流程合理分段组成的联合机。全机分两组，每组各两段。第一组为分散染料热熔染色机组，以轧染烘燥机作为第一段，高温焙烘机为第二段。第二组为套染棉用染料及染色后处理机组，由轧染烘燥机与显色皂洗机组成。高温焙烘机一般采用导辊式热风焙烘机，织物在上下导布辊间穿行，容布量为100m左右，烘房最高温度为220℃，采用电热、高温导热油或燃气烟道气作热源，分别通过电热管、翅片油换热器或气体燃烧器来加热空气。热溶后织物需经冷却后落布，因而焙烘机出布处有两只直径为570mm的冷水滚筒，也有采用冷却喷风装置对织物进行喷风冷却的。

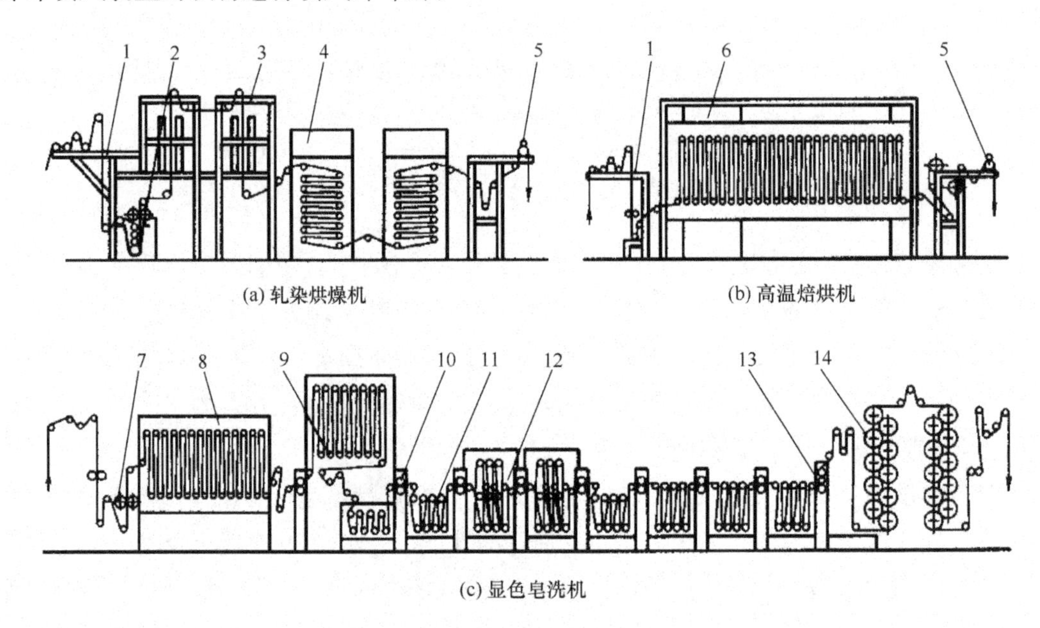

图4－49 热熔染色联合机

1—进布装置 2—均匀轧车 3—红外线预烘机 4—热风烘燥机 5—落布装置 6—导辊式焙烘机 7—二辊浸轧机 8—还原蒸箱 9—透风架 10—小轧车 11—平洗槽 12—皂蒸箱 13—中小辊轧车 14—烘筒烘燥机

（三）小批量连续轧染机

由于常规连续轧染机及热溶染色机工艺流程长，穿布多，不适宜小批量染色，为适应越来越灵活多变批量较小的织物染色，发展了小批量连续轧染机，可适应最小批量为1000m的生产要求，换色时间仅需30min，适用于纯棉、涤棉混纺织物用分散、还原和活性染料等的小批量连续染色。联合机通常采用三段组成，第一段为轧染烘燥机，第二段为半接触式焙烘机，第三段为显色皂洗机（或称轧蒸染色机），由于采用高效单元机（如半接触式焙烘机、高效汽蒸箱、中固辊轧车、浸轧式高效平洗机等），故流程短、穿布少，又由于采用特殊的自动清洗机构，故设备清洗时间短、换色快，三段机组运行可分可合。各段组成特点如下：

1. 轧染烘燥机　轧染烘燥机的作用与连续轧染联合机(或热溶染色联合机)的第一段相似,由于小批量染色要求效率高、穿布少,所以在单元机组中不采用横穿布导辊热风烘燥机,而采用单柱烘筒烘燥机,其机器组成为:

进布装置→均匀轧车→透风架→两组红外线预烘机→单柱烘筒烘燥机→冷水辊→落布装置。

2. 半接触式焙烘机　半接触式焙烘机是综合了接触式加热升温快和热风加热手感好的特点而设计的高温焙烘机。机器组成如图 4 -50 所示。

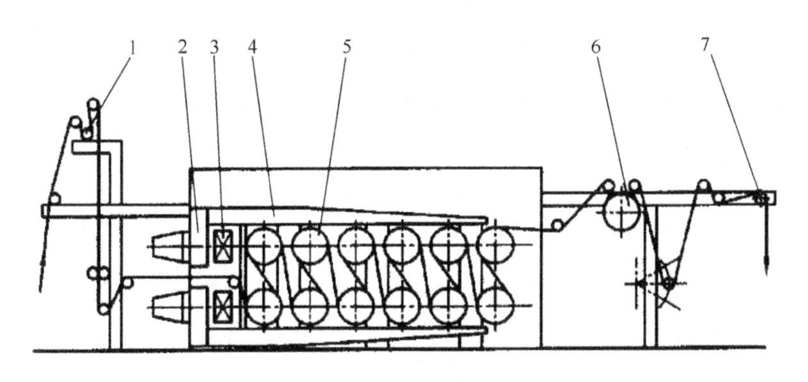

图 4 -50　半接触式焙烘机

1—进布装置　2—循环风机　3—空气加热装置　4—喷风管道
5—空心印花滚筒　6—冷水辊　7—落布装置

烘房内有 12 只(或 24 只)直径为 570mm 的不锈钢厚壁空心印花滚筒,上下配置了强力狭缝式喷风装置,烘房的循环热风自狭缝喷口以 24m/s 的风速吹向织物,在热风加热织物表面的同时也加热了印花滚筒,印花滚筒对织物接触加热,使织物内外均匀受热,减少左、中、右温差。印花滚筒壁厚 6mm,上下中心距为 1. 2m,烘房容布量约 26m(两室 24 只印花滚筒约 60m),由于印花滚筒直径大,又均为积极传动,所以织物运行张力很低、不起皱,有两组 PID 温控系统,通过调节燃气量来控制烘房温度,焙烘温度为 180 ~220℃。

3. 显色皂洗机　显色皂洗机的作用与连续轧染联合机(或热溶染色联合机)的显色皂洗机相似,由于采用高效汽蒸和洗涤单元机,故机器组成部分较少。机器组成为:

进布装置→均匀轧车→透风架→还原蒸箱→二辊中固轧车→强力喷淋水洗机→二辊中固轧车→一格或二格浸渍水洗槽及轧车→透风架→浸轧蒸洗箱(皂蒸 25m)→二辊中固轧车→两台浸轧蒸洗箱→三辊中固轧车→二柱烘筒烘燥机→落布装置。

(1)强力喷淋水洗机。该机直穿布导辊式水洗机,导辊直径为 150mm,配有两对狭缝式喷水口,对织物两面进行强烈的冲刷,形似水刀状,喷水速度为 4m/s,喷射的水帘垂直于织物,织物不会起皱,有全自动盘式过滤装置,除去污物后洗液循环使用。

(2)浸轧蒸洗箱。有两种规格,一种是上排配 3 对小轧辊,容布量 15m;另一种是上排配 6 对小轧辊,容布量 25m。上排主动辊直径 200mm,通过摩擦离合器实现主动传动;下排被动辊直径 150mm,每辊间有溢流隔板,洗液采用蛇形逆流方式。

(四)高温高压连续轧染联合机

高温高压连续轧染联合机的机器组成为：

进布装置→均匀轧车→红外线预烘机→高温高压连续汽蒸箱→平洗机→烘筒烘燥机→冷却落布装置。

织物浸轧分散染料染液后，先经红外线预烘机不接触预烘，然后进入高温高压汽蒸箱，由高压饱和蒸汽固着，再经平洗机水洗后由烘筒烘燥机烘干后冷却落布。

高温高压连续汽蒸箱如图4－51所示。织物进出布口为辊式封口，织物在汽蒸箱内上下导辊间穿行，箱内容布量约60m，最高汽蒸温度可达140℃。辊式封口由耐热橡胶辊、不锈钢辊和密封部分所组成。密封部分分为面封和端封两部分，面封是由密封条沿机器宽度方向压向不锈钢辊面，阻止汽蒸箱内蒸汽自该辊与进出布口钢板的间隙喷泻；端封是由支紧螺丝将两块衬有聚四氟乙烯片的金属板压在各辊的两端，达到阻止蒸汽从辊端喷泻的密封效果。

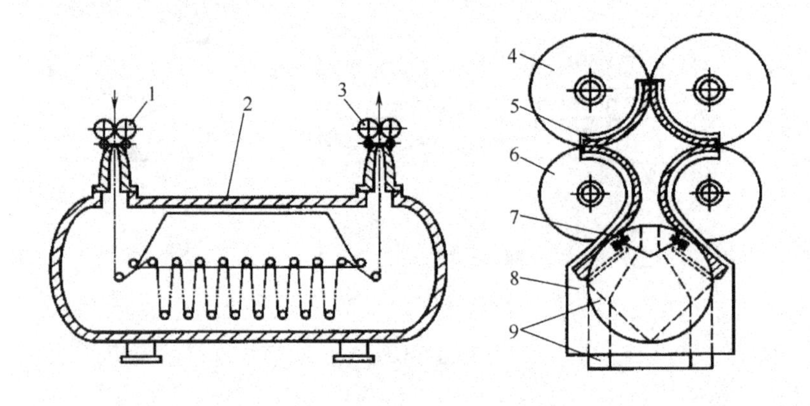

图4－51　高温高压连续式汽蒸箱

1—进布辊封　2—箱体　3—出布辊封　4—橡胶辊　5—端封软材料
6—不锈钢辊　7—密封条　8—端封金属板　9—筒状密封件

高温高压连续轧染汽蒸法的优点是染料利用率高，染色重现性和匀染效果好，染色牢度和手感较好，作用时间短，生产效率较高。

十一、热熔染色机的操作与维护

(一)设备维护保养

可参考前面介绍过的一些设备，如轧车，蒸箱，烘燥机等章节内的有关设备的维护保养条例实施。

(二)操作注意事项

1. 二辊均匀轧车主、被动辊的操作、使用、安装注意事项

(1)必须控制好左右加压气缸的两端压力及轧辊内油压的大小，按控制箱上“均匀压力指示牌”上调整和选择，其相互关系应在均匀区域内，一般以油压略高于气压为宜。

(2)控制箱下部装有蛇形管，可通入冷却水或蒸汽，借以调节压力油的黏度。

(3)开车前的准备工作。

①清洁全车，仔细揩清辊面。

②油箱中注入 70#机油，注意油标位置。

③检查张紧装置，使轧辊两边拉簧拉力均匀。

④做好开车的一切电气准备工作。

(4) 将车速升至 50m/min，气压为 147.3kPa，油压为 171.9kPa，分别测定主、被动轧辊的漏油量，均不得大于 1.5kg/min。

(5) 轧辊运转 2h 后，将气压和油压分别调节至 314.2kPa 和 343.8kPa，但在一般情况下，使用的气压和油压分别为 196.4kPa，216kPa 较为适宜。

(6) 初次加入油泵的机油在 3 个月后应予调换，以后每年可调换 1 ~ 2 次。

(7) 轧辊拆卸及重装注意事项。

①首先放净辊内存油，再将轧辊放在特制支架上，轧辊轴端面的"个"标记应向上方。

②用特制拉模将被动端的全部零件拆卸。

③装拆时特别注意轴向密封条的保护，在拉出的芯轴上出现第一只 M6 螺孔时，应将专用工具导套装上。

④重新装配时，应将全部零件清洗干净，工序与拆卸时相反。如果新换轴向密封条，必须比相应尺寸修短 0.15 ~ 0.25mm，以防止产生热膨胀。

⑤主、被动轧辊两端芯轴分别安装在机架加压架上时，应注意到两轧辊轴端面的箭头标记在相对位置（即箭头相对的水平线上）。

2. 温度自控装置的安装、调整、使用注意事项。

(1) 温度探测器应安装在平均温度的染液处紧固，如果探测器的颈部需要弯成圆弧形，其圆弧半径不得小于 50mm，以免测量系统发生故障。

(2) 调节阀的安装位置应越近染液越好。

(3) 一般情况下，游标指针压力刀应校正至"间接作用"位置上。

(4) 压缩空气减压阀的出口压力应为 117.8kPa。

(5) 调节系统的调节温度为实际温度时，出口的压缩空气压力应降至 (58.9 ± 5.89) kPa，调节阀将为半开的状况。

(6) 调节系统中的温差为 ±3℃，表示调节系统情况良好。如果温差 ≤ -4℃ 或温差 ≥4℃ 时，说明比例范围太小，必须放大比例范围，或检查管路是否漏气和调节阀容量是否太小。

3. 液面自控装置的安装、调整注意事项。

(1) 调节器的减压器的压力为 98.2 ~ 108kPa。

(2) 轧染槽内染液在最高液面时，气泡探测器喷射气泡应为 3 ~ 4 个气泡较好。

(3) 限制器的调整方法是移开或重新放上在调节器上的挡板，调节阀将同时开启或关闭；不附有阀门动作调节器的动作时间约为 12 ~ 16s，附有阀门动作调节器的动作时间约为 4 ~ 5s。

(4) 调节阀不开启的原因，可能是由于压缩空气压力低，定点调节位置不恰当，限制器调整不当，调节器喷嘴阻塞，调节阀轧住及喷泡器失灵等因素造成，可予调整处理。

(5)控制回路波动的原因,可能是由于比例范围太小,调节阀太大,调节阀离测量处距离远及调节阀关闭后仍有过多的液体流入等因素造成的。

十二、纱线染色设备

(一)喷射式绞纱染色机

如图4-52所示,它由染槽、孔管、回转装置和循环泵等组成。

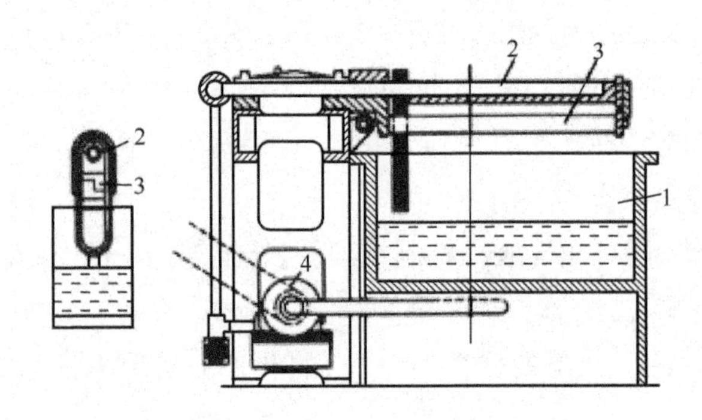

图4-52 喷射式绞纱染色机示意图

1—染槽 2—孔管 3—回转装置 4—循环泵

染色时将绞纱分别套于10~20只并列的带孔管上,用循环泵将染液从染槽抽出并经过过滤后送入孔管,从孔管的孔眼中喷出,喷淋于绞纱上,然后流入染槽底部。与此同时,由于回转装置的转动,可使套挂在孔管上的绞纱渐渐转动而达到均匀染色的目的。为了防止绞纱紊乱,染液的喷出量由调液阀通过连杆机构控制,随着孔管转动周期变化:喷液量由小变大,再由大变小,最后停止。使用时,开启蒸汽、水和进液阀门,根据工艺配染液。打开进液阀门,启动主泵,染液进入缸内。在染色机电脑上设置染色工艺曲线参数,确认无误后,启动自动运行。此设备选用浴比较小,绞纱的装卸操作方便。缺点是喷眼需要经常清洁,以防堵塞。

(二)液流式绞纱染色机

如图4-53所示,这种染色机又称旋桨式染纱机,又分为大液流式和双箱液流式。染液的循环是通过螺旋桨的旋转来完成的。

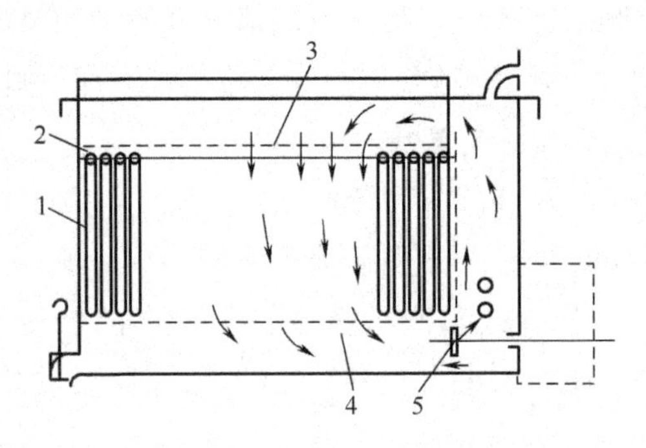

图4-53 旋桨式绞纱染色机

1—染槽 2—载纱架 3—假盖 4—假底 5—旋桨

绞纱挂于载纱架上，染前将载纱架吊入充满染液的染槽内，染液经旋桨或泵的作用进行倒顺环流以完成染色。

（三）高温高压染纱机

如图 4 – 54 所示，将绞纱堆放在纱笼中，盖好上盖并拧紧，然后将纱笼架吊入染槽，再盖紧锅盖。染色时染液可由纱笼中间喷管向四周喷出后回流。经一定时间后，染液换向循环。一般在一个纱笼架上装 3 ~5 个纱笼。高温高压染纱机不仅适合于棉纱染色，也可用于涤纶及其混纺织物的染色。

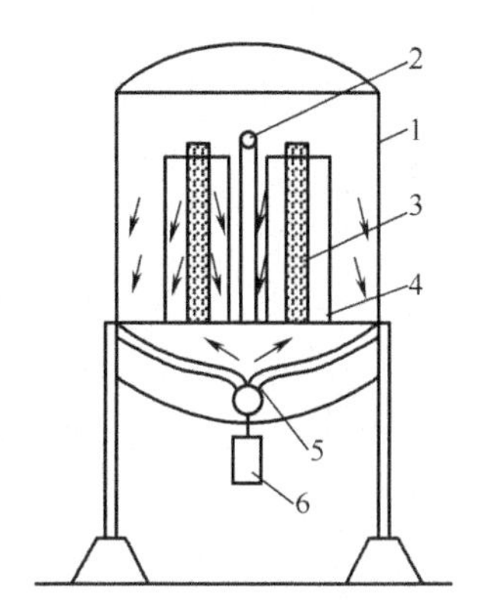

图 4 – 54　高温高压染纱机

1—染槽　2—袖笼架　3—喷管　4—袖笼　5—循环泵　6—电动机

（四）高温高压筒子纱染色机

如图 4 – 55 所示，在染色前先将绞纱用松式络纱机卷绕在特制的筒管上。筒管为多孔不锈钢、塑料或不锈钢丝网制成的。外形为柱形或锥形。

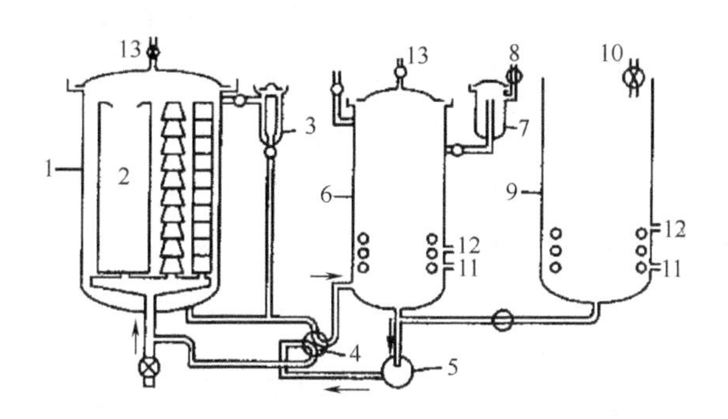

图 4 – 55　高温高压筒子纱染色机

1—高压染缸　2—纤维支架　3—染小样机　4—四通阀　5—循环泵　6—膨胀缸　7—加料槽

8—压缩空气　9—辅助槽　10—入水管　11—冷凝水　12—蒸汽　13—放气口

染色时，将筒子纱置于染色机的芯架上，染液由加料槽用循环泵打入高压染缸，并使染液正反循环进行染色。染后取出筒子纱脱水烘干。

主泵是筒子染纱机的心脏。染纱质量主要指标是筒子纱的匀染性。它的好坏很大程度取决于主循环泵的流量流速选择，即循环管路系统，特别是管径及限流装置。目前，较先进的筒子染色机，主泵均采用交流变频调速，通过内外压差检测，反馈信号调节主泵转速，以达到染液循环流量流速的自动控制。

筒子染色机基本上都采用间接式蒸汽加热和冷却水冷却。从结构形式来看，有内置式（盘管式）和外置式（列管式）。列管式换热器由于介质相对运动，换热效率较高，而盘管式相对较低。由于列管式换热器设置在主循环管路中，能够较好地保证染液在整个循环系统中温度的均匀性，从而对升温或保温过程中染料的上染率及色牢度都起到较好的作用。因此，目前较先进的筒子染色机基本采用外置列管式换热器。

染液在筒子纱内外循环流动是保证筒子纱染色均匀不可缺少的一环。循环染液换向方式有两种：一种采用轴流式主循环泵，通过主泵的正反转来实现染液内外循环；另一种采用离心泵或混流泵，它是通过换向装置来实现染液的内外循环。采用轴流式主循环泵换向，其结构简单，管路占用空间小，对降低浴比较为理想。而且染液换向时，冲击较小。但这种结构，由于染液换向是通过电动机正反转来实现的，且转换的频率较高，故对能耗和电动机寿命有较大的影响。另外，由于纱线品种的不断变化，轴流泵的扬程也难满足要求，所以，目前大部分筒子染色机均采用离心泵或混流泵加换向装置。换向装置的型式较多，较典型的几种有：鹅颈管式、直角弯头式和阀板式。鹅颈管式（也称“X”型）换向装置，具有较好的流线流道，故阻力较小，但占用空间较大，制造成本高。这种结构主要适于双吸口离心泵的换向。

十三、成衣染色设备的类型与工作原理

成衣染色一般采用浸染的方式，要求在一定温度条件下染液与成衣充分且均匀作用。常用的设备有成衣染色机、桨叶式染色机、转笼式染色机、升降式吊染机和工业洗衣机等。

（一）成衣染色机

如图4－56所示的成衣染色机主要由染槽、叶轮、减速器电动机结合件、配用电动机、直接蒸汽接管、进水管、排污装置、加料斗组成。其工作原理为染缸内叶轮通过减速电动机的运动，在染缸中以18～20r/min的转速作单向循环运动。成衣投入染缸后，即随染液（漂液）以单向循环旋涡式运动，同时叶轮不断把浮在液面的成衣毫无损伤地压向染液内，以避免色花，达到染色或漂白的目的。此机染色方法简单，机械性能好，工作效率高，操作简便。

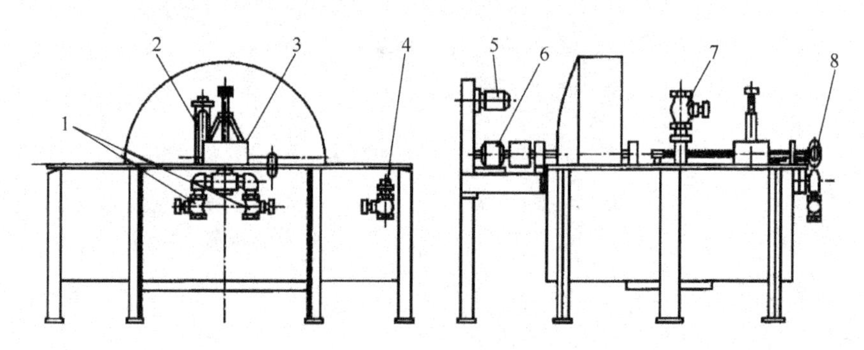

图4－56　成衣染色机简图

1—进水阀　2—温度计　3—加料斗　4—溢流阀　5—电动机　6—减速器　7—进气阀　8—排液拉杆

(二)桨叶式染色机

桨叶式染色机根据桨叶的位置分为上置桨叶式和侧置桨叶式。经常使用的上置桨叶式染色机如图 4 – 57 和图 4 – 58 所示。

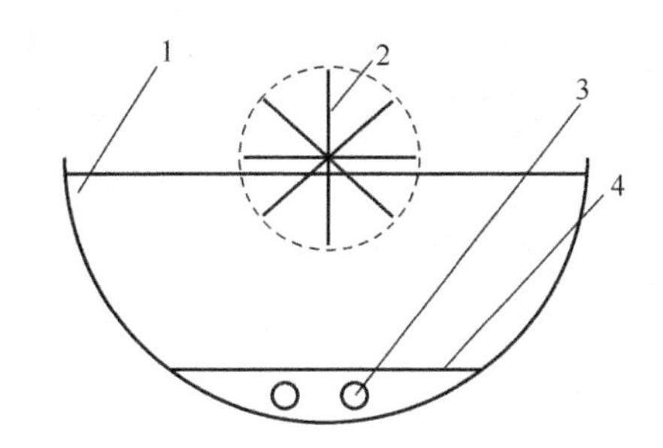

图 4 – 57　上置桨叶式染色机示意图

1—染缸　2—桨叶　3—直接蒸汽加热管　4—多孔隔板

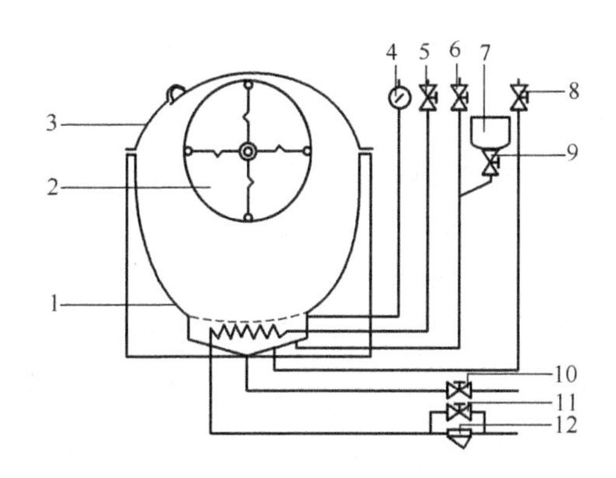

图 4 – 58　CD 成衣染色机示意图

1—主缸　2—浆轮　3—门　4—温度表　5—间接加热管道　6—直接加热管道　7—加料桶
8—供水阀门　9—加料调节阀门　10—排水阀门　11—冷却排水阀门　12—疏水器

上置桨叶的宽度与缸体几乎相等,桨叶浸渍在染液中为 6cm 左右,染液由直接蒸汽加热管通入的蒸汽加热。染色时根据不同的成衣品种及载重情况调节叶轮旋转速度,自动定时设定叶轮正反循环以带动染液循环运动,同时叶轮不断地把浮在液面的成衣毫无损伤地压向染液内,以达到均匀染色的目的。

进水后再注入蒸汽,逐渐加温到一定温度。电动机经过变速使成衣染整机滚筒转速达到规定的范围内。在电气控制箱的作用下,使滚筒倒、顺翻转,同时提升叶片将置于滚筒内的成衣染整物带到一定角度后自由跌落,造成拍打、翻滚,使成衣染整物之间产生搓擦,并在筒体内面的凹孔上相互摩擦,达到洗净的目的。

(三)转笼式染色机

转笼式染色机与成衣烘燥机和滚筒洗衣机类似。其结构如图 4 – 59 所示。

缸体中安装的转笼一般分为四等分,用以翻转成衣。转笼内安装的肋板也可使成衣在染液

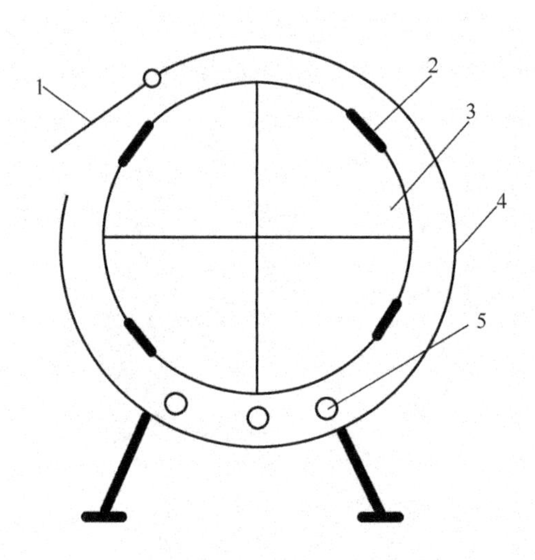

图4-59 转笼式染色机示意图

1—染缸门 2—转笼门 3—转笼 4—染缸 5—直接蒸汽加热管

翻转,从而加强成衣与染液的作用。染液由直接蒸汽加热管通入的蒸汽加热。转笼式染色机主要用于成衣染色和预洗,也可进行染后脱水。

图4-60所示成衣染色机采用间接加热的形式,加热腔与染液彻底隔离,在对染色缸进行加热时,蒸汽不会直接喷射到染液中,浴比恒定,从而提高了染色效果。

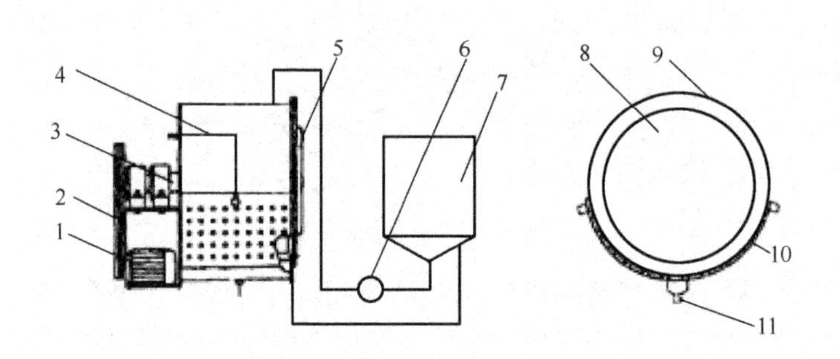

图4-60 间接加热染色机示意图

1—电动机 2—传动带 3—转笼轴 4—进水管 5—机门 6—加料泵
7—染液料筒 8—转笼 9—染缸 10—加热腔 11—疏水管

染液料筒的下端与加料泵的一端相连接,加料泵的另一端与染色缸的上端相连接,在染缸的下端设置有电动机,电动机通过传动带与转轴的一端相连接,转轴的另一端与设置在染缸内部的转笼相连接,在染缸的一侧上设置有机门,在染缸内设置有温度传感器,在染色缸的下端外侧设置有加热腔,加热腔是由染缸与焊接在染缸下端外侧的隔板围合而成,在加热腔的上端分别设置有与其相互连通的进水管和进蒸汽管,在加热腔的下端设置有冷凝水槽,冷凝水槽的下端与疏水管相连接,在疏水管上设置有疏水阀。

(四)电动升降式吊染机

电动升降式吊染机适应于牛仔衣物、针织衣物及其他成衣的吊挂染整。

电动升降式吊染机如图 4－61 所示。传动系统采用调速电动机作动力，通过减速器带动链轮链条，使长轴作同步运转，从而控制排吊的升降，可随意调整固定在金属网上衣物的浸染深度。温度、流量可控制，热交换管装设于染缸底部。蒸汽喷射管作直接加热，确保染液温度。缸内两壁安装染液循环管，由循环泵控制，使整缸染液在衣物间作均匀流动。

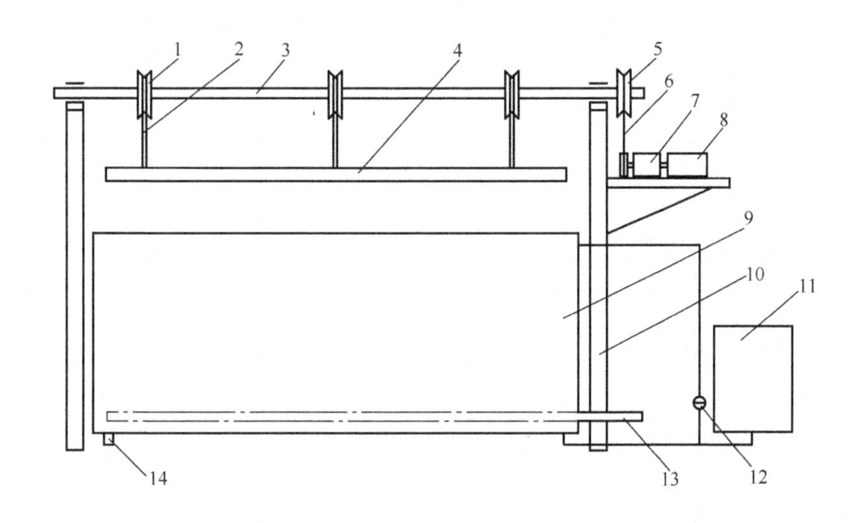

图 4－61 电动升降式吊染机示意图

1—吊轮 2—吊绳 3—吊轮轴 4—吊架 5—链轮 6—链条 7—减速器 8—调速电动机 9—染缸 10—机架 11—染液料筒 12—循环泵 13—蒸汽进管 14—排液口

（五）工业洗衣机

工业洗衣机，如图 4－62 所示，由电动机通过皮带变速带动转筒转动，且在时序控制器作用下正反旋转，带动水和衣物作不同步运动，使水和衣物等相互摩擦、揉搓，达到洗净的目的。

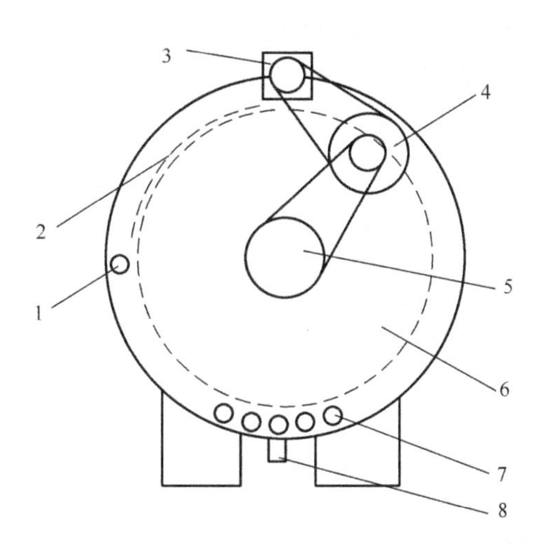

图 4－62 工业洗衣机示意图

1—进水口 2—转筒门 3—电动机 4—从动带轮 5—转筒带轮 6—转筒 7—蒸汽加热管 8—出水口

工业洗衣机主要由外筒、转筒、传动部分、电器控制柜、左右密封罩、管路仪表及放水阀等部件组成。转筒采用优质不锈钢板制成，有双舱室和单舱室两种结构，运转平稳，取衣方便。外筒的轴承座上设计有密封装置，其密封程度可用压紧圈调节，压盖轴承座下方钻有小孔，少量漏水可由此孔流出机外，且轴承内的润滑油不会进入外轴。洗衣机外壳上装有安全栓，用以支撑打开后的转筒门。转筒的正反转由电器部分自动控制。放水阀可用脚踏式和手提式两种，操作简便且放水速度较快。

十四、成衣染色机的操作与维护

(一)成衣染色机的操作

(1)经常检查机器各部分零部件，紧固件是否松紧，有异常现象，应检修后使用。

(2)按颜色，质地分拣织物，将其均与地放入滚筒内，关好里外门。

(3)开启放水阀，加入洗涤染色剂，使机壳内保持水的三分之二。

(4)开启定时器后将织物所需时间设定。

(5)运转时，放入蒸汽，一般使用水温70℃(可按织物的质地确定水温)达到需要，关闭蒸汽阀门。

(6)织物一般漂洗两次，洗染结束，放出污水，按停止按钮，开启外壳门，若内门未对准，可按对门按钮，将其对准，然后开启滚筒门，取出织物。

(二)成衣染色机维护

(1)经常检查机器的运转部分，摩擦部分，轴承座等处，需每周加油。

(2)注意三角胶带的松紧，及时调整，使之适中。

(3)工作完毕排净污水，关闭进水阀，进气阀。

(4)工作过程中，不得开电器箱及密封罩。

(5)严冬寒季，做好防寒工作，以免冻裂机件。

(6)机器运转过程中发现不正常时应立即停车，并进行检查。

(7)六个月停机大检查一次，对减速机内加油。

(8)电源开关及保险丝按照规定装配。

单元3　印花机

本单元重点：

1. 了解印花机的类型和特点。
2. 掌握平网印花机的组成。
3. 掌握平网印花机导带的驱动方式。
4. 掌握平网印花机对花操作。
5. 掌握圆网印花机刮印装置的选择。

6. 掌握圆网印花机对花操作。

7. 了解圆网制版方法。

8. 了解转盘式印花机的构成和工作原理。

织物印花机械是为适应印花工艺路线、生产印花产品而提供的成套设备。织物印花工艺路线包括印花前准备、印花操作、印花后处理。

一、平网印花机的类型与工作原理

平网印花机台板有效长度为14~18m,花回范围400~3000mm,印花套色数可达24套,相邻两个印花单元纵横向对花精度偏差≤±0.2mm。

平网印花机是在平直无缝的环形导带上固定织物,导带作间歇运动,筛网固定在一定的位置上作升降运动。当印花时,导带静止,平版筛网下降,刮印器往复刮压色浆而达到印花目的。刮印完毕后,筛网提升,织物随印花导带向前移动一定距离(一个花回)。印好的织物在导带的尾端被拉起脱离导带而进入烘房烘燥。印花导带则移动到机下非印花区经清洗装置去除导带上残留色浆。平网印花机每一次印花循环自动完成以下动作程序:导带行进→导带停止运行→筛网下降→刮印→筛网提升→导带行进(→……)。

平网印花机由进布、印花单元、烘燥和出布单元等组成,见图4-63。印花单元一般由导布机构、自动升降筛网机构、自动刮浆机构、上胶装置及传动装置等组成。

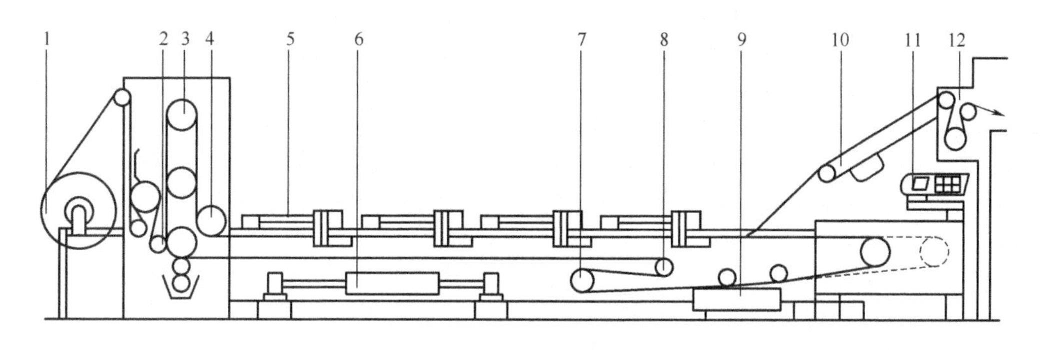

图4-63 平网印花机

1—布卷 2—热压辊 3—垂直方向印花导带游动辊 4—印花导带引导辊 5—平网印花单元 6—液压推进系统 7—印花导带连续驱动辊 8—印花导带张力调节辊 9—印花导带水洗单元 10—烘房传送装置 11—控制面板 12—烘房传送带张力调节

(一)进布装置

进布方式有布卷式和折叠式两种。织物通过导布辊、紧布器、松紧调节辊(张力补偿装置)和吸边器等,以保证织物运行平稳;对中良好,无起皱现象。张力补偿装置调节无级变速直流电动机,使织物运行和印花导带同步;圆盘式压缩空气剥边器能消除织物卷边,特别适合于易卷边且伸缩性大的针织物;滚筒式光电吸边器可消除布面折皱,同时在两边电眼的控制下,防止织物跑偏。若印制窄幅织物,还可双幅进布。

在进布单元中，还可采用旋风集尘装置，它通过拍打，毛刷的交替使用，去除织物上的灰尘、绒毛和纱头，再由强力抽风装置，把灰尘和绒毛通过风道收集在塑料袋中。

(二)贴布装置

为使织物平整地粘贴在导带上，一般采用上浆贴布和热压辊树脂贴布两种形式。前者较适合亲水性织物和给浆不易挠动的窄幅织物；后者适合于任何织物和宽幅织物，特别适合于疏水性织物。采用了两套完全独立的贴布装置。

1. 给浆贴布装置 上胶贴布装置见图4－64。印花导带运行时，浆槽中的给浆辊把浆胶传递给导带的表面上，获得均匀的浆层，织物通过压浆辊使其平整地粘贴于导带上，而给浆的厚薄和幅度的大小可调节。手轮可调节给浆辊刮刀及其宽度，调节时先把手柄放到脱离位置(off)上，然后旋转手轮，使刮浆刀向内或向外移动至织物粘贴的宽度。手柄可对刮浆刀作工作与否的操作。刻度盘可调节给浆辊与导带的间隙而调整浆层的厚度，其均匀性可调节给浆辊的轻微挠度。停车时可使给浆辊脱离与导带的接触，并予以清洗，防止干燥黏结。由于下导带连续运行，可以避免粘贴痕迹。

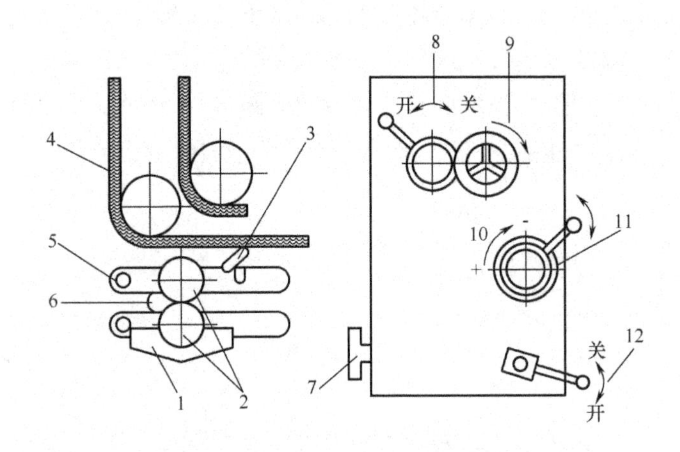

图4－64 给浆贴布装置示意图

1—浆盘 2—给浆辊 3—刮浆刀 4—印花导带 5—清洗喷水管 6—防护板 7—喷水管旋钮 8—边侧涂浆刀手柄 9—手轮 10—刻度盘 11—给浆辊分离 12—贴布装置离合手柄

2. 热塑性树脂贴布装置 图4－65所示为热塑性树脂贴布装置。织物通过热压辊后，便紧贴于热塑性树脂涂层的印花导带上，热压辊为一无缝钢管，内有电热元件，产生热量后传递给钢辊，温度由温控装置控制，一般在40～80℃范围内。由于加热辊对导带的施压是连续的，而导带的运行是变速的，这样对导带的加热就不均匀，因而热压辊和主机是联锁的。只有当主机停止运行时，热压辊会被垂直游动辊的上、下限开关切断电路，使加压油缸的柱塞由一张力弹簧的作用，而使热压辊脱离印花导带。热压辊的接触压力是通过调节油压系统来控制的，即压辊的线压力随导带的改变而变化。导带速度高时，压力就大；反之速度低时，压力就小。

3. 热压辊油压控制原理 如图4－66所示，热压辊由加压油缸通过杠杆对织物加压，油压

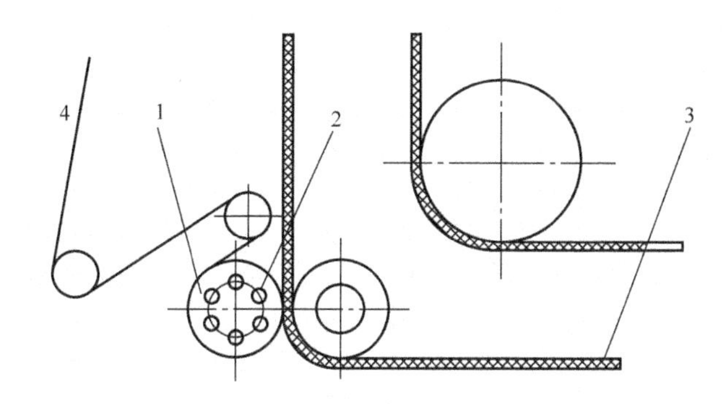

图 4－65　热塑性树脂贴布示意图

1—热压辊　2—加热元件　3—涂层导带　4—织物

的大小由定压阀进行调节，可用手动和自动两个系统。根据织物品种不同，热塑胶能进行基本压力调节，即导带在一个循环中的平均速度的压力，然后根据游动辊的游动距离的变化，带动凸轮，借其回转来调节进油压力，从而达到热压辊线压力随导带的速度变化而改变。并联的安全保护溢流阀起安全保护作用。

热塑性胶有两种：N 型和 I 型。N 型适合于炎热夏季用，黏性较差；I 型用于一般季节，黏性好但耐热性差，它在不加热时没有黏性，因而停车后不会黏附灰尘和绒毛等杂质。

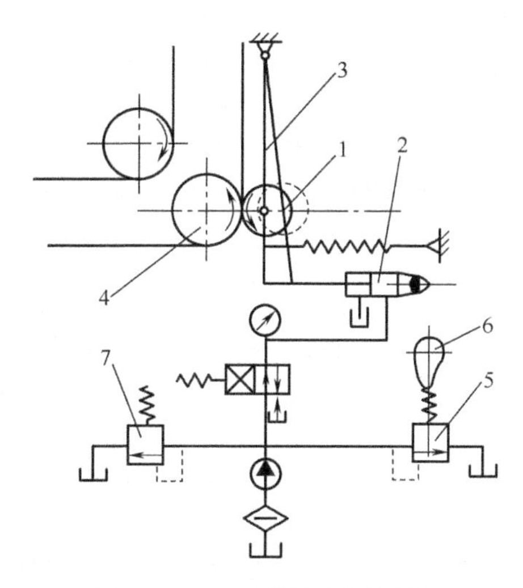

图 4－66　热压辊加压油路图

1—热压辊　2—加压油缸　3—加压杠杆　4—导带支撑辊

5—定压阀　6—控制凸轮　7—溢流阀

（三）印花导带的传动装置

印花导带传动方式有液压传动和伺服电动机传动。精确的印花依赖于印花机下导带的传动系统，其特点是印花区域导带的传动是间歇运动，而非印花区域的导带传动是连续运行。

1. 印花区域的导带传动　导带是靠印花导带的夹持器夹持导带运行的。夹持器是通过连接机构与传动主油缸的缸体相连，当主油缸作往复运动时，就带动夹持器前进或后退，夹持器在主油缸前进时才夹持导带的边缘带动导带行进。当主油缸回程时,夹持器放松,不再夹持导带,导带保持静止状态,仅夹持器本身回复到原始位置,准备下一个印花循环。

导带夹持器的种类很多,有电磁铁、气动铁、真空吸盘等。常采用电磁铁导带夹持器,其原理见图4-67。当需要夹持时,线圈通电,吸动磁极片,使角钢形磁极片的顶部压向铸铁座的顶面,从而牢固地夹持导带边缘,使导带随电磁铁行进。若线圈断电,电磁铁松开而脱离导带边缘。磁极片呈倾斜式既可保持最小的吸距,又可保证导带间有足够的脱开距离。

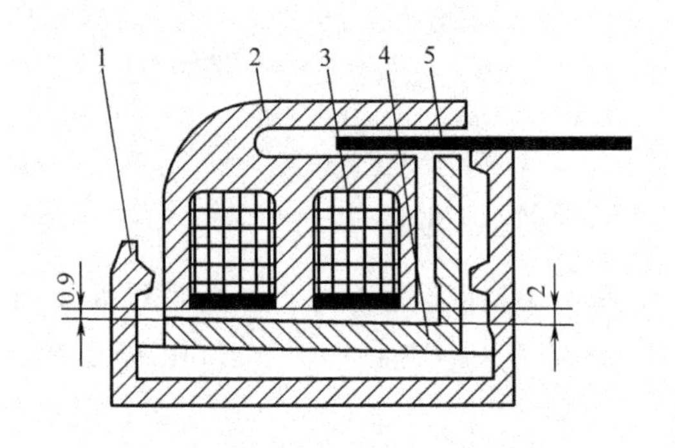

图4-67 电磁铁结构

1—铜轨道 2—电磁铁座 3—线圈 4—磁极夹板 5—导带

导带液压传动的原理见图4-68。压力油经过单向阀D′流进油缸A侧,推动油缸向右移动,此时电磁铁夹持导带边部随着缸体同步移动,而B侧的压力油通过阀C大量回流,导带处于高速运行阶段。当导带接近终止时(图示位置),缸体右端斜面接触缓冲控制阀C的控制器,B侧回油量减少,导带随缸体逐渐减速。当阀C完全关闭后,回油通过节流阀C″流回油箱,这时导带处于爬行阶段,直到缸体右端接触到定位块,并且主控制阀E处于静止位置,导带随缸体停止移动,在回程时,主控制阀E换到回程位置,压力油经过单向阀C′流进油缸B侧,推动缸体向左移动,A侧回油通过控制阀D,此时电磁铁放开导带随缸体快速回移,而导带静止,进行刮印。当回程即将终止时,由于缓冲控制阀D和左端定位挡块的作用,缸体逐渐减慢直到停止,回程结束。

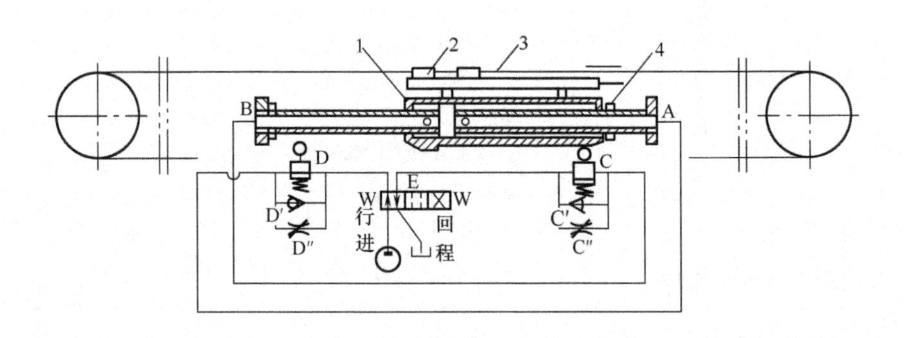

图4-68 导带液压传动示意图

1—导带传动主油缸 2—电磁铁 3—印花导带 4—定位挡块

液压传动导带时，其过程为：启动→快速行进→慢速行进→停止，周而复始。考虑到间歇式进布造成的不均匀性张力较大，不适合精细、柔软的织物印花，采用了浮动系统，其原理见图4－69。

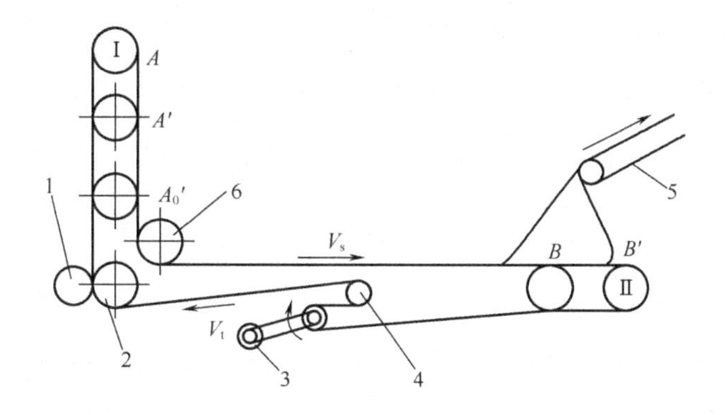

图4－69　导带垂直和水平游动示意图

1—热压辊　2—导带支撑辊　3—印花导带连续驱动辊
4—印花导带张力调节辊　5—烘房传送带　6—印花导带引导辊

这种形式是进布处游动辊在垂直方向游动，尾部出布处游动辊在水平方向上游动。印花循环开始时，上面印花区导带由两侧滑轨内的电磁铁夹持，以线速度行进一个花回长度，所以辊Ⅰ由位置A垂直向下移动至A′。在橡胶导带连续传动辊的作用下，辊Ⅱ由位置B水平移动至B′。当刮印时，印花区导带静止($V_s=0$)，但非印花区导带仍以V_t速度连续传动导带，因此辊Ⅱ被导带带动从位置B′拉回到原始位置B。同样辊Ⅰ由位置A′回复到原始位置A。

平网印花机的运行规律见表4－4。

表4－4　平网印花机的运行周期

运动件	周期			
	Ⅰ	Ⅱ	Ⅲ	Ⅳ
升降	上升→结束	一次下降→停止	停止	二次下降→停止
上导带	停止→行进启动	加速行进→全速行进	全速行进→减速行进	停止
行进电磁铁	回程→夹紧	夹紧	夹紧	放松→回程
下导带	减速回程	加速回程	加速回程→减速回程	减速回程
固定电磁铁	放松	放松	放松	夹紧
刮印器	停止	停止(或溢印)	停止(或溢印)	刮印
进布	连续	连续	连续	连续
出布	基本连续	基本连续	基本连续	基本连续

2. 非印花区域的导带传动　非印花区导带连续传动是通过直流变速机构来控制的，见图4－70，由直流电动机、减速箱、调速控制器及主传动辊组成。

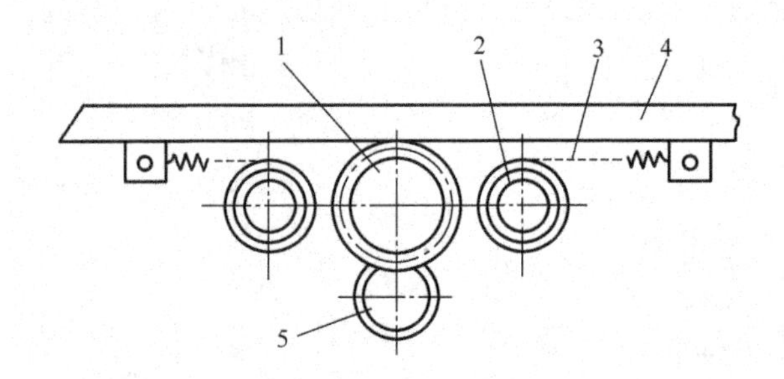

图4-70　自动调速控制机构示意图

1—主动链轮　2—张紧链轮　3—链条　4—牵引板　5—调节盘

如图4-71所示双伺服导带传动形式的平网印花机的导带的运动是由伺服电动机通过减速箱驱动主传动辊带动整条导带做间歇运动。由于伺服电动机的转动惯量小，响应快，因此导带的加减速时间短，使得导带的平均运动速度高于浮动辊式的导带速度，车速得以提高，并且可以分档凋速。

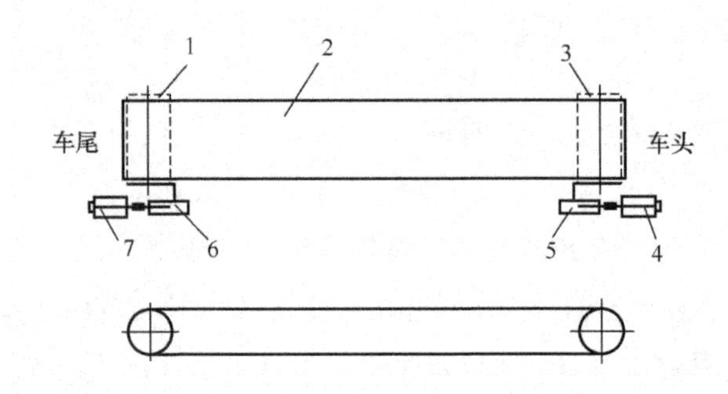

图4-71　双伺服导带传动形式

1、3—导带传动辊　2—导带　4、6—伺服电动机　5、7—减速箱

对花精度测量方法如下：

选择两个相邻印花单元并各固定一个角铁，先在第一个印花单元角铁处的导带上贴一记号纸，并按角铁在其上画垂直线。当导带上的标记移到后一个印花单元时，根据垂直线校正其上的固定角铁以后在导带上另贴一记号纸，使它移动到这两个印花单元的角铁处，并分别按照角铁在所贴记号纸上画垂直线，用带标尺的放大镜测量这两个位置的垂直线的相对误差。

(四)平网印花机网框的升降机构

导带的运行、网框升降、刮印器刮印，三者之间的运动规律为：筛网框上升(偏升或平升)→导带行进、网框第一次下降→导带行进终止→网框第二次下降→刮印器刮印。网框两侧同步提升的称作平升；网框先升一侧再升另一侧的称作偏升。平升有利于降低印花循环时间，提高生产效率。偏升有利于防止网框提升加速过大，使筛网振动而使色浆飞溅，更适合于宽幅和大花回的印花筛网。网框的升降一般采用两次下降，而第一次下降距离约占全部下降动程的3/4，使总的下降时间减少，提高网框下降速度。

平网印花机网框的升降机构有气缸驱动移动凸轮式和油缸驱动连杆式。常采用后者，即用一只双活塞油缸驱动连杆，两只活塞分别连接非操作侧和操作侧的筛网托架连杆机构，升降原理见图 4 – 72。

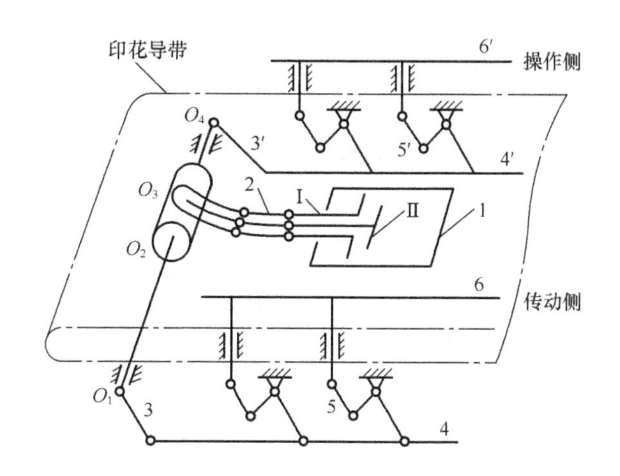

图 4 – 72　双活塞油缸驱动连杆升降机构示意图

1—双活塞油缸　2—连杆　3，3′—摆杆　4，4′—牵引杆

5，5′—四连杆机构　6，6′—网框托架　Ⅰ—外活塞　Ⅱ—内活塞

当双缸外活塞ⅰ移动，摆杆 3 牵动摆动套筒与轴头 O_1O_2 摆动，牵引杆 4 作平面移动，四连杆机构 5 使非操作侧网框托架 6 升降。当双缸内活塞ⅱ移动，摆杆 3′绕 O_3O_4 轴摆动，则牵引杆 4′作平面运动，通过四连杆机构 5′，使操作侧网框托架 6′升降。这种由外活塞ⅰ先动作，内活塞ⅱ后动作，使非操作侧网框先提升，操作侧网框后提升，称之为偏升。如需平升时，可调节内外活塞同时动作即可。

（五）刮印机构

刮刀的刮印应清晰，磁棒应做纯滚动及平行移动。刮印单元主要由独立的导轨、网框固定装置、刮刀、电动机及控制单元等组成。网框固定装置见图 4 – 73。

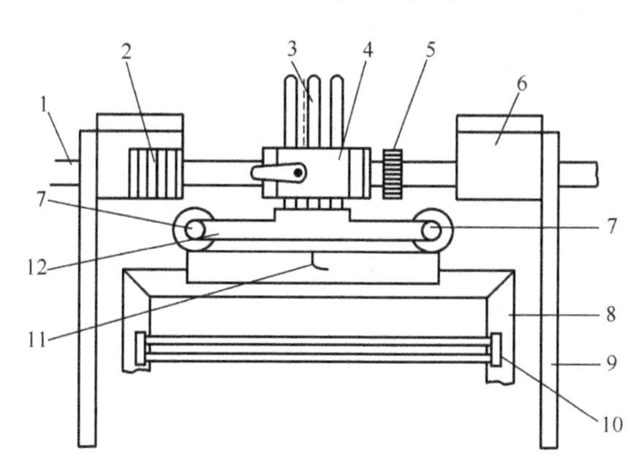

图 4 – 73　网框托架及刮印机构示意图

1—固定导轨　2—刮刀传动　3—丝杆　4—网框支架　5—螺母　6—支撑头　7—高度调节盘

8—网框　9—刮印往复轨道　10—刮刀架　11—定位销　12—支撑架

它的作用是承托印花网框以及对网框的位置进行调整(即对花)。网框托架通过定位螺钉固定在独立导轨上,将网框放入支撑杆的定位销上,并搁在高度调节盘上,以调节网框和印花台面的距离。同时可调节丝杆的进退,即调节网框前后位置。并可调节左右手柄,即网框左右位置,以利于印花时对花。它除手动调节网框定位外,还附有版面控制系统,将网框位置的定位及上浆等参数储存并重复应用。刮刀的传动由电动机通过传动系统驱动,由电脑控制系统自动、平稳地监视运行和停止。刮印范围、刮印次数、刮印速度等都可用刮印单元操作板上的按钮选定,并可显示。刮刀的传动主要用来拖动刮浆刀在独立导轨上往复运动。

刮刀角度可在60°~70°之间调节,色浆的渗透量取决于刮刀压力。刮刀架上两把刮刀的交替升降采用滑板式刮刀升降控制,见图4-74。当链条按箭头方向运行,拉动滑板座向左运行,使刀架绕支点 O 按顺时针方向回转,则左刮刀抬起,右刮刀下降,这时右刮刀刮印或带浆,整个刮刀架向左运行。

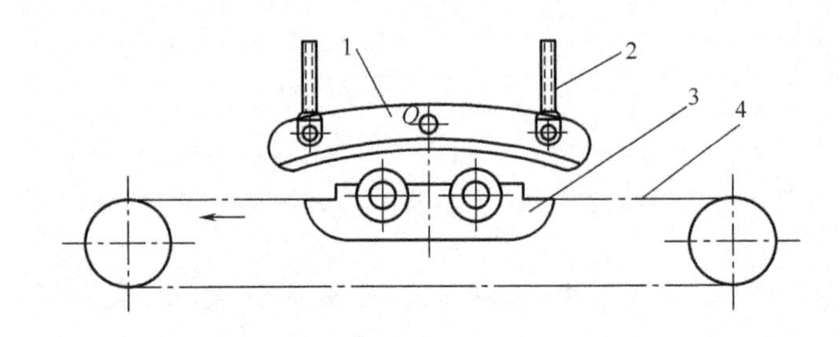

图4-74 刮刀升降控制机构示意图

1—刀架 2—刮刀座 3—滑板座 4—链条

(六)清洗机构

印花织物在车尾被剥离导带后,导带上残留的绒毛、色点和浆胶等杂质必须及时清洗并刮去导带上的水渍,清洗工作一般在车尾进行。清洗机构由水洗槽、塑料刮刀和尼龙旋转刷辊等组成。

(七)花布烘燥机

印花织物脱离印花导带后,被送到花布烘燥机的传送网带上进行无张力烘燥。传送网带由聚酯单丝织成表面粗糙和透气率很大的网状带。织物在烘燥过程中,不论织物的厚薄、组织的稀密以及印花色浆的渗透性如何变化,都不会导致“搭色”。图4-75所示为平网印花烘燥机的一种型式。由于平网印花机车速较低,烘房容布量较少,一般穿布2~3层,全机热风大循环,进出布在同一端,便于操作。花布由传送网带托持进入烘房,倾斜式的进布架角度可按需要作适度调节,传送网带线速度与印花导带输送织物的线速度保持同步,由红外光电检测后自动调整。烘燥机热源一般为饱和蒸汽,也可采用过热蒸汽或高温导热油,烘房最高工作温度分别为150~180℃,由温控装置自动控制。

二、平网印花机的操作与维护

(一)平网印花机的操作

(1)根据工艺及来样要求做好印制工艺准备。

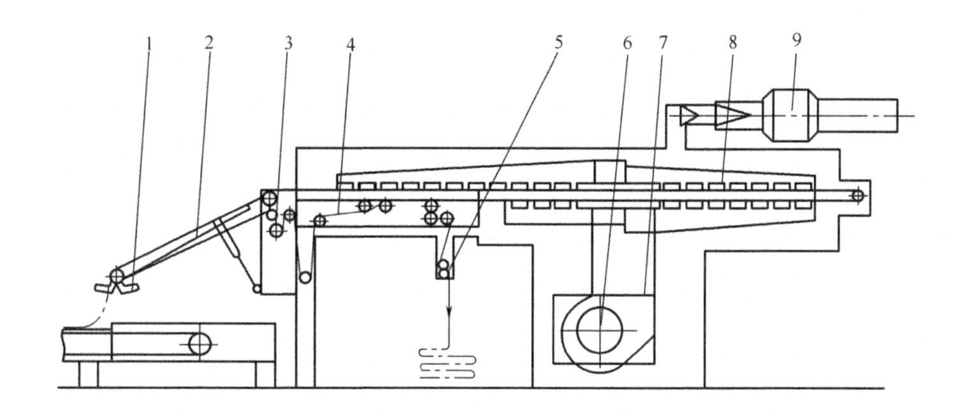

图4－75 平网印花烘燥机

1—光电检测器 2—进布斜架 3—主动辊 4—传送网带 5—落布装置
6—循环风机 7—空气加热器 8—喷风管 9—排气风机

(2)根据产品情况确定穿布道数和连接好导布带。

(3)调节好上胶的幅度和胶的厚度。

(4)调节水洗。

(5)进行对花。

(6)根据工艺要求,磨好刮刀刀口,按需要配备色浆桶。

(7)将白布与其进布导带末端接好,推上上胶机构,按照电气程序开车。热风循环,烘房加温。

(8)当印完一个周期后,花布前端与烘房中的导布带接上,操作烘房联动离合器,引花布进入烘房烘燥。

(9)在运转印花过程中要注意下列情况并加以校正:

①进布的位置、张力及扩幅辊等是否适宜。

②刮刀的动程、刮印次数、刮刀高低和压力、刮刀口形状和角度是否适当。

③注意刮刀往复运动时两端不能与网框内缘碰擦。

④对花及检控器位置是否准确。

⑤注意布面的溅点、布边的渗透、"上延迟"时间及压边辊位置等情况,有问题要及时调整。

(10)印花将结束时,把白布尾端接上导布带。

(11)当白布尾端进入第一套色位时,上胶机构可以放下,并进行清洗。

(12)当印花结束离开印花网框时,可按程序逐一将各个刮印次数的旋钮开关拨到"0"位,让刮刀逐一停止动作,然后依次取下刮刀、印花网框及浆桶,进行清洗及妥善安置。

(13)在印完最后一套色位,花布尾端可与烘房导布带接上,直至花布进烘房后,可将对花(光电)系统关闭,让导带单独运转,以便清洗导带表面的污浆。

(14)当刮刀、网框、浆桶全部取下,导带表面清洗干净时,即关闭进水阀门,将水洗箱放下,并使机器全部停车,但须使网框架留在升起的位置上。停止加热,并视烘房的情况,切断风机电源。

(15)对机身及场地进行清洁,检查全机情况,使其处于正常状态。

(二)平网印花机的维护

(1)光电管损坏时,对花不准,光控失灵,需要调换光敏二极管或调整光电头。

(2)升降行程开关失灵时,机器停止或动作紊乱,需检查行程开关接触是否良好。

(3)刮刀动作失灵时,应检查行程开关。刮印次数不对时,则计数装置有故障。刮刀无延时,应检查延时继电器。

(4)全机电气元件必须每周检查一次,检查工作是否正常,螺丝是否松动,接触是否良好等。

(5)如遇烘房温度不够,出布不干,可选用"上延时"或"下延时",进行适当延时,或开动排风以排除水蒸气。

(6)如遇事故,按"紧急停车"按钮,机器立即停止运转。故障若不能在5min内排除,应停止加热,以免花布烘坏。

三、圆网印花机的类型与工作原理

印花套色数有4、6、8、10、12、14、16、18、20、24,花回长度(圆网周长)为140mm、726mm、820mm、914mm、1018mm,最高车速可达100m/min。

圆网印花机按圆网排列的不同,分为立式、卧式和放射式三种。国内外应用最普遍的是卧式圆网印花机,有刮刀刮印和磁辊刮印两种基本型式。图4-76所示为卧式圆网印花联合机的一种。其基本组成与布动平网印花机相似,由进布装置、印花单元、热风烘燥和出布等主要部分组成。只是间歇升降运动的平版筛网改换成连续回转的圆筒筛网,导带间歇运行变为连续运行。

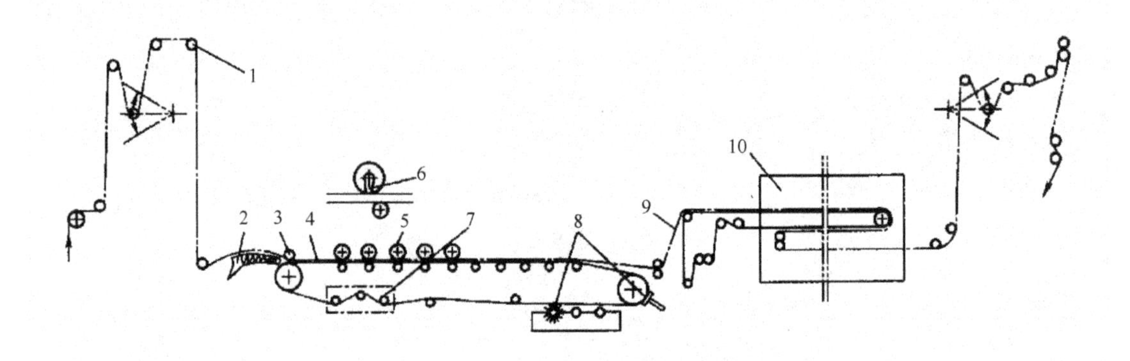

图4-76 卧式圆网印花机

1—进布装置 2—预热板 3—压布辊 4—印花导带 5—圆网 6—刮刀
7—导带整位装置 8—导带清洗装置 9—烘房输送网 10—烘燥机

织物运行情况:织物由进布装置导入,经预热板加热后被送到连续运行的无接缝的环形印花导带上,经压布辊使织物平整地粘贴在已涂贴布浆(或热塑性树脂)的印花导带表面,并随印花导带连续运行。当织物通过圆网时,各套色圆网内的色浆在金属刮刀的作用下,透过筛网孔眼印制到织物上。最后织物被送进具有输送网的烘燥机内进行烘燥。导带下面有整位装置,可控制导带在循环运行中不致跑偏。尾端下部有导带清洗装置,可洗净导带上残留的色浆和绒毛。圆网印花机中各组成部分的结构与特点如下:

1. 进布装置 进布装置是由进布辊、紧布架、吸尘器、松紧补偿器、吸边器和弧形电热板等组成。在进布处另外装有光电布边探触器,它的灵敏度高,能有效地控制进布位置,使印花时布幅两边保持整齐的白边。对一些容易引起卷边的织物,可加装三辊螺旋剥边器,使布边平服地进入弧形电热板后,经压布辊平整地粘于涂热塑性树脂的印花导带上。

2. 圆网 圆网是圆网印花机的花版。一般采用镍金属电镀法制成,又称镍网,网厚0.1mm左右,网孔为六边形和圆形,常用网孔规格有60目、80目、100目、105目、125目、155目、185目(孔/25.4mm)。开孔率为11%~18%,目数越大,开孔率越低。圆网两端用闷头固定,防止印花时引起圆网变形,影响对花的准确性。圆网应具有一定强度和弹性,能承受印花色浆和刮刀的压力。

3. 圆网刮印装置 圆网印花与平网印花刮印装置的最大区别是在刮印过程中,刮印器固定不动,而圆网连续运转,由此产生刮印器与圆网内表面的相对运动。网内色浆受挤压通过网孔,均匀地印制到织物上。目前圆网印花机刮印装置可归纳为以下几类。

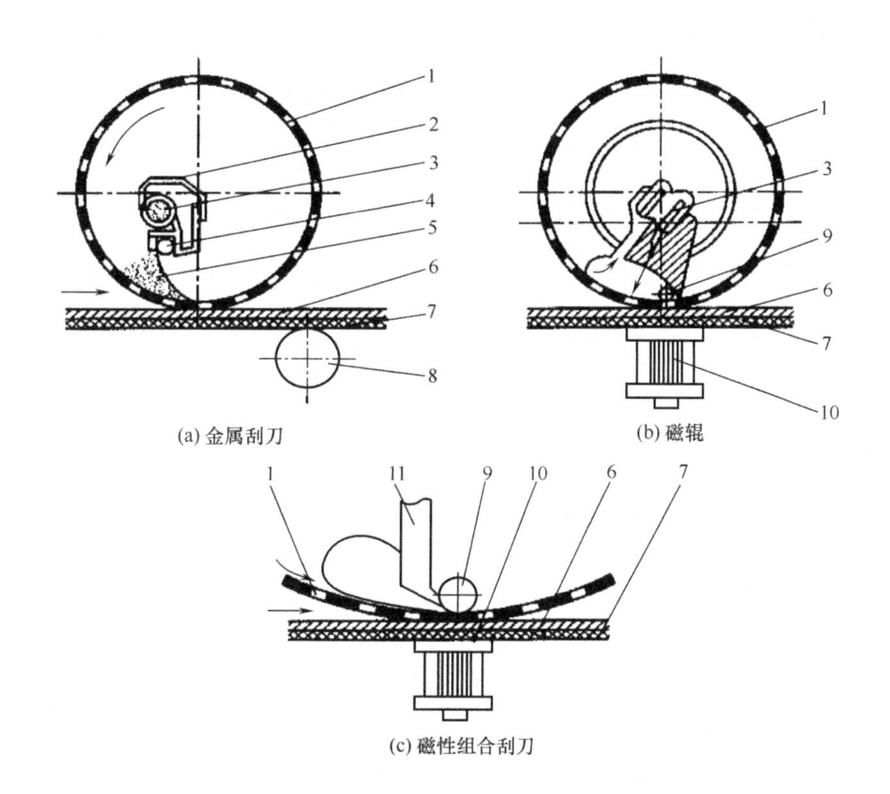

图4-77 圆网刮印机构

1—圆网 2—刀架 3—浆管 4—气管 5—刮浆刀 6—织物
7—印花导带 8—托辊 9—金属辊 10—电磁铁 11—异形板

(1)弹性金属刮刀刮印装置。该装置由刮刀架、刮浆刀和给浆管等组成,见图4－77(a)。色浆由给浆泵经浆管流向刮浆刀与圆网之间的楔形槽中,刮浆刀靠气管沿幅向均匀夹持,在机械力作用下产生弹性变形。当圆网转动时,色浆在楔形槽中受刮浆刀挤压而均匀地充满圆网孔眼并被挤向织物。

①刮刀规格的选择。刮刀应根据织物品种和花型结构的不同而有所选择,以保证适当的给浆量和渗透性,来获得理想的印制效果:

a. 40×0.10(指刮刀片宽度×厚度,单位:mm,以下同)适用于给浆量低的花型和渗透性较差的织物,仅用于压力较轻的状态下。

b. 40×0.15 用于给浆量低而渗透性能要求较高的织物,适宜精细花型的印制。

c. 50×0.15 是一种给浆量高,但渗透力较差的刮刀,适宜于一般织物的印花。

d. 50×0.20 用于要求给浆量高,渗透力不高的织物,常用于粗凸纹、绒面织物和厚重针织物的印花。

上述这些刮刀由于施加压力的不同,其给浆量如图4－78所示。从图4－78可以看出,给浆量 Q 随着刮刀所施加的压力增加而递增,但当刮刀压力 P 增加到一定数值时,Q 的递增趋于缓慢。而刚性较强的刮刀(如50×0.15规格的刮刀),如 P 值达到某一极限值时,若再加大压力,Q 值反而趋于下降。这说明要获得高的给浆量,不能单纯靠增加刮刀压力,而首先应该选择适当型号的刮刀刀片,然后通过微调来获得最佳的压力状态,若盲目增加刮刀压力,不但达不到预期效果,而且易使刮刀与圆网之间摩擦力增大,造成圆网损坏。

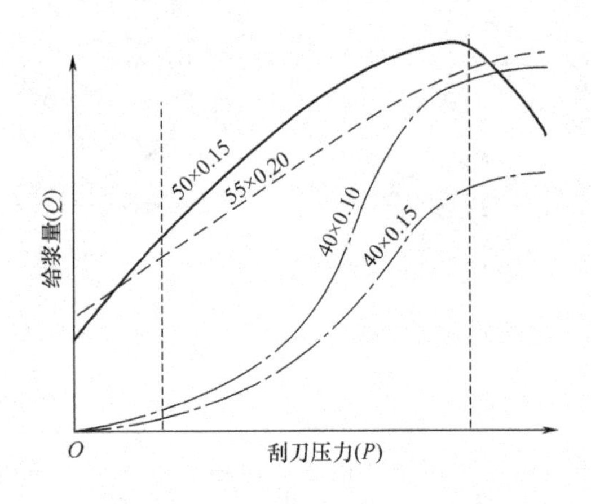

图4－78 刮刀压力与给浆量的关系

色浆对织物的渗透力与刮刀压力的关系呈线性比例。一般来说,色浆的渗透除了织物自身的毛细管效应外,主要是依靠机械挤压来传递印花色浆的,当刮刀在机械性压力作用下,渗透力也就增大(即当刮刀刀片与圆网间夹角越小时,渗透力越大),同样理由,刚性越大的刮刀片,渗透力越强。一般可以按下列条件来选择刮刀规格和确定刮刀所施加压力的大小:

a. 织物的物理状态,如织纹组合,单位面积克重。吸收能力等。

b. 所采用的圆网的网目数和开孔率大小。

c. 色浆的组分、黏度,印制时车速。

d. 对印花织物的外观要求(花型图案的精细度,匀染性、给色量等)。

合理地选择刮刀规格,是提高圆网印花印制效果非常重要的一环。如给浆量和渗透力过大,容易造成大块面给色不匀,花型轮廓模糊,若给浆量和渗透力过小,则又会产生花型露白或因渗透性差而发花,造成各种印花疵病。

②刮刀角度和压力的调节。织物印制质量优良与否,除合理选择刮刀型号外,刮刀的角度和压力也必须调节适当。刮刀角度和压力的调节取决于印花色浆的稠厚度、织物组织、给浆量多少和渗透力的要求。

改变刮刀角度的大小,一般采用机械调节方式。角度越小,给浆量越多;角度越大,则给浆量越少,见图4-79。改变刮刀压力的大小,既可以采用机械方式,也可以采用气缸加压方式。一般来说,刮刀压力的变化与给浆量和渗透力有密切的关系。印制细薄织物和细线条的花型时,给色量要少,刮刀压力减轻使色浆渗透力小些;印制厚重织物或满地花纹时,给色量要多,刮刀压力增加,色浆渗透力强。

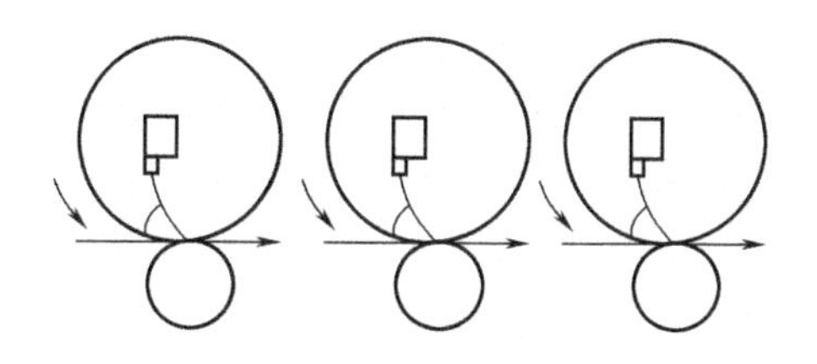

图4-79　刮刀角度变更示意图

(2)磁辊刮印装置。其刮印工作原理如图4-77(b)所示。圆网内放置金属刮浆辊,常用金属辊直径为10~20mm,在印花导带的下面,相当于每只圆网最低位置处,都有一组电磁铁。当圆网和导带同步运行时,金属辊在电磁铁作用下绕金属辊轴线自转,色浆自动地从给浆管送入圆网与金属辊之间,多余色浆再从浆管吸回。色浆储藏量的液面取决于金属辊直径大小,由于磁辊刮印的压力较大,能使色浆较好渗透,又由于电磁铁可分档调节其电磁力,故磁辊压浆能沿织物幅向均匀着色。所以改变电磁力大小和金属辊直径,就能适应各种织物和不同花型的印制要求。由于金属辊与圆网之间摩擦阻力较小,可大大提高圆网的使用寿命。

(3)磁性组合刮刀装置。图4-77(c)所示的磁性组合刮刀是由磁性加压的金属刮浆辊和一个在形状、作用上与弹性金属刮刀类似的异形板所组成。异形板紧贴于刮浆辊,并且固定在输浆管旁,异形板的底与金属辊结合在一起形成一个比较大而平坦的角度。所以异形板决定了给浆量,而金属辊的作用是渗透和刮净圆网。调节异形板高度位置能控制色浆供应量;调节磁性压力及选择金属辊直径,可控制色浆渗透程度。磁性组合刮刀能适用各种织物的印花,能获得很好的重现性。

4. 对花装置　对花装置可使安装在网架上的所有圆网迅速组成一个完整的图案花型,对花装置具有纵向、横向和对角三种调整机构。

(1)纵向调整。通过差动机构,使圆网获得附加转动,令其在圆网方向瞬时超前或落后于其他圆网,以矫正花型在此位置上的偏差,使织物经向花型对准。纵向对花最大调节量为±20mm。

(2)横向调整。通过丝杆螺母机构,使圆网作轴向移动,对织物进行纬向花型对准,其最大调整量为±10mm。

(3)对角调整。通过偏心滑槽机构,在操作侧调整对角线误差,使圆网一端摆动,矫正花型偏差,最大调节量为±3mm。

对花精度试验步骤为:在两个相邻花位和任意两个花位上,装有“+”字对花标记的镍网各一只,“+”字线宽0.2mm,分别以不同色浆直接印在印花导带表面上,以“+”字对花标记图案各个方向的位移测量值作为对花精度。

5. 圆网与导带的传动 圆网的印花导带是连续运行的,传动比平网印花机简单。为保持圆网与导带同步传动,圆网与导带由同一电动机拖动。其传动系统见图4-80图中长轴Ⅰ上装有若干只蜗杆,分别传动各套色的圆网,在长轴Ⅰ的末端,有一对齿轮减速传动中间轴Ⅱ,并通过气动联轴器传动蜗杆轴Ⅲ,从而传动拖引辊,靠拖引辊与导带表面的摩擦力带动导带运行。若圆网工作宽度大于1.85m时,可采用在圆网双侧传动,以提高圆网印制精度,避免扭网的危险。

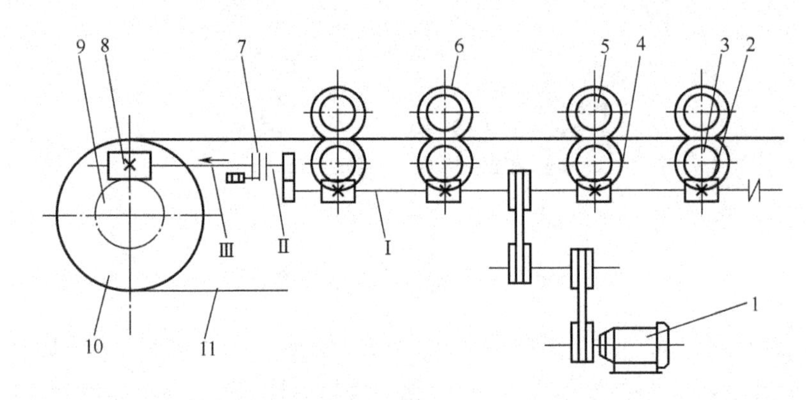

图4-80 圆网印花部分传动图

1—变速电动机 2、8—蜗杆 3、9—蜗轮 4—齿轮 5—圆网齿轮 6—圆网 7—气动联轴器 10—拖引辊 11—印花导带 Ⅰ—长轴 Ⅱ—中间轴 Ⅲ—蜗杆轴

机械结构复杂、传动链长,但电气结构简单,对花速度慢,机械磨损后易产生“跑花”,影响对花精度。

采用如图4-81所示的独立步进电动机传动单网,由十分精密的力级系统控制,利用先进的计算机检测导带的运行速度,再通过计算机系统的运算,控制每个圆网的运转,实现圆网与印花导带的同步运行。

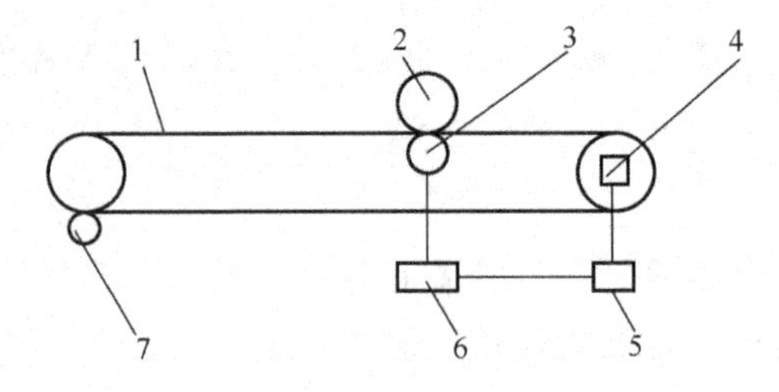

图4-81 独立步进电动机传动单网

1—导带 2—圆网 3—步进电动机 4—脉冲发生器 5—电脑 6—控制器 7—导带传动

6. 导带清洗装置 由尼龙毛刷辊、木槽和塑料刮刀等组成。2~3只浸在水中的毛刷辊，由单独电动机传动，逆导带运行的方向回转，将导带上残留的色浆、绒毛和胶液冲刷掉。清洗后的导带再经过刮水单元，清除掉附着在导带表面上的水珠。水槽下面有滑轮，以备在维修时可方便地从机器操作侧拉出。

四、圆网印花机的操作与维护

（一）圆网印花机的操作

1. 初开车前的准备工作

（1）检查设备各个部位及整体运转是否正常，橡胶导带、尼龙导带有无损伤，纠偏装置是否正常；检查水刷装置是否干净，有无杂物；检查贴布装置是否干净，以免划伤橡胶导带，不锈钢盘是否润滑良好；检查刮刀或磁棒是否平直，给浆孔是否堵塞，刀托是否磨损，烘室是否干净等。

（2）审查工艺制订书，查看工艺要求有无特殊说明，工艺版号是否与工艺相符，根据品种结构、花型结构合理选用刮刀或磁棒，检查色浆黏稠度是否符合印制要求。

（3）检查半成品规格是否与作业指导书的要求一致，半成品外观、内在质量是否达到印制要求，印制几何花型、排列有规律的花型时半成品是否纬斜，门幅是否一致。

（4）圆网上机前，检查圆网是否有损伤、多刻、漏刻、砂眼等问题；上机前圆网必须用水冲洗干净；检查磁棒是否有损伤；色浆、圆网排列是否与工艺相符。

2. 初开车

（1）送电后，检查设备的电器、机械部分是否正常工作，有无异常现象，刮刀或磁棒、刀托压力是否调到最佳位置。设备符合开车条件后，方可开机。

（2）花网上车要认真检查，特别要核对第一块小样，初开车的基本对花要求先用橡胶导带，基本对花完成后接正常半成品对花，要求新版上机1~6套色花版对花疵品不能超过30m；7~14套色花版不能超过70m；对花完成后查看布面花型效果符合客（原）样后开车。

（3）启动排风扇，同时检查指示信号灯，接着启动循环风机，当所有风机全部工作时，指示信号灯应全亮。

（4）开启光电管，按旋钮到自控位置上，使印花织物在低张力下，由橡胶导带送到烘房内的尼龙导带上。印花织物运行前升高进布吸尘器，减少织物表面上的短毛和灰尘。

（5）按动按钮，使每只圆网转动。

（6）按动按钮，使橡胶导带低速运行。

（7）升起承压辊，使印花橡胶导带升高，进入圆网印花位置，降下印花刀托，按对花程序进行横向、纵向对花。

（8）适当校正刮刀或磁棒压力，核对印花效果符样后，提高车速到工艺要求。

3. 正常运转

（1）正常开车后巡回检查设备运行情况（特别是给浆系统是否运转正常），时刻检查布面质量，核对印制布面与小样的差距，及时处理发生的问题，防止批量性次品的产生。

（2）详细记录生产情况及本班生产进度、发生的问题和处理方法。

4. 停车

(1)关闭烘房尼龙导带电动机,关闭光电管,关闭循环风机,升起圆网并转动,打开全部热烘房门降温。

(2)停止圆网转动,卸去探浆棒,卸网。

(3)冲洗干净圆网、刀托、给浆泵、刮刀或磁棒、探浆棒;清理水刷、贴布装置(每班至少一次);擦掉不锈钢卡盘外面的残浆,清理机台、环境卫生,关闭磁场、贴布装置;清理烘房(每班至少一次)。

(4)将冲洗干净的圆网送到制网室。

(5)详细交接班(要货公司、生产品种、花号、工艺、出现的问题、采取的措施等)。

(6)提出本机台检修计划和检修要求。

(二)圆网印花机的维护

1. 印花导带跑偏 影响印花导带跑偏的因素很多,归纳起来主要有以下几点:印花导带的变形、导带张力辊的张力控制不均匀、支承辊支承力大小不同、纠偏装置的受阻或失灵。

(1)张力辊的影响。作用于张力辊两端的张紧力大小不同从而导致张力辊与主传动辊间的不平行,解决办法是调整张力辊与主传动辊之间的平行,同时,在调节张力时,要综合考虑导带的伸长率。

(2)支承辊的影响。当使用的压缩空气压力达不到规定要求的0.6~0.8MPa或者是气路不畅通时,都会使支承辊两端受力不均匀,从而使两端支承力的大小也不一样。

(3)纠偏装置的影响。纠偏装置的失灵或者蜗轮箱中的传动机构卡死或蜗轮蜗杆磨损,都会影响纠偏装置的正常工作,从而导致导带跑偏失控。

2. 扭网或断网

(1)印花导带的影响。

①导带运行速度和圆网运转速度相差太大,造成圆网扭曲甚至断裂。圆网印花机在设计时考虑到印花导带和圆网之间的同步配合,导带的运行速度往往比圆网作圆周运转的线速度要快2/1000~4/1000。如果实际运行中由于传动辊的直径变化或者是导带传动产生打滑等现象都会使两者之间的速度差异变大,从而使圆网产生主动或被动挤压,出现扭网或断网。

②导带在运行过程中左右摆幅过大使圆网被动扭曲。产生这一现象的原因主要是导带跑偏失控。导带与圆网之间的摩擦力使得圆网随导带的左右摆动而受到轴向挤压,跑偏量越大,跑偏过程中轴向摩擦力也就越大,致使圆网产生扭曲。

③圆网与导带之间的间隙调整不适当,使得圆网受到经向挤压而造成扭网。对一般织物而言,网与导带之间的间隙以0.3mm为宜,但对于厚重织物,间隙应适当加大,间隙太大,圆网有可能与导带脱开,此时,圆网会受到刮刀压力的影响;间隙调整过小或者是出现负间隙,则圆网会受到导带的挤压从而导致圆网产生扭曲,时间一长就会发生断网现象。

(2)装配的影响。

①当圆网两端的网头座安装不同心时,圆网安装后就会受到由于两端的不同心而产生的预应力,随着圆网的圆周运动这种预应力迅速转化为扭矩,使圆网受到扭曲作用导致圆网扭曲甚

至断裂。

②当圆网两端的传动轴承安装松紧度不一致时，也会导致扭网或断网。对于窄幅圆网印花机，因其传动为单面传动，因此，避免这种安装误差尤为重要。

(3)操作的影响。装卸圆网时，必须要两人配合，动作要轻，不要使圆网在其他硬物上磕碰，任何不经意的磕碰都会给圆网的正常使用带来隐患。再者，在装卸刮浆器时也要特别小心，千万不要磕碰网壁，一旦给圆网留下伤痕，很可能就会成为断裂的突破口。另外，圆网的张紧力要适当，刮刀的加压一定要平缓、无冲击，要做到这一点，应该适当调节刮刀升降气路上的单向节流阀，使气流平缓无明显冲击。

(4)其他影响因素。影响圆网扭断的因素除了上述几个外，还包括对圆网材质的选用，网头与圆网的粘接，圆网的维护保养等，任何一个环节都不能疏忽。

3. 堵浆　浆料的渗透不充分，使得印制出来的花型线条不清晰甚至乱花，从而影响产品的质量，造成这种影响的原因主要有以下几个方面：

(1)坯布的影响。坯布在进入印花机橡胶毯之前没有经过很好的除尘处理，往往会使坯布表面灰尘、绒毛、杂质等堵塞圆网孔眼；因此，洁净的坯布对印制来说是非常重要的。

(2)浆料的影响。印花浆料在使用前如果没有经过很好的过滤，其中的杂质和不溶性颗粒就会通过供浆装置随浆料一起被打入圆网内，从而堵塞网眼，导致浆料渗透困难，同时印花浆料的黏度对渗透性也有一定的影响。

(3)圆网的影响。一个花型的圆网卸下不用时，应立即对圆网进行清洗，洗净附着在网壁及网头上浆料，然后小心地将圆网放于干净无尘的房间。当使用涂料印花时也应采取同样的措施，以防止网眼堵塞导致浆路不通。

4. 逃花　产生逃花现象是由多方面因素综合造成的，归纳起来主要有以下几点：传动误差、对花误差、刮印误差、操作误差、制网误差、导带以及织物本身的性质等。

(1)传动误差。圆网导带的运行速度比圆网的圆周运行线速度要快2/1000～4/1000，但一旦两者速度差异太大或者是运行过程中导带出现打滑，都会使套色间的花型错位，产生逃花。

(2)对花误差。圆网印花机对花调节机构中各零件之间配合间隙的变化以及凸轮的松动都会影响圆网印花机对花精度而产生逃花现象。因此，此机构中磨损严重的零件应及时拆换，另外，应检查纵向对花系统中起阻尼作用的“O”型圈是否失效，若失效，应及时更换，以防止由此而产生的逃花现象。

(3)刮印误差。刮浆刀片的安装如果不牢、平直度不好，或者是刮浆刀片的宽度与刮浆器支承上标示的刻度不一致都会造成花型错位，产生逃花。

(4)操作误差。由于操作失误而引起的逃花现象主要表现在对印花机的突然升降速、滥用紧急停车按钮、织物缝头不平整等方面。

(5)织物本身的性质。织物本身的性质不稳定，在印花前就存在预应力，在印花过程中遇到印花浆料或涂料时就会产生收缩，从而产生逃花。因此，要尽量选用前处理好的坯布。

五、转盘式筛网印花机

转盘式筛网印花机是将铺衣片→入版→摊浆→刮浆→移版→取下衣片等这些基本动作，用机械方式，按一定程序排列循环，使印花工艺连续成批量运作。转盘式筛网印花机有手动和自动两大类。

手动转盘式筛网印花机用于印制花纹套色数较少和面积较小的织物，如毛巾、手帕和衣片等。它的数个台板等距离地安装在一个旋转的圆柱周围。筛网安装在一个同心圆柱上，可以升降。台板用铁板制成，上面覆毛毯和人造革，或浇上橡胶。印花时，花版顺圆柱下降，并压在衣片上用刮刀刮浆后，花版上升，装有台板的转柱便转动一个角度，正好让下一个待印衣片转过来，处于待印状态。刮浆次数和刮刀角度可以调节。

有的转盘式平网印花机的花版可升降又可旋转。这两个动作都由装花版的圆柱来完成。即花版下降后刮浆，然后上升，圆柱继而转动一个角度，即让花版转到下一个待印位置，而台板则固定不动。自动转盘式筛网印花机采用圆形转盘式结构，机器旋转一圈为一个工作循环，这种结构具有占地面积小、结构紧凑、制造工艺性好、精度高、操作方便、外形美观等特点，如图4－82所示。

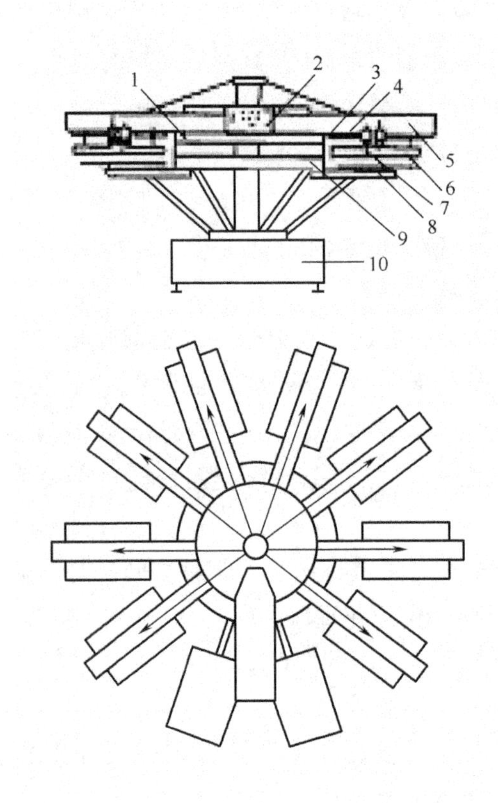

图4－82　八色自动转盘式筛网印花机示意图

1—固定盘　2—电控箱　3—定位插销　4—定位插座　5—悬臂
6—花框架　7—刮浆刀　8—台板　9—转盘　10—底座

底座上面安装一根立柱为整机的轴心，上面装有轴承。固定盘在上，转盘在下，均安装在立柱上，两者同轴，可作相对转动。转盘上按36°等分，在分度线上放射状安装10个台板和10个定位插座，转盘和底座之间装一推动转盘作旋转运动的气缸和两支使转盘能作升降运动的气缸，其作用是使10个台板能同时升起贴近花版和同时落下离开花版。固定盘上面也是按36°等分，在分度线上放射状安装8个悬臂，每个悬臂上有个花框架(固定花版用)和一个往复气缸，能推动刮浆刀作往复运动。每个刮浆刀架上有4个气缸，使刮浆刀作升降运动。在其分度线上装有10个定位插销。电控箱装在固定盘剩余的两个空档之间，8个悬臂对应着10个台板，剩下的两块台板作上下衣片用。

转盘的运动精度决定了多套色印花的对花精度，一般采用光电控制。

工作程序见图4-83。工作时将套色的花版按顺序分别固定在悬臂的花框架上，对好花版调整刮浆刀压力和摊浆刀间隙，调整好往复运动的行程。印花的准备工作完毕，然后将染料分别加入对应的花框内，台板上涂上不干胶、铺上衣片，使其粘固在台板上，印花时防止错位。启动机器，转盘回到0位，然后开始转动到一个花位后升降气缸将转盘顶起，使台板贴近花版，此时10个定位插座、定位插销同时插入。刮浆刀作往复运动(如果是8套色、8个悬臂同时刮浆)刮浆完毕后，转盘落下旋转气缸推动转盘转动36°，作下一个工作循环。

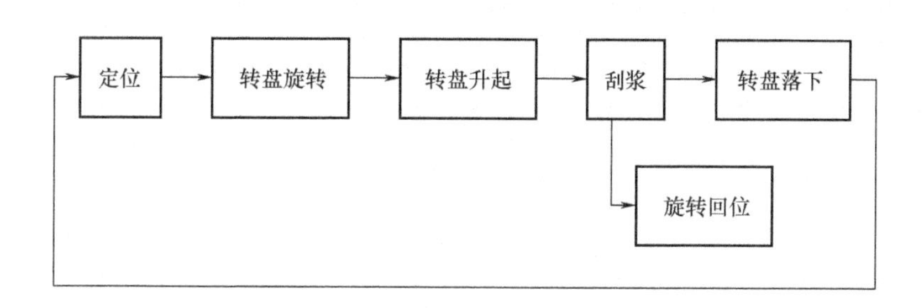

图4-83　自动转盘式筛网印花机工作程序图

六、转移印花机

转移印花是经转印纸将染料转移到织物上的印花工艺过程。先将印花染料及助剂配成的油墨，通过印刷方法印到纸上，制成有图案花样的转印纸，再将转印纸的正面与织物的正面紧密贴合，在一定温度、压力下紧压一定时间，把转印纸上的染料转印到织物上而制得精细的图案。

根据染料转移方法的不同，一般可分为升华转移法和湿转移法两种。升华转移法是使油墨层中的分散染料升华为气相，聚集在合纤织物表面，然后向纤维大分子中无定形区渗透，经冷却后固着在纤维内部。此法一般不需要再经蒸化、水洗、烘干等后处理工序，因此不仅可以节省能源，而且也不存在污染环境等问题。湿转移法是通过高温高压和有机溶剂的作用，使转印纸上的油墨剥离而转移到织物上，再根据染料性质作相应的固色处理。由于湿法转移要消耗大量有机溶剂，所以目前合成纤维织物的转移印花以升华法为主。

升华法在涤纶上转移印花的技术较为成熟，所用的分散染料在转移温度条件下应能充分升华转变为气相染料大分子，并应有良好的扩散性，能向纤维内部扩散，染料对转印纸的亲和力应当很低。转移温度常用180~230℃，转移时间为20~60s。目前常用的升华转移印花机有热滚筒毡毯式和抽吸式两大类。

(一)热滚筒毡毯式转移印花机

图4-84所示为热滚筒毡毯式转移印花机的一种形式。该机主要由预热烘筒、热滚筒和无接缝循环毡毯所组成。转印纸正面对着待印织物的正面一起进入热滚筒与循环毡毯之间,由循环运行的弹性毡毯使转印纸和织物紧贴于热滚筒表面。为防止印墨沾污毡毯,通常在织物与循环毡毯之间夹入一层衬纸。循环毡毯是由耐热的合成纤维制成,热滚筒一般采用电加热或导热油加热,其表面温度最高可达250℃。热滚筒直径以1m居多,其工艺车速为10~15m/min,为了提高车速,有些转移印花机的热滚筒直径已增大到2m左右。

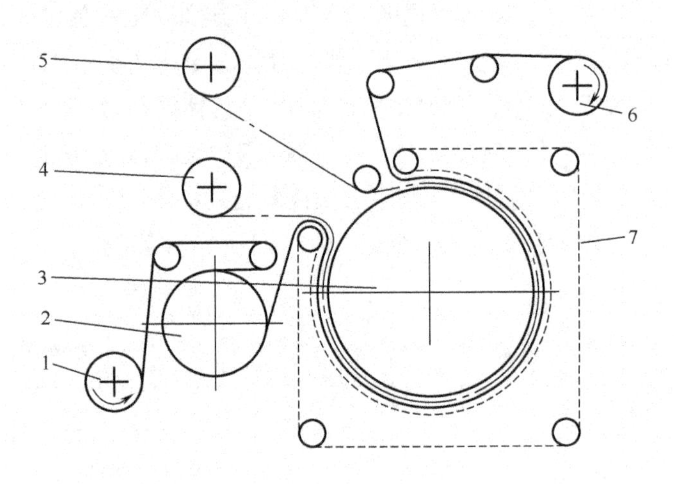

图4-84 热滚筒毡毯式转移印花机

1—待印织物 2—预热烘筒 3—热滚筒 4—转印纸
5—用过的转印纸 6—印花织物 7—循环毡毯

(二)抽吸式转移印花机

抽吸式转移印花机是通过一多孔滚筒的内外压差,将织物和转印纸吸紧在滚筒表面,靠红外线加热器对转印纸和织物加热,完成染料转移。图4-85所示为常用的抽吸式转移印花机。该机主要机构是中间有一根直径为600~850mm的金属网滚筒,有吸风装置在其内部形成一定的真空度。下部是电红外线辐射装置,在转印纸的背面对转印纸和织物加热,使之快速加热到180~220℃,红外线辐射温度可通过在织物出口处的测温计测得的织物温度自动调节。遮盖帘子的作用是在突然停机或发生故障时,能自动运行到红外线辐射面的上面,将辐射线挡住,防止转印纸或织物过热;而在正常转移印花过程中,遮盖帘子则停留在红外线辐射装置的下面。该机还有匹长记录、定长自控、转印纸切断、排气通风等装置。

这种机型的优点是有利于染料向纤维内部渗透,可保持针织物、腈纶织物等松软产品的风格,印花织物手感良好。其主要缺点是车速较低,耗电量较大。

(三)平板热压转移印花机

如图4-86所示的平板热压转移印花机是一种结构简单的转移印花机,主要供服装、衣片、装饰用织物印花。该机平台上铺有待转移印花的织物和转印纸,由其下方或上方可升降的金属热板紧压。热板温度可保持在180~220℃之间,视工艺要求而定;要求板面温度均匀,以使转

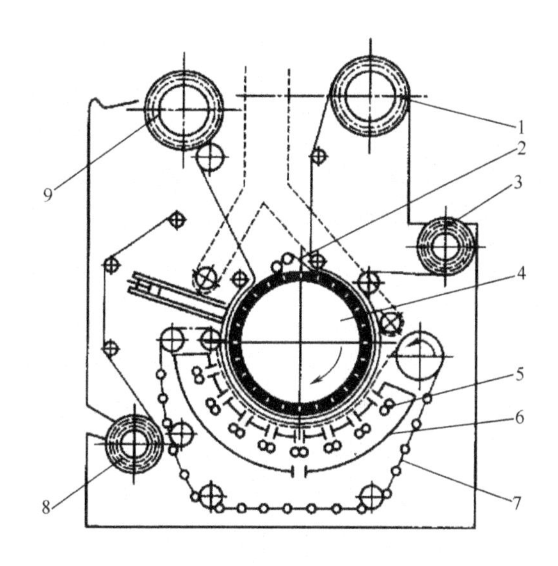

图 4-85 抽吸式转移印花机

1—待印织物 2—防污带 3—转印纸 4—金属网滚筒 5—红外线辐射装置
6—反射罩 7—遮盖帘子 8—用过的转印纸 9—印花织物

印纸上的图案染料汽化而均匀地转移到转印纸紧密接触的织物上。转移印花的时间为 15 ~ 16s,可自控转移印花时间和热板上升动作。也可采用输送带或旋转式供料台按时将织物和转印纸送进和送出热压部分,可提高产量。对于不宜紧压的织物,可用多孔台板真空吸贴织物,并使染料易于气化而提高转移效率。

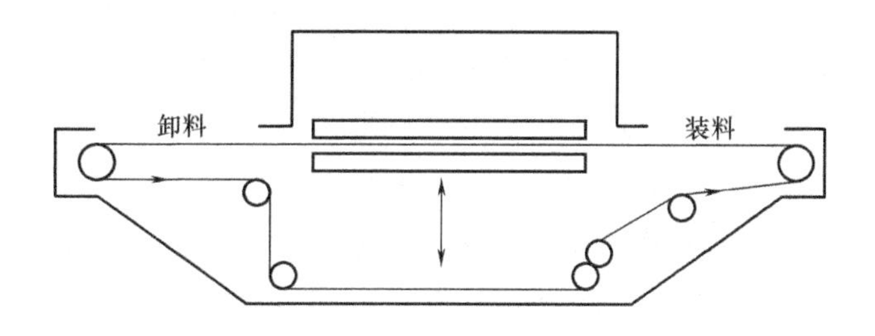

图 4-86 平板热压转移印花机

七、喷墨印花机

喷墨印花机采用的是一种全新的印花技术,与传统的印花方法相比,它省去了感光制版、配色调浆等工序,简化了印花加工过程。印花时只需将来样或花稿进行扫描,扫描后的数字信号送入 CAD 系统,接着通过必要的修正,将 CAD 产生的数字数据送入喷墨印花机,喷墨印花机即可根据输入信号印制出所需的花型图案。设计的图案在几小时内即可印制到织物上,通过对印制织物的评价,还可以快速地评判一个设计是否成功,特别是在超小批量、多品种的印花领域(如只为一人或一次而特制的印花样品),更能显示出其优良特性。喷墨印花的原理见图 4-87。

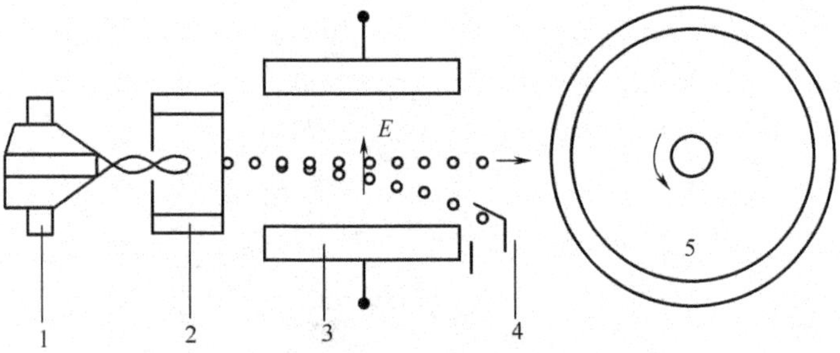

图 4-87 喷墨印花原理图

1—喷嘴 2—调制器 3—高压偏转板 4—流入贮槽 5—滚筒

印花油墨是在高压下被强制通过一小的喷嘴,喷射出的油墨射流分散成小的微粒,当这些微粒通过高压偏转板时,它们能被选择性的带电和偏转,不带电的微滴形成图案,而带电的微滴侧偏转到废料槽,这就是二进制喷射系统。染料是以恒定的压力,从一只直径为14.4μm的喷头泵喷出的。通过在625kHz的调制,此连续射流分散成微粒,意即每秒形成625000微滴的色料。带有静电或不带静电,取决于它们是被偏转,还是不受阻碍地通过高电压的偏转板。带电的微滴被偏转到废的油墨储槽中。不带电的微滴则以高达15滴的聚集体通过偏转板,并冲击到基质物上,其覆盖面积仅0.1mm×0.1mm或一个像素。由于在任一个像素面积内,每一个的微滴数可在0~15之间变化,因此在花型的每个像素上有可能得到16个色泽(或"灰度")。由于每个染料微滴均能得到很好的控制,故可在织物上印制出高清晰度的花纹。

喷墨印花机的前部可安装一卷布辊,可进行超小批量加工,两种喷墨印花机都可对织物及纸张进行印花,分辨率为10点/mm,印花头与织物的距离为8mm,所以可加工较厚的织物。在喷墨印花机中有几种基本染料颜色,均为活性染料,每种染料分别存放在各自的储罐中,各种颜色在计算机的精确控制下,准确地定位在织物不同部位。印花时没有印制到织物上的染料,通过收集装置再返回到它们各自的储罐中可循环使用,这意味着几乎所有的染料都能印制到织物上,可节约成本。由于采用活性染料,故织物印花时需进行预处理。该方法适用于棉、黏胶、真丝及混纺织物。喷墨印花完成后,织物必须经过固色、水洗等工序。

喷墨印花机的操作较为简单,机器采用全电脑自控,可根据显示屏、菜单(Windows系统)进行操作,并可在任意时刻使用暂停键,打断印花过程并对印花效果进行评价。由于采用国际通用L^*、a^*、b^*颜色标准,可以与其他系统兼容。现以JV33为例说明其使用方法。

(一)喷墨印花机的操作

(1)打开计算机和喷墨印花机,等待系统稳定。

(2)安装墨盒。

(3)设定参数。

(4)双击Mimaki Raster LinKPro5SG图标进入打印系统。

(5)选用图案并设定。

(6)打印图案。

(7)裁纸。先按上下键,定位,定好位后,紧接着按功能键,再按确认键。

(8)清洗墨盒。

(9)关闭喷墨打印机和计算机。

(二)喷墨印花机面板操作

(1)测试纸宽度。开机后,当提示 | MEDIA SELECT
ROLL <　　>LEAF | 画面时,按【END】键即可测试纸张宽度。

(2)打印测试条。按操作面板上的【TEST DRAW】键2次。

(3)机器联机脱机。按按键面板上的【REMOTE】键可以使机器在联机、打印暂停、脱机状态进行切换。当在脱机状态时,显示屏的左上角会显示 <LOCAL. 1>;当在联机状态时,显示屏左上角会显示 <REMOTE. 1>。在打印时,机器要处于联机状态。

(4)断线清洗。按操作面板上的【CLEANING】键1次,用上下按键选择清洗强度,按【ENTER】键1次后开始清洗。

(5)断线强冲。当使用【CLEANING】功能不能清洗出堵头的喷头时,可使用【FILL UP INK】强冲功能。按【FUNCTION】功能键,按到显示屏提示【MAINTENANCE】,按【ENTER】确认键,按【↓】键到【HD. MAINTENANCE】,按【ENTER】确认键2次。等到强冲结束后,按【END】键退回到LOCAL脱机状态。

(6)加热温度调节。按操作面板上的【HEATER】键,按【ENTER】键1次,然后使用上、下键来设置温度,使用左、右键来切换前、中、后三个加热面板,按【ENTER】键确认。

(7)数据清除。当打印出现错误,或者不要继续打印时,需要执行数据清除操作。先删除电脑上的打印任务,再按按键面板上的【DATA CLEAR】键几次,直到面板上的ACTIVE指示灯不闪了为止。

(8)裁切纸张。当画面打印完后,可以使用机器的裁纸功能来裁切纸张。在【LOCAL】脱机模式按【↑】、【↓】键,按到【FUNCTION】键,显示屏出现MEDIA CUT,按确认键【ENTER】即可。

(9)清除更换刮片提示。当机器使用一段时间后,机器显示屏上会提示【REPLACE WIPER】,此时需要清除机器上的刮片计数。按【ST. MAIMTE】键,按【↓】键到【WIPER EXCHANGE】,按【ENTER】键,此时,喷头会往左移动,再按【ENTER】键,喷车头移回,提示测纸,按【END】重新测纸。

(10)清除废墨桶满桶提示。当按【CLEANING】清洗键时,机器会"滴"地叫一声,不能清洗。或者显示屏提示"! WASTE TANK"时,需要执行清除废墨桶计数操作。

按【FUNCTION】功能键,按到显示屏提示【MAINTENANCE】,按确认键【ENTER】,按【↓】键到【INK TANK EXCHANGE】,按确认键【ENTER】2次。按【END】键退回LOCAL状态后即可。

(11)提示"CLOSE A COVER",机器不能测纸打印。此提示表示机器前盖或维修盖没有关闭,检查机器前盖的左右感应器开关是否正常,维修盖是否盖好。

(12)调节步进方法。由于打印材料有厚薄,当步进调节不当时,会使打印画面出现深色道步进太小或者白色道步进太大。调节方法如下:

当机器处于联机状态(打图中或者显示屏显示【REMOTE. 1】),按【FUNCTION】功能键1次,显示屏提示【FEED COMP】,按【ENTER】确认键,按【↑】、【↓】键调节步进数值大小,按2次确认键,结束调整。

(13)设定纸张边距。按【FUNCTION】功能键1次,显示【SET UP】,按【ENTER】确认键1次,显示【TYPE. 1】,按【ENTER】确认键,按【↓】键,到显示【MARGIN】,按【ENTER】确认键,即可调节左【LEFT】、右【RIGHT】的纸张边距,按【ENTER】确认键。

(14)预热加热温度。机器可以预先设置好前、中、后的加热温度,这样每次开机就会自动执行。

按【FUNCTION】功能键1次,显示【SET UP】,按【ENTER】确认键,按【↓】键,到显示【HEATER】,按【ENTER】确认键。此时显示【SETTEMP】,按【ENTER】确认键后,使用【↑】、【↓】键设置温度,使用【→】、【←】键切换前、中、后加热,最后再按【ENTER】确认键。

(15)设置打印彩色条。当使用溶剂型墨水时,建议在画面边上打印彩色条。设置方法如下:

按【FUNCTION】功能键1次,显示【SET UP】,按【ENTER】确认键1次,显示【TYPE. 1】,按【ENTER】确认键,按【↓】键,到显示【COLOR PATTERN】,按【ENTER】确认键,按【↓】键,在【ON】(打印彩色条)与【OFF】(关闭彩色条)之间切换。

(16)设置晚上关机自动清洗时间。使用溶剂型墨水时,机器后面的总电源不能关闭,设置好自动清洗时间后,机器会在晚上自动进行清洗。设置方法如下:

按【FUNCTION】功能键,按到显示屏提示【MAINTENANCE】,按【ENTER】确认键,按【↓】键到显示屏显示【SLEEPSETUP】,按【ENTER】确认键,按【↓】键,显示【CLEANING】,按【ENTER】确认键,显示【CLEAN. INTERVAL = 4H】,使用【↑】、【↓】键来设置清洗间隔时间。一般设置4h,按【ENTER】确认键,按【END】键返回。

(17)泡喷头。按【ST. MAINTE】键,按【↓】键到显示屏显示【NOZZLEWASH】,按【ENTER】确认键,此时,喷头会往左移动,刮片会移出来,用海绵刷清洁刮片后,按【ENTER】确认键,显示屏显示【FILL THE LIQUID】,此时在墨垫上注满清洗液,按【ENTER】确认键,显示屏显示【LEAVING TIME:1MIN】,使用【↑】、【↓】键修改泡喷头时间,一般为10min左右,按【ENTER】确认键开始执行泡喷头。清洗完后,提示测纸,按【END】重新测纸。

(18)设定平台吸风强度。机器针对不同材料设置平台吸风风扇的风力强度,设定方法如下:

按【FUNCTION】功能键1次,显示【SET UP】,按【ENTER】确认键1次,显示【TYPE. 1】,按【ENTER】确认键,按【↓】键,到显示【VACUUM】,按【ENTER】确认键,按【↓】键在WEAK(弱)、LITTLE WEAK(较弱)、STANDARA(标准)、STRONG(强)中选择,建议选后者,按【ENTER】确认键。

(19)喷头双向对线校准。打印时出现左右有偏差,打图有重影时,需要执行双向对线校准。

按【FUNCTION】功能键,按到显示屏提示【MAINTENANCE】,按【ENTER】确认键,按【↓】键到显示屏显示【DROP. POSCORRECT】,按【ENTER】确认键,此时机器会执行打印操作,会打出8组对线数值。1组若在A位置上下排是对直的,则在机器上使用【↑】、【↓】键输入数值A,按确认键后,进入下一组的对线数值输入,这样把8组的对线数值全部输入完后,按【END】返回即可。

八、激光雕花机

激光雕花,是由激光器发射出高强度激光,通过先进的振镜系统和数控拼图系统控制其运动轨迹,在纺织面料上高温气化出面料原有的底色或者镂空、穿孔,从而雕出深浅不一,质感不同,具有层次感和过度颜色效果的图案。

创可激光雕花机的工作过程如图4-88。

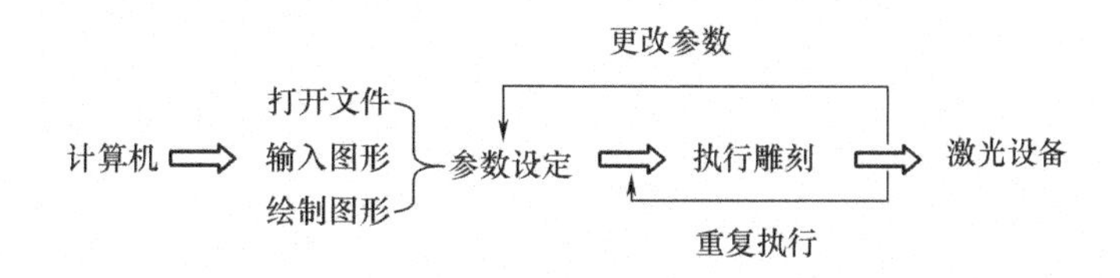

图4-88　激光雕花机工作过程

(1)打开电脑、激光印花机、冷却机和通风设备。

(2)取掉激光镜头盒。

(3)进入Ezlaser 2.0界面。

(4)打开文件或输入图形或绘制图形。

①打开文件:选择菜单栏【文件-打开】选项,出现对花框,在对话框中选中要打开的文档,按打开按钮即可。

②图形输入:选择菜单栏【文件-导入】选项,出现对花框,在弹出的对话框中选中要导入的PLT格式文件,按打开按钮即可将图形导入。

③绘制图形:选择菜单栏【文件-新建】选项,新建一个空白文档。点击绘制工具栏中一个工具按钮,在工作区拖动鼠标即可绘制图形。

(5)设定参数。

①笔号参数设置。通过笔号参数对不同的物件设置不同的雕刻参数。使用时选中需要设置的物件,点【笔号选用】。

②设置物件颜色。选中要修改的物件,点击色盘颜色框。左键修改填充颜色,右键修改外框颜色。

③速度。激光打标1s所走的路径长度。值越大,速度越快。可取1000mm/s。

④频率。激光在单位时间内出光的次数。频率越高,激光点越密。可取5kHz。

⑤脉宽。激光器驱动时的占空比(只对RFCO_2管起作用)。值越大,激光器能量输出越大。(实用于CO_2非金属打标机输出功率设定。10~60W设备取值1%~100%;100~150W设备取值1%~60%;275W设备取值1~50)。可取25%。

⑥功率。激光输出功率控制。值越大,能量越强。(适用于光纤、端泵打标机输出功率的

设定）

⑦笔输出。勾选则当前层打标，不勾选则当前层不打标。

⑧重复次数。当前层物件打标的次数。单件为 1 次。

⑨换笔延迟。重复次数为 1 时取 0。

⑩参数应用到第 x 层。将当前层参数应用到其他任何一个层。（使用时点击后面的框选择要套用的层，再按后面的【应用】按钮即可）。

（6）高级参数设置。

①开光延时。激光开光所等待的时间，开光延时越小，起点越重。可取 750μs。

②关光延时。激光关光所等待的时间，关光延时越大，结束点越重。可取 950μs。

③小跳步延迟。振镜发生最小跳步所等待的时间（一般是 4mm，4mm 以内的跳步不需要延时，取最低值 500μs）。

④大跳步延迟。振镜偏移最大跳步距离等待的时间（一般是最大工作幅度）。可取 1000μs。

⑤结束延时。默认 100μs。

⑥小拐角延时。钝角为小拐角。可取 10μs。

⑦大拐角延时。钝角为大拐角。可取 20μs。

⑧空走速度。激光空走时的速度。可取 5000mm/s。

（7）准备打标。打标图形编辑好后，按【标记】按钮进行标记。然后进行打标设置。

（8）执行雕刻。

（9）关机。

单元 4　蒸化机

本单元重点：

1. 掌握蒸化原理。
2. 掌握对蒸化机的要求。
3. 了解过热现象。
4. 掌握蒸化机的操作与维护。

蒸化机是对织物印花或染色后进行汽蒸的专门设备，用来提高织物的着色牢度和鲜艳度。

一、蒸化机的类型与工作原理

（一）蒸化原理

蒸化过程是用蒸汽来处理印花织物的过程。蒸化的目的是使印花织物完成纤维和色浆的吸湿和升温，以及染料的还原和溶解，并向纤维中转移和固着。在蒸化机中，当织物遇到饱和蒸汽后，由于蒸汽的冷凝，织物迅速升温到 100℃ 左右，同时因织物的纤维有吸湿性，所以凝结水能使印花色浆中的浆料膨化，湿润而渗入纤维中，获得固色的目的。影响吸湿量的主要因素是蒸化机内的温度和相对湿度。

在蒸化过程中，由于蒸汽冷凝时放出潜热，印花色浆在化学反应过程中放出热量以及保温夹层的影响，会使织物及其周围的蒸汽发生局部过热。也就是说，织物吸收冷凝水量越多，过热的可能性就越大。消除过热现象的方法，一般采用加大蒸汽在蒸化箱内的流动性。

（二）对蒸化机的要求

织物蒸化时，将根据纤维性质和染料特性来决定使用饱和蒸汽还是过热蒸汽。由于湿饱和蒸汽是含有雾状微细水滴的饱和蒸汽，其相对湿度超过100%，在织物上冷凝时，凝结水分较多，而且水滴较大，这对吸湿性小的织物易造成花型的化开和搭色等弊病，因此蒸化时一般应用干饱和蒸汽。只有吸湿性大的织物蒸化时才考虑用湿饱和蒸汽。由于合成纤维的产生和分散染料的采用，故蒸化过程常采用过热蒸汽。产生过热蒸汽的方法是将饱和蒸汽通过过热蒸汽发生器，使其变成过热蒸汽，然后通入蒸箱内使用。

由于蒸化过程中会产生织物局部过热现象，以及为满足某些吸湿性较大的织物的需要，在蒸化机中必须设有蒸汽给湿装置，其任务是不断对蒸汽喷雾，使其保持一定的含湿量。蒸化机内蒸汽应能不断流动，这样既可消除局部过热现象，又可驱散箱内空气。另外，还原蒸化机的蒸化箱要防止空气吸入，否则，将影响还原反应的正常进行。以体积分数计算，根据工艺要求机内空气量一般不应超过0.30%。

1. 导辊式蒸化机　图4-89是导辊式蒸化机的示意图。导辊式蒸化机适用于棉及涤棉混纺织物中的还原染料或活性染料印花后常温常压汽蒸固色。该机公称宽度有1400mm、1600mm、1800mm、2200mm、2800mm、3200mm、3600mm，印花织物可以单层或双层在机内连续蒸化。汽蒸温度为101～103℃。进布采用汽封或液封，出布采用液封，阻汽性能要好，空气余量检测仪功能可靠，温度自动控制系统可靠、灵敏。箱内导布辊表面水平度≤0.3/1000，相邻导布辊之间的平行度≤0.3mm。

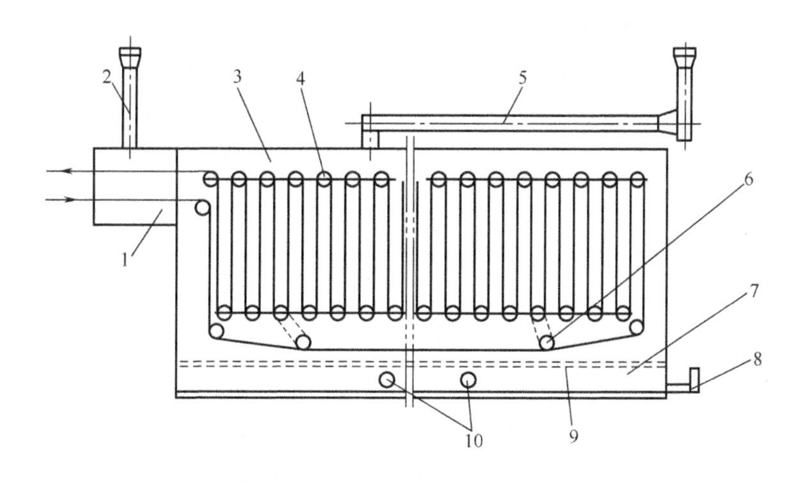

图4-89　导辊式蒸化机

1—进出布汽封口　2、5—排气管　3—箱体　4—导辊　6—超速导辊
7—水槽　8—溢流管　9—多孔隔板　10—蒸汽管

该机上部导布辊为主动辊，并采用单向超越离合器，可通过离合器的滑动而使织物张力自动调整均匀。汽封口及箱顶均为蒸汽夹套加热，箱顶后部有风机排汽，在蒸箱升温时使用，可以消除箱顶滴水。箱底有蒸汽直接加热的水槽，槽内还有蒸汽间接加热管。通常水面上还装有两根紫铜喷汽管，除供给饱和蒸汽外，还可在开车时用来排除机内空气。为防止水槽内水滴和蒸汽飞溅到织物上造成水渍，水槽上面有多孔隔板，还可在上面铺粗麻布等物。另外，还有蒸汽引射冷凝水喷雾的给湿装置等。

织物从蒸化箱上部的进出布汽封口进入机内，先向下经最下面的6根超速导布辊，然后向上，自上排最后一根主动导布辊开始再由后向前在上下导布辊间穿行，运行到前上方进出布汽封口处出布。这样使进机织物先受到蒸汽给湿预热，再上下穿行，有利于色浆中的染料充分溶解、反应、固着。湿度较大的废热气，由蒸箱后面的排气管排出。

2. 长环常压高温蒸化机 对于采用分散染料印花的化纤织物，需要在常压高温条件下进行蒸化，因此蒸化箱内采用150～180℃的过热蒸汽。织物在过热蒸汽加热的蒸化机内进行常压高温汽蒸固色的过程，可划分为四个阶段。

第一阶段为织物吸湿升温阶段。在此阶段中，过热蒸汽在常压下大量冷凝，使蒸化箱内湿度提高，织物温度在2s内迅速上升到100℃（此时过热蒸汽在大气压下冷凝）。

第二阶段为织物保温降湿阶段。这是由于大部分冷凝水重新蒸发，所以湿度降低而温度维持在100℃左右，此阶段时间为30～60s。

第三阶段为织物升温降湿阶段。剩余冷凝水继续重新蒸发，周围蒸汽继续冷却，随着湿度的逐渐降低，织物温度则逐渐升高，最后温度上升到要求的高温，织物含水率降低到要求的回潮率。

第四阶段为固色阶段。织物保持在要求的固色温度，此时织物与箱内蒸汽达到同样温度，不再发生热转移。

图4－90所示就是常压有底高温蒸化机（有底蒸箱）。容布量为200m，工艺车速为5～40m/min，汽蒸时间为5～40min，汽蒸温度为100～185℃，成环长度为2～3.25m，可作双幅双层汽蒸。机内底部装有直接蒸汽喷管，湿热空气循环如图4－91所示。

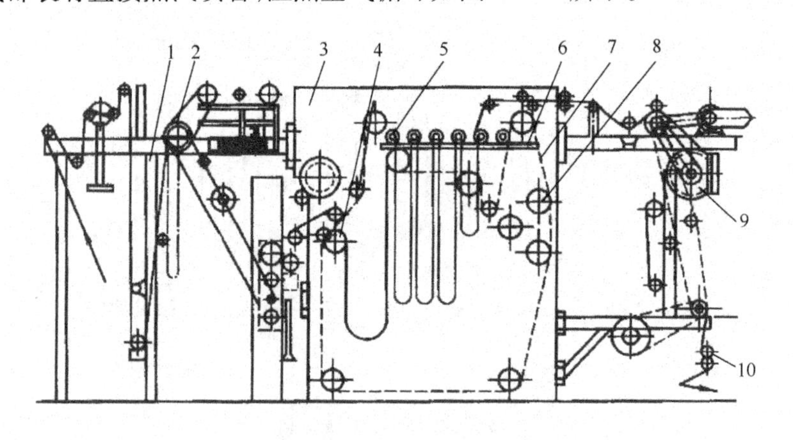

图4－90 有底蒸箱

1—进布装置 2—进布主动辊 3—蒸箱 4—成环装置 5—自转导辊 6—自转导辊轨道 7—链条 8—链轮 9—冷却装置 10—落布装置

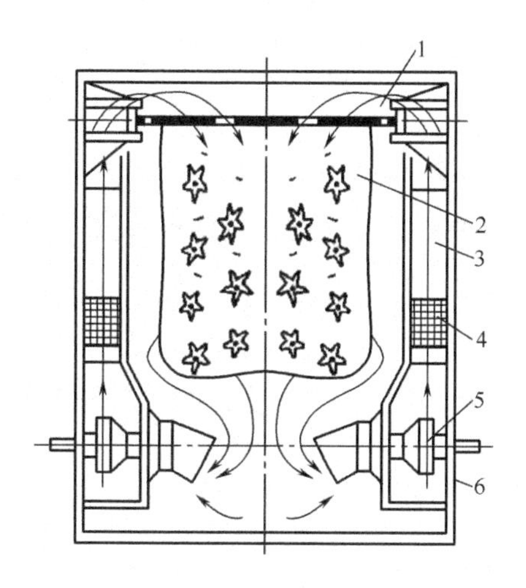

图4－91　湿热空气循环图

1—自转导辊　2—织物　3—风道　4—热油散热器

5—离心式循环风机　6—箱体

经箱体左右两侧共四组离心式风机吸入，由箱体夹壁风道的热油散热器加热，可达185℃，再由箱体顶部两侧喷向织物。当采用饱和蒸汽汽蒸时，热油散热器内不输入加热过的热油。为使箱体顶部保温，防止滴水，顶部装有间接蒸汽加热管。由于蒸汽比空气轻，空气被压向下，经沟道逸出。

图4－92为该机成环机构及织物成环过程图。在蒸箱内左右两侧各有一条环形传动链，节

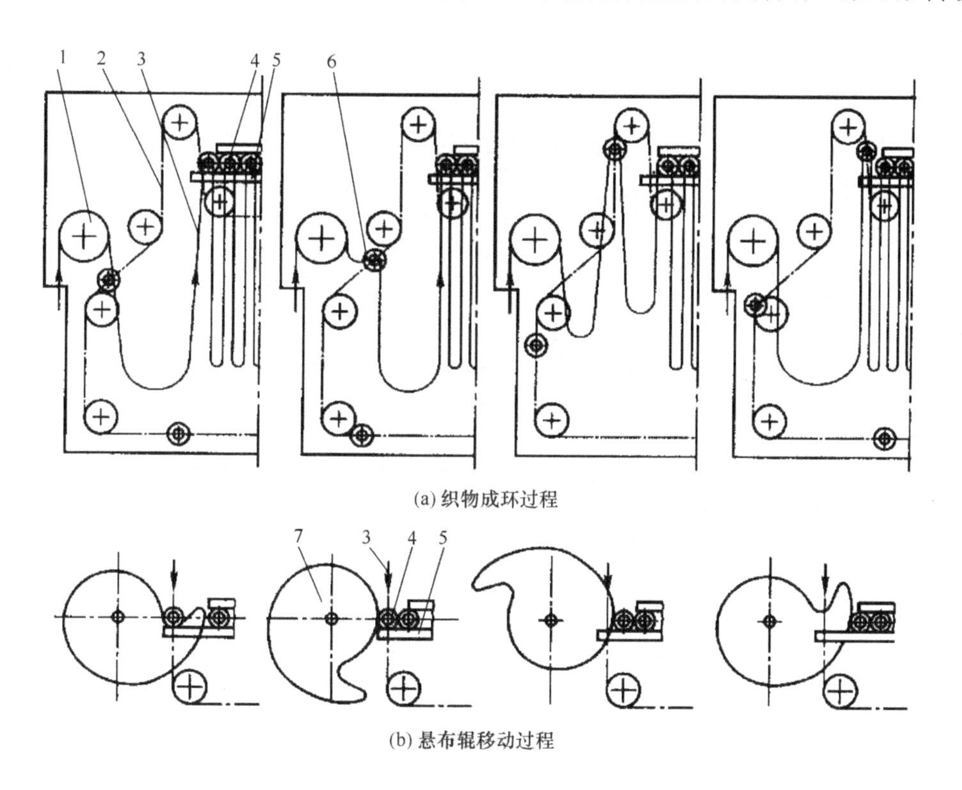

图4－92　成环机构

1—喂布辊　2—环形传动链　3—织物　4—悬布辊　5—导轨　6—夹持器　7—凸轮

距32mm,链上每隔一定距离,对称各装一套夹持器,用以夹持悬布辊。运行时,始终保持下方传动链上有5根悬布辊随传动链运行,导轨上则搁有33根自转悬布辊。当悬布辊通过喂布辊下方,织物被挂于悬布辊上成环,直至悬布辊被送到顶部导轨上,夹持器才将该悬布辊释放,使其与传动链脱离。此时装在导轨进口处的左右两只凸轮回转一圈,将悬布辊推入导轨并使所有悬布辊向前移动一个中心距距离。由于每只悬布辊两端装有滚轮,并在一端装有一只与链条啮合的链轮,因而当悬布辊在导轨上被凸轮推动时,能以很低的速度反方向自转,以自动变换悬挂织物与悬布辊面的接触位置,有利于均匀蒸化。在出布处脱离织物后的悬布辊又依次被夹持器夹持在传动链上,继续循环运行。

成环长度与喂布辊表面速度、传动链线速度以及相邻两套夹持器的间距有关,可根据工艺需要分别调节。

另外,成环装置还有喷汽式、喷液式和引导杆式等型式,但都需要超喂装置进行配合。

3. 无底蒸化机 如图4-93所示为无底长环蒸化机,该机工作幅度有1800mm、2200mm、2800mm三种,速度为20~60m/min,容布量为180m,蒸化时间为3~9min,工作温度为100~210℃,环长为1.5~2.2m。该机蒸化箱箱体为矩形、无底,双层隔板结构。隔板间为蒸汽通道,内置加热器起保温作用,可以避免在箱体上形成冷凝水。由于蒸汽比空气轻,蒸汽浮于蒸箱上部,加上在蒸箱顶部喷出的蒸汽向下排挤空气,使空气很快从箱体底部排出。箱内为高温蒸汽,箱外为室温空气,在箱体底部因箱内蒸汽凝结形成雾层,使蒸箱内的蒸汽与箱外空气隔开,形成一道自然的汽割口,阻止箱内蒸汽外逸和室外空气进入箱内,而织物则从箱体底部自由进出蒸箱。

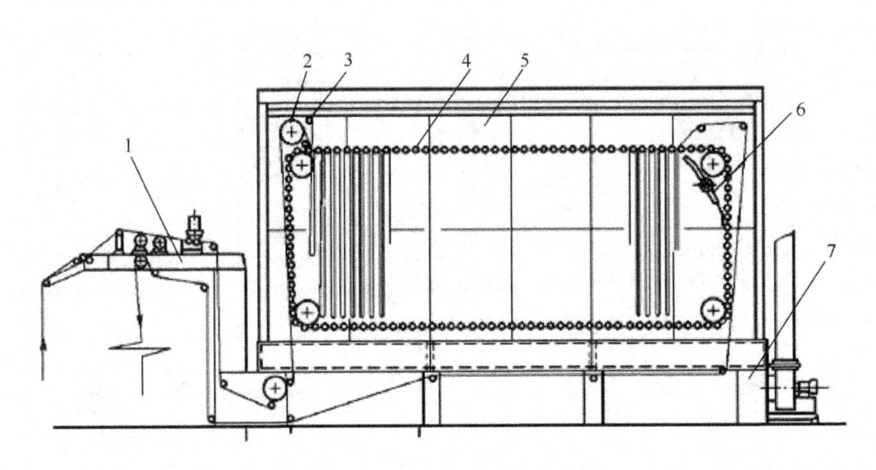

图4-93 无底长环蒸化机

1—进出布装置 2—喂布辊 3—成环引导杆 4—导辊链 5—箱体 6—容布量控制器 7—吸风装置

如图4-94所示,该蒸箱两侧隔板的下部存放软水,有直接蒸汽管对软水加热,使之不断汽化,汽化出来的饱和蒸汽从双层隔板中间上升至顶部隔板,并从中间圆孔中喷出。若需高温蒸化时,夹层内不再加热,由过热蒸汽发生器产生的过热蒸汽直接通入顶部隔板再喷向汽蒸室,蒸化温度可达185℃。在箱内离底部20cm处四周有狭缝式吸气风口,用以排除过量蒸汽及部分空气,以防止蒸汽从其底部向外逸出。

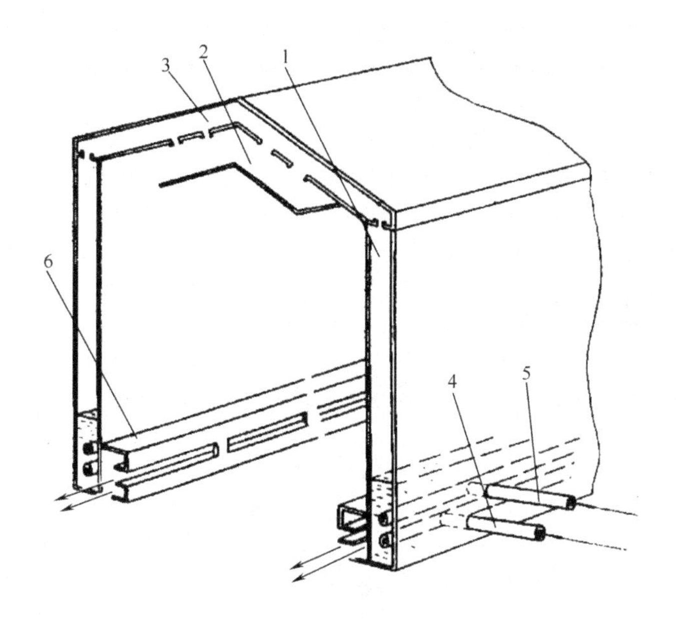

图 4-94　无底蒸化机箱体

1—侧壁　2—挡板　3—夹板　4—直接蒸汽管　5—间接蒸汽管　6—吸风口

该机采用引导杆成环，机内左右各一条环形传动链上等距离安装许多小导辊，传动链做间歇传动，当织物由喂布辊连续喂入时，小导辊停留不动，织物即悬挂在两根小导辊之间，由引导杆从顶部最高位置向下压布，当织物成环长度达到要求时，引导杆触及限位开关，使之回升至顶部停留在最高位置，此时链条即带动小导辊移动一个中心距位置后停留不动，引导杆开始第二次循环。这种成环机构动作比较简单，长度控制方便，运行可靠，成环整齐。

二、蒸化机的操作与维护

（一）准备工作

（1）检查润滑油油箱内的油位和变速箱油位应为 1/3 ~ 2/3 处。

（2）检查齿轮和传动链条的润滑情况，检查控制柜显示是否正常。

（二）蒸化

（1）打开上水泵，并关闭排水阀。

（2）在温度控制器上设定温度、时间、环长。

（3）打开输水器的旁通阀，慢慢打开总气门，然后调整各减压阀，使各蒸汽管压力达到标准值。

①主供汽管压力 4 ~ 6kg/cm^2。

②机箱内部加热管路压力为 2kg/cm^2。

③完全打开启动阀，使顶部盘管压力和主供汽管压力一样，然后打开蒸汽形成箱总汽门，并在调节器 TPV 上调制好蒸汽流速，关闭输水器旁通阀。

(三)焙烘

(1)打开供油管和回油管总阀门,使三通阀处于温度调节器的控制下。

(2)设定好温度、时间、环长。

(3)当各项工艺条件达到以后,用引布运行15min。

(4)引入印花织物,织物两端不能打结。

(四)停车

(1)停车前应先准备好引带。

(2)停车时应先关闭下列阀门:软水、蒸汽、热油、压缩空气。打开水循环箱排水阀,然后打开进空气装置和烘室门,当烘箱完全干燥后停车。

(3)提出设备检修计划和要求。

单元5 整理机械

本单元重点:

1. 掌握整理设备的类型和特点。
2. 掌握热风拉幅机的分段。
3. 了解热溶染色机各加热部分的作用。
4. 了解摩擦轧光辊与电光辊、轧纹辊的区别。
5. 了解轧光设备操作方法。
6. 掌握预缩机的工作原理。
7. 掌握磨毛机的调整方法。
8. 了解起毛机起毛的工作原理。
9. 了解机械柔软机的组成。
10. 了解涂层的方法。

织物整理是改善织物外观、手感和增进服用性能的工艺过程,以增加产品的附加值。按整理目的和效果分类有稳定织物形态的整理(如拉幅、预缩、热定形等)、改进织物外观的整理(如增白、轧光、电光、轧纹、磨绒等)、改善织物手感的整理(如柔软、硬挺、防皱等)、赋予织物特种服用性能的整理(如防蛀、拒水、防毒、抗菌等);按整理方法分类则有物理—机械整理(即利用水分、热能的物理作用与挤压力、拉伸力等机械作用来完成的)和化学整理(即通过施加化学整理剂,使之与纤维发生化学或物理化学的反应)两大类。

棉与涤棉混纺机织物经练漂、染色及印花加工后,织物幅宽收缩变窄、长度增加、手感粗糙、外观欠佳。为使织物恢复原有的特性,并在某种程度上获得改善和提高,一般要经过物理—机械整理,人们往往把这种物理—机械整理称为一般性整理,几乎所有的织物成品为了符合工艺要求,都要经过这种整理的部分或全部过程。织物一般性整理的效果大多属于暂时性整理。随着化学整理工艺的发展以及人们对高档产品的需求,多以物理—机械整理与化学整理结合进行，以获得耐久性整理效果。

一、拉幅机的类型与工作原理

拉幅整理的主要作用是提高织物门幅的整齐度，调整经、纬纱在织物中的状态，使纬斜得到纠正，避免织物在穿着过程中的变形。其原理是利用天然纤维织物在给湿条件下所具的可塑性，将织物门幅逐渐拉宽至规定的尺寸，并进行烘干稳定处理。

（一）热风布铗拉幅联合机

图4－95所示热风布铗拉幅机适用于棉织物的轧水拉幅整理和较高品级棉织物的增白和上浆拉幅整理。干织物平幅进布后，先经浸轧清水或整理液，再经四辊整纬装置纠正纬斜后，由单柱10只烘筒预烘至一定含湿率（一般棉织物控制在15%～20%），然后由布铗拉幅烘燥机的布铗夹持织物两边进行拉幅烘燥。

布铗拉幅机的拉幅部分包括布铗链条、链条导轨、调幅机构、开铗装置、链盘及其传动装置等部件。

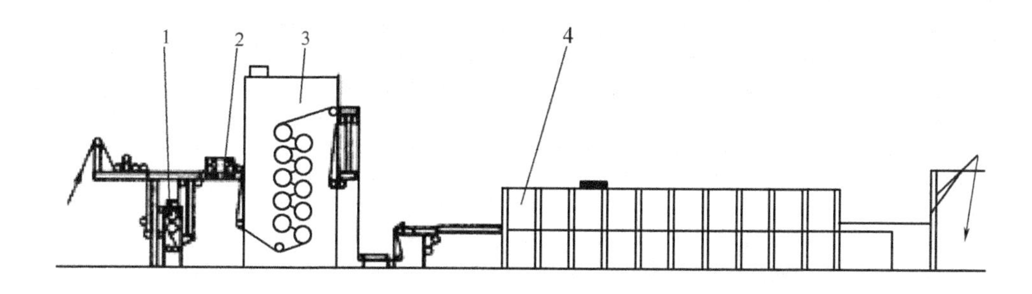

图4－95　热风布铗拉幅联合机

1—两辊浸轧机　2—四辊整纬装置　3—单柱烘燥机　4—热风拉幅烘燥机

左右两条布铗链的运行导轨是由多段相连而成，各段左右导轨之间的开档距离可各自通过转动调幅丝杆进行调节。在进布端进烘房前的一段导轨为第一段，它与烘房内第一节导轨处设有铰链接头，使进布端的开档距离可较小，以适应进布幅宽，以后逐渐伸幅，达到工艺要求的幅宽。进布处在左、右导轨的内侧装有探边装置，可使进布导轨自动追随织物，保证织物两边布铗夹持的宽度尺寸均匀一致。烘房内的导轨作为第二段，它由多节导轨刚性连接而成，左、右导轨间距由多根调幅丝杆同步调节，保持左右布铗间距离在烘房范围内一致。第三段为出布导轨，它与烘房出口一节导轨组成铰链联结，可使出布间距逐渐减小，便于织物脱铗，出布导轨长约2m，导轨上左、右各装有一套变速传动箱，同步传动布铗链盘，带动左、右布铗链同步运行，并有开铗装置，将布铗打开，使织物脱离布铗铗口。热风布铗拉幅机烘房温度为90～110℃，热源为蒸汽或城市煤气，布速为40～60m/min。

拉幅机区段划分如图4－96。可划分为：

（1）喂布区：织物上铗或上针的区段。

（2）过渡区：位于喂布区和加热区之间，织物逐渐承受张力的区段。

（3）加热区（烘房）：织物升温、保温的区段。

(4)烘燥区:加热区的前段,去除织物上过多的水分的区段。

(5)定形区:加热区的后段,即织物达到定形、固色或其他整理所需温度的区段。

(6)冷却区:位于加热区和出布区之间,织物受到强制冷却或自然冷却的区段。

(7)出布区:织物脱离布铗或布针的区段。

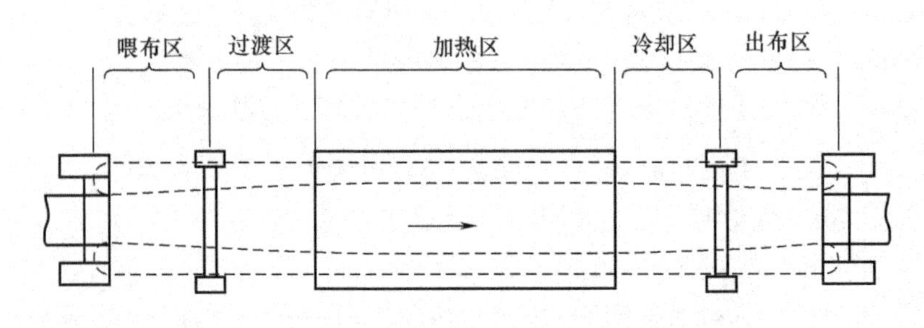

图4-96 拉幅机区段划分示意图

(二)热风拉幅定形联合机

图4-97所示热风拉幅定形机是一种多功能设备,采用针布两用铗,烘房温度在100~220℃范围内可调,当采用布铗和烘房温度控制在100℃时进行拉幅烘燥工艺;当采用针铗和烘房温度控制在180~210℃范围时进行热定形工艺。

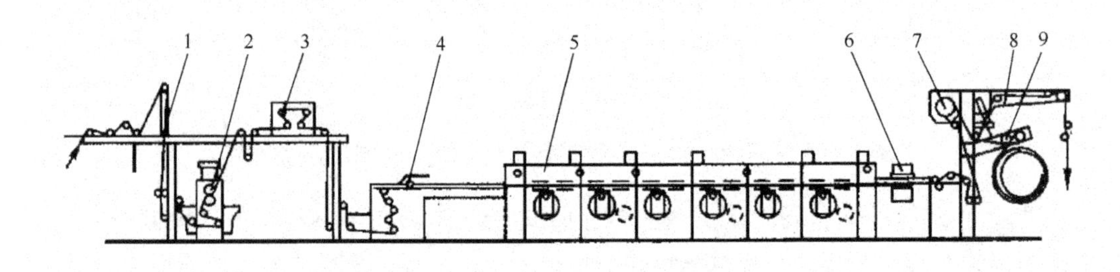

图4-97 热风拉幅定形联合机

1—进布装置 2—二辊浸轧机 3—整纬装置 4—进布伸幅部分 5—烘燥(定形)部分
6—喷风冷却装置 7—冷水辊 8—折叠落布 9—打卷装置

该机主要结构特点有:

1. 进布伸幅部分

(1)针、布两用铗链结构及其转换。图4-98所示为针、布两用铗及轨道的截面图。在进布轨道左右各有一套针、布铗凸轮转换机构,能自动将布铗或针铗转换到工作位置或非工作位置上。图中左侧表示布铗在工作位置上夹持织物运行,右侧则表示针铗在工作位置上握持织物运行。针、布两用铗链的铗座用铝合金压制而成,用圆柱销与套筒滚子链相连接,每个连接处,装有密封式滚动轴承,使链条运行轻便灵活。两用铗链与轨道接触处有石墨条作滑轨。

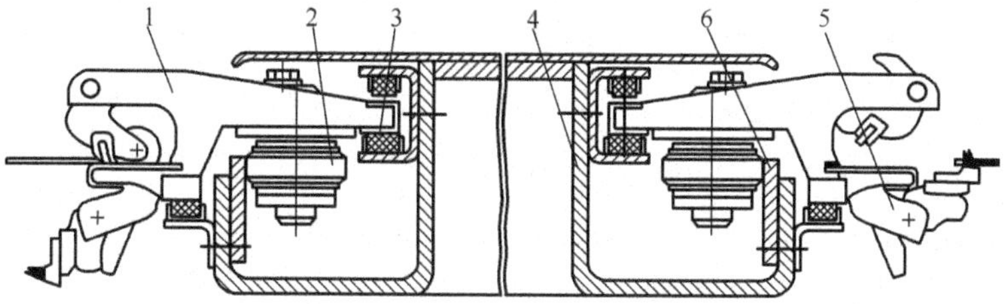

图4-98 针、布两用铗链及轨道截面图

1—布铗 2—滚子链 3—润滑条 4—导轨 5—针铗 6—石墨条

(2)剥边器及探边装置。当使用布铗时,采用二指剥边器,当使用针铗时,采用三指剥边器,在左、右进布轨道上各装一套,由交流电动机传动,剥边器的指形辊与织物同向运行,螺距为8mm,材料为铝合金。

探边装置采用光电式红外探边自动调节装置。这是一个大功率随动系统,它是由光、机、电结合的高技术产品,探头采用红外传感器,可不接触织物来检测进布处不断随机变化的织物两边位置,并输出信号,信号经过控制器和驱动器处理后,用以自动调整轨道的位置,从而保证布边的握持宽度均匀一致。这种红外传感器不受外来光的干扰,也不会因织物色光、厚薄、织纹不同而产生错误动作。

2. 烘房 烘房为小循环积木式,每节长1.5m,共10节,进出布区各有一间长480mm的缓冲室。加热区在烘房操作侧下方,循环风机在其对侧下方,热风房上下分隔,排风口位于操作侧顶部。每节烘房有一只离心式循环风机,风机有两档转速,风量相应为16500m^3/h和33000m^3/h。通过上、下两组喷风管从喷口喷出,可通过调节活门使上、下喷口的风量实现无级分配,造成气流在喷风区形成适当的气垫。每组喷风管均可随意拉开或合拢,并可方便地从烘房中取出,便于清扫和维修。每节烘房装有两层滤网,清洁时无需停机就可拉出一层进行清扫。每两节烘房配一套燃烧器及独立的温度控制系统,调温范围为100~220℃,烘房内左、中、右温差<5°热源为燃气,也可采用其他热源如高温导热油、电热、蒸汽等。

3. 出布部分 出布轨道上下各装一组冷风喷风管,风量分配由风门调节,再有一只直径为570mm的不锈钢冷水滚筒。经热定形的织物,需先经冷风和冷水滚筒冷却降温,布面温度<45°,然后卷装落布或折叠落布。

二、轧光、电光及轧纹整理设备的工作原理

轧光、电光及轧纹整理实际上是一种织物的表面定形处理,均属织物外观整理,前两种以增进织物光泽,使织物紧密平滑为主要目的,后者则使织物具有凹凸不平的立体花纹或产生局部光泽效果。根据织物品种、用途的需要,轧光还可达到防绒、透湿防水等效果。

(一)轧光机

纤维在湿、热条件下,具有一定的可塑性或热塑性,经轧光整理后,纱线被压扁,耸立的纤毛被压服在织物的表面,使织物变得比较平滑,降低了对光线的漫反射程度,从而增加光泽。不同

的轧压力和轧压温度,可获得不同的轧光效果。例如,当采用热压时,使织物表面获得平滑、均匀和一定程度的光泽;当采用轻热压时,使织物手感柔软,但不影响纱线的紧密度;当采用冷压时,则使纱线压扁,排列更紧密,从而封闭了织物的交织孔,使织物表面平滑,但不产生光泽等效果,所以加热程度和轧压力大小等工艺参数,应按整理要求不同而选用。

轧光机主要由机架、轧辊、加压机构、传动装置、加热系统和进出布装置组成。有三辊、五辊、六辊和七辊等多种机种。轧辊分硬辊和软辊两种。硬轧辊为金属辊,一般为加热辊,有电加热、蒸汽加热或油加热等多种形式;软轧辊一般为尼龙辊、棉花辊和羊毛纸辊。轧光机的整理效果,很大程度上取决于轧辊辊面材料、轧压力及温度,利用软辊与硬辊轧点的不同组合以及压力、温度、穿布方式的变化。轧光整理方法可归纳为普通轧光(平轧光)、摩擦轧光和叠层轧光三大类。

1. 普通轧光机 普通轧光机可由 3 ~ 6 根软、硬轧辊组成多种软、硬轧点,以适应不同织物整理的需要。习惯上,织物通过硬轧点(即硬辊与软辊组成的轧点),称为平轧光;通过软轧点(即两根软轧辊组成的轧点)则称为软轧光。平轧光和软轧光广泛用于棉织物和涤棉混纺织物作为改善外观风格的整理,既可获得平滑效果,又可达到微熨烫和增强手感的目的。普通轧光机又可作为涂层整理的前处理工序,以防止涂层浆的渗透,并可改善涂层表面的平滑性。

2. 摩擦轧光机 摩擦轧光是由于摩擦辊的表面线速度大于通过轧点织物的线速度,使织物表面受到摩擦而取得磨光效果,从而产生强烈的光泽。同时,织物交织孔因纱线压扁而显著减少,故表面光滑。

摩擦轧光机一般为三辊轧光机,上、下两根为硬轧辊,中间一根为软轧辊。上面一根硬轧辊为摩擦辊,是经镜面抛光的镀铬钢辊,辊内有加热装置。摩擦辊与软轧辊构成摩擦点,下面的硬轧辊则与软轧辊构成硬轧点,织物先经硬轧点再经摩擦点。摩擦辊与软轧辊均为主动辊,但摩擦辊的表面线速度大于织物线速度,两者线速度之比最大可达 4:1,常用速度比为(1.3 ~ 2.5):1。摩擦辊的温度通常为 100 ~ 120℃,织物含水率控制在 10% ~15%。

3. 叠层轧光机 叠层轧光系有多层织物同时通过同一轧点经受轧压,利用各层织物间的相互揉搓作用,使织物的织纹清晰、手感柔软、光泽柔和。府绸类织物经叠层轧光后,可改善其府绸效应(经纱组织织纹更显凸出)。

叠层轧光机一般有 5 ~7 辊,另外配备一组装有6 ~10套导辊的导布装置,其穿布方式如图 4 –99 所示。先将织物按常规顺序通过各轧辊间的轧点,在穿出最末轧点并穿过导布装置后,又重新顺序通过轧辊间各轧点,这样循环往复 3 ~6 次,在每个轧点上就可有 3 ~6 层织物同时受到挤压作用。

(二)电光机

电光整理是使织物通过表面刻有密集细斜线(5 ~20 根/mm)的加热辊(称为电光辊)与软轧辊组成的轧点,经轧压后,织物表面形成与纱线捻向一致的平行斜纹,对光线呈规则地反射,给予织物如丝绸般的光泽。细斜线的密度、倾斜方向及角度,与织物的结构、纱线的捻向及捻度

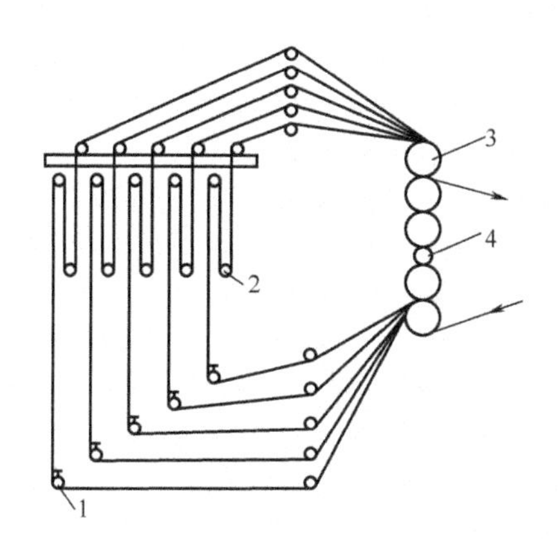

图4－99 叠层轧光穿布示意图

1—齐边导辊 2—张力滚筒 3—纤维轧辊 4—加热硬轧辊

相配合。例如，横贡缎为纬纱浮长所覆盖，应以纬纱的捻向为主，一般采用25°左右的刻纹线；直贡缎由经纱浮长所覆盖，则应以经纱的捻向为主，采用65°～70°的刻纹线；至于平纹组织的织物，经纱与纬纱的浮长相等，一般用25°或70°的斜度刻纹线。

电光机一般为两辊式，上辊为电光辊，下辊为羊毛纸辊，由于工艺要求在160～180℃温度下轧压，电光辊常采用辊内电加热结构。加压装置一般采用油缸下加压方式。

（三）轧纹机

轧纹整理利用刻有花纹的硬轧辊来轧压织物，使织物表面产生凹凸花纹效果。根据轧纹滚筒刻制花纹和配置软辊方式不同，分为轧花与拷花两种设备。

1. 轧花机 轧花亦称凹凸轧花，轧花机一般为两辊式，由加热钢辊与纤维软辊组成一对母子辊。加热钢辊表面刻有阳纹花纹，凸纹高度为0.9～1.4mm，纤维软辊表面则轧出与硬辊凸纹相吻合而深度稍浅的阴纹花纹（深0.4～0.7mm的凹纹）。加热钢辊周长小于纤维软辊，两者保持一个整数比，一般为1:2或1:3，以确保轧压织物时，凸纹与凹纹精确吻合。经树脂初缩体处理过的纤维素纤维织物，在焙烘前进行轧花，以及含热塑性纤维的织物，经过轧花整理后都能获得耐久性的凹凸花纹。

2. 拷花机 拷花又称轻式轧花，拷花机的加热钢辊表面所刻花纹的刻制深度较浅（即凹凸纹较浅），而高弹性软辊表面则平整无花纹，故织物通过轧点时，仅织物接触凸纹或凹纹钢辊的一面产生花纹效果。为防止钢辊上的花纹在弹性软辊上产生凹痕，除了采用较轻的轧压力外，硬辊与软辊直径（或周长）之比不能成整数比。

（四）多功能轧光机

1. 立式三辊轧光机 如图4－100所示，该机织物速度为5～250m/min，线压力为500～3000N/cm，加热辊最高表面温度为250℃，加热形式采用蒸汽、燃气、导热油、电加热等。该机采用不同的穿布方式可使织物获得不同的轧光效果。若将最上面一根纤维轧辊调换成电光辊或刻纹辊，便可进行电光整理或轧纹整理。

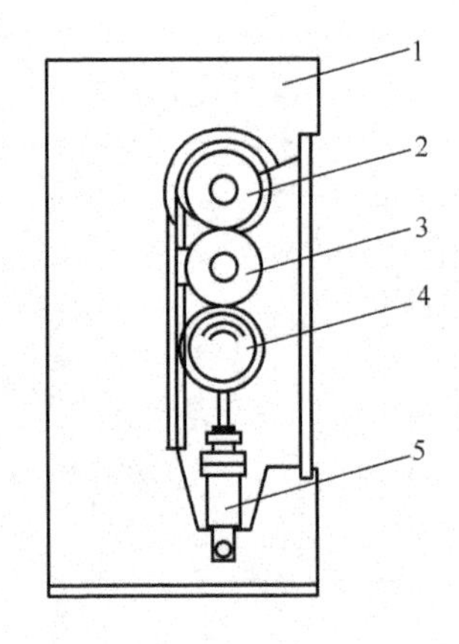

图 4-100　立式三辊轧光机

1—墙板　2—纤维轧辊　3—尼龙液压均匀轧辊　4—加热钢辊　5—加压油缸

2. L 型三辊轧光机　L 型三辊轧光机的三根轧辊构成直角排列，如图 4-101 所示。

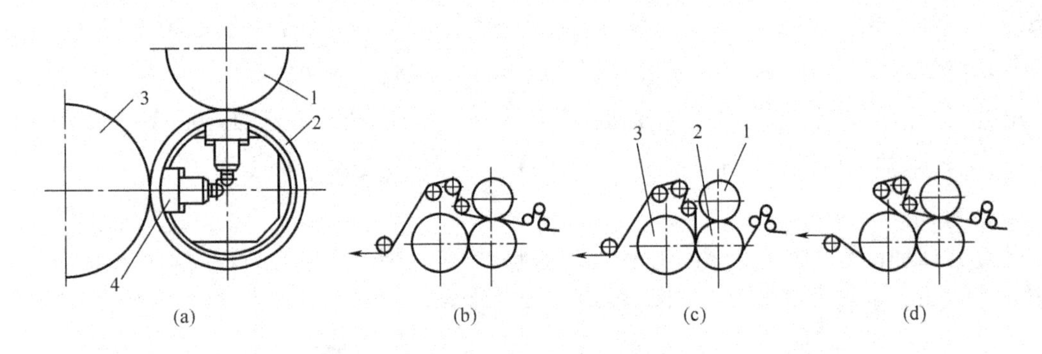

图 4-101　L 型三辊轧光机

1—加热钢辊　2—聚酰胺均匀辊　3—弹性轧辊　4—静压轴承

顶辊 1 为加热钢辊，中间辊 2 为聚酰胺均匀辊，其芯轴上的静压轴承分布在互成 90°的两个平面内，如图 4-101(a)所示，辊 3 为弹性轧辊(为棉质纤维轧辊)。根据不同的穿布方式，可获得不同的整理效果。图 4-101(b)表示织物在加热钢辊和中固辊之间通过，可获得高光泽度；图 4-101(c)表示织物在棉纤维轧辊与中固辊之间通过，达到消光整理的效果，织物手感柔软和丰满；图 4-101(d)表示织物通过两个轧点，施加不同的压力，既可获得需要的光泽，又能达到手感柔软和丰满的目的。

可分区控制辊是一种活塞式可控中高轧辊，其结构原理如图 4-102 所示。

辊轴固定不转，聚酰胺滚筒体支撑在辊轴两端的滚动轴承外环上进行转动，辊轴上每隔 200～300mm 设置一个蘑菇状的静压活塞油缸。当活塞内通入压力油时，活塞上升对辊筒体施加压力，使一对啮合轧辊的自然挠曲得到补偿，各活塞油缸的油路，沿轴向分三段独立进行控制，可通过控制油压大小来调节和纠正沿织物幅度方向的轧光效果均匀性。活塞内有四个小孔径的恒节流孔和相应的油腔，压力油经过恒节流孔和油腔，在自活塞与滚筒体间的空隙逸出，形

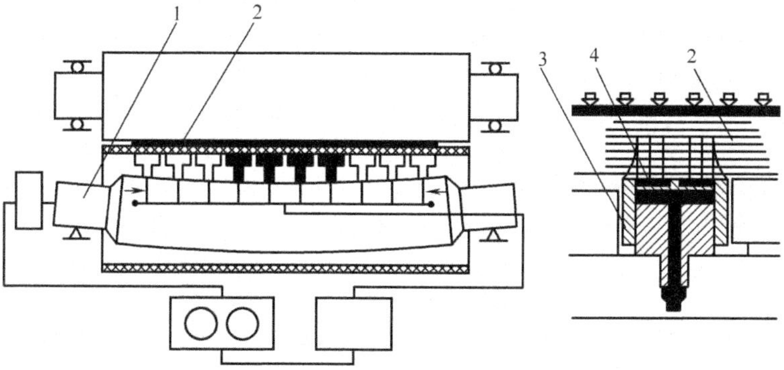

图4-102 液压活塞式可控中高轧辊

1—辊轴 2—滚筒体 3—静压活塞 4—液压油膜

成泄油隙,并自动保持平衡,使辊轴与滚筒体之间形成一层受控的油膜,滚筒在回转过程中不会与活塞接触。聚酰胺辊辊面为乳白色,硬度为HSA92,由于其压缩回弹性好,即使织物缝头通过也不会损伤轧辊。但聚酰胺辊耐热性较差,与200℃以上的加热辊接触,硬度会下降,因而有采用从辊内通冷水冷却或从外部对聚酰胺辊吹冷风冷却等措施。

为确保轧光设备安全运行,各轧光机上均设有金属探测、缝头探测和紧急停车等装置,用以保护纤维辊、聚酰胺辊不受损坏。

三、轧光机的操作与维护

(一)轧光机的操作

(1)轧光机开机前检查尼龙辊、镜面辊上是否有杂物。

(2)轧光机进布前必须验布,确认布面无杂物,所有布头、接头必须缝合后才能上机。

(3)打开电源,检查所有电器开关工作是否正常;根据工艺要求调节好油泵压力,先启动轧辊,再加压;打开拨边罗拉和对中装置,调节轧辊速度至工艺值。

(4)在工作状态时,当接头、破洞通过轧辊时必须按"点动卸压"按钮,跳过接头、破洞处,防止轧辊出现压痕。

(5)轧光机需要高温轧光时,需要先设定工艺温度再加热升温。

(6)轧光机生产中遇到紧急情况需停机时,迅速按住机器前后及两侧的红色"安全急停"按钮。

(7)轧光结束后,必须将轧辊升温到100℃,点压调至18MPa,磨压轧辊2h,完毕后降温到40℃,按"卸压"按钮停机,关掉主机电源。

(二)轧光机的维护

(1)纤维轧辊表面产生低于1mm的低凹处。开空车,适当加压、加温,再加少量淡碱液运行压轧一段时间。

(2)加压装置失效。应检查:

①各加压装置传动轴、螺杆、螺母、液压系统等零件使用是否良好。

②轧辊轴承座与机架滑道上下滑动是否断油。

(3)织物跑偏。应检查:

①进布织物两边张力是否一致,是否有荷叶边。

②各轧辊水平度、平行度是否标准。

③各轧辊两端压力是否均匀。

④各轧辊是否呈椭圆或圆锥形。

⑤轧辊轴是否磨损或断油。

(4)各轴承、传动件每年检查一次,定期加润滑油。

四、预缩机的类型与工作原理

织物在湿、热情况下的尺寸收缩现象分别称为缩水性和热收缩性,统称为收缩性。收缩性不仅会降低织物的尺寸稳定性和外观,而且还会影响穿着舒适感。

机械预缩整理的目的是使织物原来存在着的潜在收缩在成品前就让它预先缩回,达到产品规定的缩水率标准,以减少在穿着过程中浸水后的收缩。棉织物经机械预缩整理后,缩水率可以降低到1%以内,并由于纤维、纱线之间的相互挤压和揉搓,织物手感的柔软性也会得到改善。

下面介绍几种橡胶毯机械预缩整理机,主要适用于纤维素纤维机织物的预缩整理。

常用的橡胶毯机械预缩整理机有三种:

第一种为简易式,它由进布装置、蒸汽给湿装置、三辊橡胶毯压缩装置和落布装置组成,总长仅6m左右。由于预缩后未经定形,织物缩水率的稳定性比较差,目前主要用于涤棉混纺织物,作为改善手感的整理;第二种称全防缩型;第三种属专用型。

(一)全防缩型预缩整理联合机

图4-103所示为全防缩型预缩整理联合机的一种。该机机械车速10~100m/min,常用工艺车速为35~55m/min,采用数字式显示仪直接指示织物预缩率。该机工艺流程为:

平幅进布→给湿→汽蒸→预烘→短布铗拉幅→橡毯预缩→呢毯整理→平幅落布。

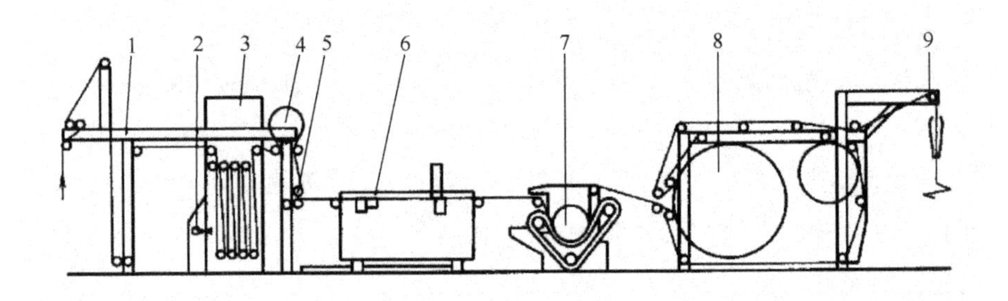

图4-103 全防缩型预缩整理联合机

1—进布装置 2—给湿装置 3—汽蒸室 4—烘筒 5—整纬装置
6—布铗拉幅装置 7—橡胶毯预缩机 8—呢毯整理机 9—落布装置

全防缩类型的预缩机由于装置了给湿、短布铗拉幅、(或J型堆置箱)及呢毯湿热定形等关键工序,故加工后各类厚薄织物的下机缩水率能稳定在2%以内。存放三个月后基本上无回伸现象,下机缩水率和服装缩水率的差异减少到0.5%~1%,织物预缩率达到16%。

1. 给湿装置 为使织物获得良好的预缩率,在预缩前必须充分给湿,使每根纱线都润湿,预缩率就易达到要求。一般棉织物其含湿量控制在10%~15%,厚重织物控制在15%~20%,给湿越匀透,预缩效果越好。目前采用的给湿装置有下列几种:

(1)喷雾给湿装置。有两种基本形式,一种是利用压缩空气经喷气管将水槽中从锯齿形沟槽流下的水帘吹成细雾喷向织物,此法喷雾量大、给湿较均匀并可调节;另一种是利用高速旋转的圆盘,使水槽中落下的水形成雾状,切向甩出对织物给湿,此法适用于给湿量较低的织物。

(2)汽蒸与喷雾给湿结合式。织物经喷雾给湿后在汽蒸箱内穿行,箱内有3根直接蒸汽喷管,做成夹套形式。在做厚织物和某些吸湿性较差的织物时,可提高其渗透吸湿效果。

(3)蒸汽转鼓给湿。蒸汽转鼓给湿是一种较新型的给湿方式。不锈钢转鼓直径为600mm,其左右两端面有环形夹套,转鼓表面镶嵌着不锈钢丝编织网,蒸汽由转鼓轴芯进入环形夹套,然后从金属网喷出。由于金属网外面包覆着多层包覆织物,所以喷射到被加工织物上能沿织物幅面均匀渗透,获得较佳的给湿汽蒸效果。

2. 短布铗拉幅装置 在织物进入三辊橡胶毯预缩机前,先经过短布铗拉幅,其目的是使给湿后的织物经拉幅而达到工艺所要求的幅宽,从而能较平整而无折皱地进入三辊橡胶毯预缩机,同时也能根据工艺要求调整织物的喂入速度和经、纬向张力。

短布铗拉幅装置由进布辊、扩幅辊、布铗链及出布辊等组成,底部装有滑轮,可以在底轨上前后移动。

3. 三辊橡胶毯预缩机 三辊橡胶毯预缩机的结构组成及工作原理见图4-104。图4-104(a)中,具有一定厚度的弹性无接缝环状橡胶毯,包绕在进布加压辊、出布辊和张力调节辊的外围,工作时,加热承压辊下降到图示位置,橡胶毯保持在适当的张力下循环运行。橡胶毯经过进布加压辊与加热承压辊之间的受力变形情况如图4-104(b)所示。橡胶毯包绕于进布加压辊上时,其外弧伸长,内弧压缩($a>b>c$),当橡胶毯运行到包绕于加热承压辊上时,原来伸长的外弧段转变为受压缩的内弧a'($a'<b'<c'$),由于中心层b段长度不变(即$b=b'$),这就形成了$a>a'$现象。同时橡胶毯进入轧点时,受到压缩而变薄伸长,出轧点后自行收缩并逐渐恢复到原来厚度,于是产生了向承压辊方向的挤压力,从而加大了对织物的压缩作用。经给湿的织物自轧点处进入承压辊与橡胶毯之间,随橡胶毯由拉伸部分转入收缩部分,从而获得预缩效果。

织物通过橡胶毯式预缩整理机产生预缩作用是由两个因素决定:

(1)由于橡胶毯在加压辊和承压辊之间被挤压伸长后产生的反弹收缩力;

(2)含有一定水分的织物进入高温承压辊表面与同时起收缩和密封作用的橡胶毯之间,迫使部分被汽化的水分进入纤维内部,使纤维空腔急速膨胀,经纱屈曲增大,使织物内部产生收缩应力,并借助橡胶毯的反弹力控制其收缩量。

加压辊直径与橡胶毯厚度需合理配置,因为橡胶毯有一定的弹性极限,过大的形变会造成橡胶毯内部分子链断裂而迅速损坏。一般其形变率极限为30%左右,所以不同直径的加压辊,

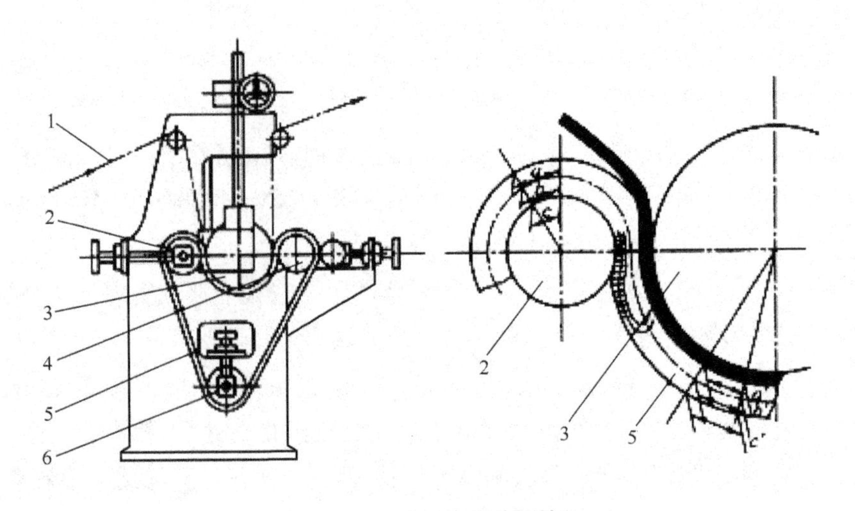

图4－104　三辊橡胶毯预缩机

1—织物　2—进布加压辊　3—加热承压辊　4—出布辊　5—环状橡胶毯　6—张力调节辊

所配橡胶毯的厚度不同,例如直径为150mm的加压辊,橡胶毯厚度≤50mm;直径为200mm的加压辊,橡胶毯厚度≤67mm。

织物实际预缩率与织物含湿率、加压辊压力,承压辊的直径和温度、橡胶毯的厚度和硬度以及车速等诸多因素有关,其中以橡胶毯厚度和承压辊直径的影响为最大,橡胶毯越厚、承压辊直径越小则加压力越大,预缩效果越好。目前常用橡胶毯厚度有50mm和67mm两种,硬度均为HSA40,承压辊直径有500mm(用于厚50mm橡胶毯)和600mm(用于厚67mm橡胶毯)两种。

4. 呢毯整理机　呢毯整理机是预缩整理联合机必不可少的主要组成单元,其作用是对经三辊橡胶毯预缩的织物进行烘干、定形,以保证织物的下机缩水稳定性,并可改善织物手感和消除织物表面极光。

呢毯整理机也称呢毯烘燥机。主要由呢毯大烘筒、呢毯小烘筒、呢毯张紧及整位装置等组成。呢毯大烘筒直径有1500mm、2000mm、2500mm三种,采用夹套蒸汽加热结构,其主要作用是使织物紧密地夹在烘筒与呢毯之间,在热的作用下对经过预缩的织物进行烘干定形。

呢毯小烘筒直径一般为1000mm,采用蒸汽加热、虹吸排水的不锈钢烘筒结构。其作用是烘燥循环呢毯,使呢毯保持干燥的工作状态。

呢毯是靠张紧装置和整位装置来保证其紧压在烘筒表面上正常循环运行。呢毯张紧装置采用左、右各一套气缸控制,可同时张紧呢毯两侧,有齿条机构,确保左右两侧张紧力一致,呢毯整纬装置也称呢毯偏移纠正装置,当呢毯跑偏时,通过探边传感器来自动控制呢毯整位辊倾斜,使呢毯恢复到正常工作状态。对呢毯的质量要求较高,在工作状态下必须具备不变形、不老化、左中右的径向伸长率相同、耐温、耐湿等特性。目前采用较多的是厚度为6mm的涤纶针刺毯,这种合纤针刺毯具有耐热性好、尺寸稳定性好以及易于烘干等特点。

(二)阻尼预缩机

这是一种对圆筒针织物在平幅双层状态下,施加纵向挤压,迫使线圈纵向缩短和横向扩大,从而使织物获得预缩的机械。适用于薄型棉毛、弹力罗纹等针织物的预缩。阻尼预缩机有双阻尼型和单阻尼型两种形式，双阻尼预缩机是采用双挤压区分段阻尼预缩，操作调整较方便，机械预缩率最大可达25%（一般第一区完成预缩量的65% ~75%，其余在第二区完成），可使圆筒针织物的上下层布面都得到预缩整理。单阻尼预缩机采用一次挤压预缩，结构紧凑，两面色差小，机械预缩率最大为18%。图4－105为双阻尼预缩机，其工艺流程为：

坯布缝头→喂布→超喂扩幅→汽蒸给湿→第一道阻尼预缩→第二道阻尼预缩→胶辊帘输送→落布折叠。

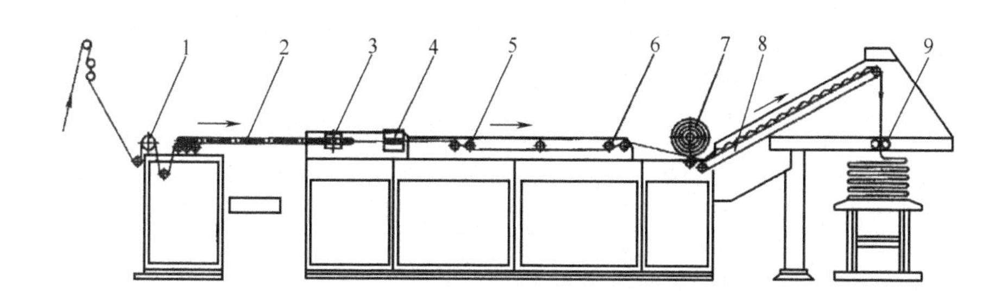

图4－105 双阻尼预缩机

1—进布装置 2—扩幅架 3—超喂轮 4—汽蒸箱 5—第一道阻尼预缩区 6—第二道阻尼预缩区 7—布卷 8—输送帘 9—落布折叠装置

阻尼预缩机主要由扩幅汽蒸、阻尼预缩和传送落布折叠三部分组成，各部分结构特点及工作原理如下：

1. 扩幅汽蒸部分 该部分由喂布辊、扩幅架、超喂轮和汽蒸箱等组成。坯布由进布装置经喂布辊喂入扩幅架，扩幅架上的连杆结构有弹簧装置，在超喂轮的压力下扩幅架的宽度可进行伸缩调节。扩幅架头部有光电控制装置，若遇故障立即自动停机。在超喂轮作用下，织物被喂入汽蒸箱进行汽蒸给湿，汽蒸箱为上下双向式，内装蒸汽喷管，出口处有间接蒸汽管以防滴水。

2. 阻尼预缩部分 该部分主要由喂入辊、阻滞辊和阻尼刀所组成。喂入辊辊面光滑，阻滞辊辊面粗糙，两者均由蒸汽加热，阻尼刀为电加热。喂入辊的表面线速度大于阻滞辊，其速度差一般为20% ~25%。图4－106为两种阻尼预缩机阻尼预缩部分的工作原理图。

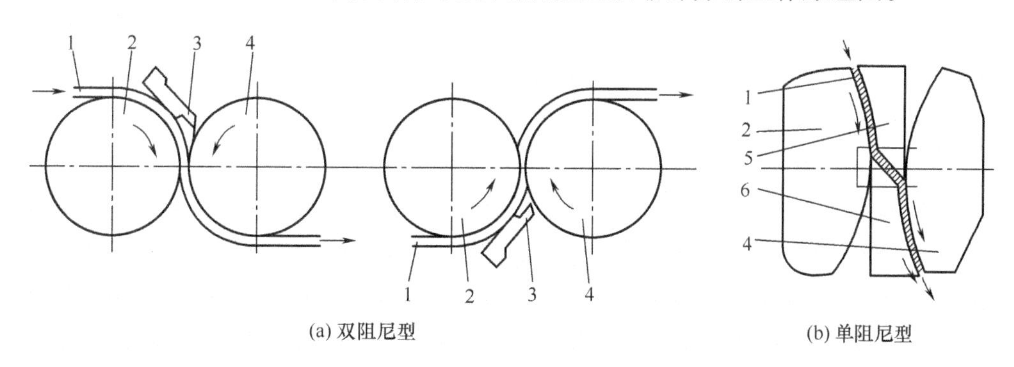

图4－106 阻尼挤压工作区

1—织物 2—喂布辊 3—阻尼刀 4—阻滞辊 5—上阻尼刀 6—下阻尼刀

图4－106(a)为双区阻尼预缩工作原理图，电加热的阻尼刀前端安装在进入两辊轧点之前，阻尼刀凹面圆弧半径比喂入辊半径大0.5mm，阻尼刀与喂入辊之间的空隙，视坯布厚度调节(一般为布层厚度的70%左右)。第一工作区阻尼刀位于喂入辊上方，第二工作区阻尼刀位于喂入辊下方，喂入辊温度控制在110～150℃范围内，阻滞辊温度为100℃，阻尼刀温度为150℃。在预缩过程中，由于织物以大于阻滞辊的速度喂入以及阻尼刀的阻力，使织物在两辊的轧点处受到阻滞、挤压和高温作用，得以纵向缩短和横向扩张。调节两辊的速度差、调整阻尼刀的倾斜角度和阻尼间隙，均可获得所需的预缩效果。织物通过两道阻尼预缩，可使织物上下两层均直接经受阻碍加工，线圈收缩均匀。图4－106(b)为单阻尼预缩机的阻尼挤压工作区，阻尼刀有上、下两组，上阻尼刀为电加热，下阻尼刀不加热，挤压发生在喂入辊与阻滞辊之间的上下阻尼刀刀口处，对织物的挤压量由喂入辊与阻滞辊的速度差来控制。

3. 传送落布折叠部分 该部分由倾斜的胶辊输送帘、落布折叠装置组成。也有采用直接卷绕装置，主要包括卷布辊、气动落卷架及切布刀等。

(三)汽蒸预缩机

图4－107所示汽蒸预缩机适用于针织物、真丝织物等在松弛抖动状态下，以饱和蒸汽进行预缩整理。该机工艺流程为：

超喂进布→抖动汽蒸→抽冷→摆动落布。

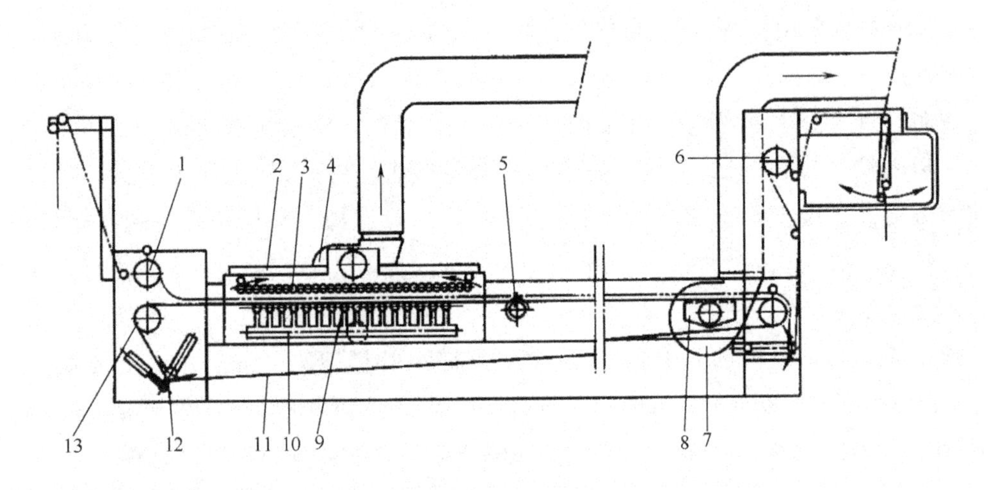

图4－107 汽蒸预缩机

1—超喂辊 2—保温箱 3—蒸汽管 4—排气风机 5—抖动辊 6—出布辊 7—抽冷风机 8—网孔箱 9—蒸汽喷管 10—储气箱 11—网状传送带 12—网带纠偏辊 13—牵引辊

织物由超喂辊以大于网状传送带的线速度送至传送带上，并随其进入汽蒸箱，汽蒸箱分上下两个箱体，下部箱体内有均匀分布的直接蒸汽喷管向上喷射饱和蒸汽，并穿透织物；上箱体内装有间接蒸汽加热管，以保持一定温度，防止产生凝结水滴。由于网状传送带在抖动辊的作用下产生强烈的振动，使织物松弛地抖动，恢复自然状态。织物出汽蒸箱后经过网孔箱抽冷后，织物温度迅速下降到接近室温，最后以无张力状态折叠落布。

该机能使织物达到降低织物收缩率，并使织物丰满的目的。织物获得收缩的因素是：织物的超喂、饱和蒸汽的高温汽蒸、强烈的机械振荡和急骤冷却使织物定形。

五、预缩机的操作与维护

(1)检查预缩机安全装置、电器装置是否安全可靠。

(2)检查预缩机各部件、管道、阀门是否完好,进出布装置、导布带是否处于正中位置。

(3)打开蒸汽总阀门、冷凝水排出阀门、排净管道内冷凝水,待排净后,关闭冷凝水阀门。

(4)打开总电源开关,汽蒸箱排气装置,冷却吸风装置和振荡开关,预缩机预热 15 ~30min。

(5)根据所预缩品种,调整好超喂、车速及蒸汽大小,用引头布装好布匹按操作法操作。

(6)预缩机运转时,操作者不得离开车台,并随时注意预缩机运转状况及呢面情况,发现问题及时处理。

(7)预缩完毕,关闭预缩机启动按钮,再关闭排气装置及冷却吸风装置,最后关闭总电源开关。

(8)操作者对预缩机清洁,加油时应停机进行,必要时切断电源。

(9)预缩机上的一切安全装置不得随意拆除。

(10)维修保养预缩机时,不得擅自开动机器。

(11)预缩机的使用注意事项。

①橡胶毯或呢毯的质量。橡胶毯或呢毯的弹性、硬度、摩擦系数、抗疲劳性和耐磨性等都直接影响预缩效果。

②预缩机各单元动作的同步性控制。预缩机同步控制不理想,会引起面料在预缩时发生"伸长或折皱",如发生经向折皱、轧皱和纬斜等疵病,大大影响预缩效果。

③预缩机的在线实时检测和监控装置。预缩过程中必须保持工艺参数的稳定,如给湿率、温度、恒定的车速和稳定的张力等。在线实时检测和监控工艺参数,才能保证每一段面料上预缩效果的一致性,否则易产生落布预缩率不足和门幅窄等疵病。

六、磨毛机的类型与工作原理

磨毛整理是织物绒面整理的一种工艺,也称磨绒整理。是用磨毛辊与织物接触摩擦,使织物表面产生一层短绒毛,经磨毛后的织物厚实、柔软和保暖,并具有良好的仿真效果。主要用于仿毛、仿麂皮、仿桃皮等织物加工。磨毛辊有砂皮辊、陶瓷纤维辊和碳纤维辊等。

(一)磨绒整理机理

当织物紧密接触高速回转的磨毛滚筒时,借助磨辊砂皮上随机排列的金刚砂粒的锋利棱角,首先将纱线中的纤维拉出,割断成 1 ~2mm 长的单纤维,然后靠砂粒的高速磨削,使短纤维形成绒毛,并将过长的绒毛磨平,形成均匀密实的绒面。

(二)影响磨绒质量的因素

磨绒效果不仅取决于磨毛辊数量,还与下列因素有关。

1. 磨料的粒度 一般来说,磨料颗粒硬度越高,越经久耐磨。金刚砂颗粒大(砂皮号数低),起毛长而快,但会使织物强力下降较大;金刚砂颗粒细(砂皮号数高),起毛短而密,手感好且织物强力降低小。所以,轻薄织物宜用高号数粒度的砂皮,而粗厚织物宜用低号数粒度的砂皮。

2. 磨毛辊与织物的接触长度 磨绒时,织物与磨毛辊的接触弧长对织物的磨绒效果和强力损失有较大影响。一般接触弧长在 10 ~ 15mm 范围内,绒毛能基本达到要求。包角越大,磨绒效果越好,但强力下降越大,强力下降以掌握在 15% ~20% 为宜。

3. 磨毛辊与织物运行的相对速度 磨绒时,磨毛辊的表面线速度大大超过织物的运行速度,两者的相对速度越大,越容易形成短、密而匀的绒毛,且绒面较丰满;反之,则形成的绒毛长而稀,且手感也较粗硬。磨毛辊回转方向正反均可,当与织物运行方向相反时磨毛效果虽好,织物强力下降较大,并易起折皱,故应尽量减少反转磨毛辊的只数。

(三)磨毛机

磨毛机主要由进出布装置、磨毛辊、织物传送辊、压布辊、吸风除尘装置等部件所组成。磨毛机按工艺分有湿磨毛机和干磨毛机;按结构特点分有单滚筒式和多滚筒式;在多滚筒式中又可分为卧式、立式和行星式等。目前使用较广的是多辊卧式磨毛机。

1. 卧式磨毛机 图 4 – 108 所示为四辊卧式磨毛机,该机车速为 5 ~ 30m/min,磨毛辊采用棱状木条式,磨毛辊转速有三档(950r/min、1200r/min、1600r/min),主机为全封闭,噪声低,采用吸风除尘大大改善劳动环境。磨毛机各组成结构特点:

(1)进布装置。进布装置除了紧布架、导布辊、吸边器、扩幅辊等通用装置外,还有蒸汽给湿箱和烘筒,根据工艺需要控制布面含湿量。

(2)磨毛主机。磨毛主机包括磨毛辊、压布辊机构、吸尘集尘管道、前后牵引辊及其传动装置。

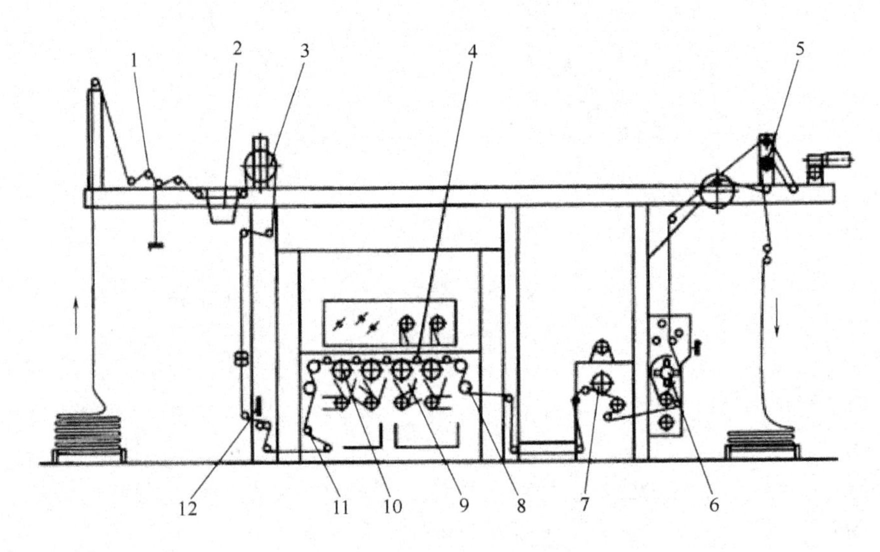

图 4 – 108 四辊卧式磨毛机

1—进布装置 2—蒸汽给湿装置 3—烘筒 4—压布辊 5—落布装置
6—拍打装置 7—反面磨光箱 8—牵引辊 9—吸风管
10—磨毛辊 11—扩幅辊 12—缝头探测装置

主机共有4根棱状木条式磨毛辊，磨毛辊转动时能作横向移动，频率为38次/min，可保证磨毛更均匀紧密，不会产生有规则的绒毛，并可遮盖任何细微的疵点。磨毛辊分别由单独电动机传动，有三档转速可配合不同号数的砂带，可适应多种织物品种的磨毛。前后拖引辊由一台直流电动机经摆线针轮减速器传动，通过PIV变速箱上手轮微量调节，使织物保持一定的张力通过磨毛辊表面。压布辊作为织物的定位补偿装置，安装在磨毛辊上方，可上下移动使织物与磨毛辊间有一定的包角，停机时能使织物自动移离磨毛辊表面，再次开车时能自动回复原位。

(3)反面磨毛箱。反面磨毛箱中织物是反面接触磨毛辊，可满足磨毛工艺的特殊需要。

(4)拍打装置。采用木条拍打辊清除织物上磨毛产生的纤维和粉末，拍打辊设有三档转速(400r/min、600r/min、800r/min)，这种方式比用刷布方式除杂更洁净，而且减少对织物的损伤。

2. 立式磨毛机 如图4-109所示磨毛机的磨毛辊直径为190mm，转速为1000r/min，4根磨毛辊均可正反转，一般取两正两反。织物首先通过一对与其运行方向相反的正转磨毛辊，产生磨毛效果，继而通过一对与其运行方向相同的反转磨毛辊，使织物表面的绒毛更均匀、细致。该机织物速度为5~30m/min，结构紧凑、占地面积小，其吸尘系统先进合理，可从每根磨毛辊处吸去粉尘，经抽吸箱送至粉尘收集装置。

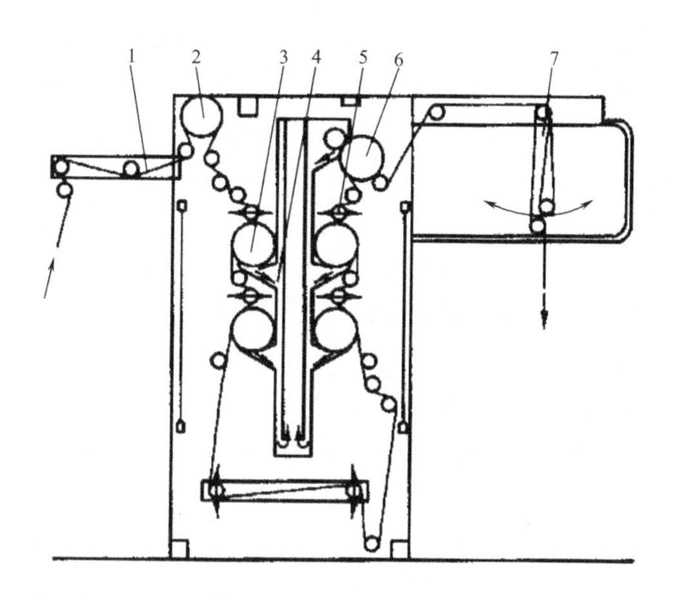

图4-109 四辊立式磨毛机

1—进布装置 2—喂布辊 3—磨毛辊 4—吸尘装置 5—压布辊 6—出布辊 7—落布装置

3. 行星式磨绒机 行星式磨绒机的结构原理类似于钢丝起毛机，是在大锡林上一周均匀配置一组磨毛辊，磨毛辊在随大锡林公转的同时进行自转。图4-110所示为行星式磨绒机的一种。

在大锡林一周有主副磨辊各9根，交替间隔分布，主、副磨辊分别采用外齿轮和内齿轮传动的行星式传动机构，由左、右两侧电动机传动，右侧经中心外齿轮传动各主磨辊；左侧经中心内齿轮传动各副磨辊。大锡林直径为663mm，其转速不变，为42r/min，主磨辊、副磨辊、布速、织物张力则分别采用变频器调速，布速为8~40m/min，织物张力由输出辊与喂布辊的速差来调节，织物在锡林上的局部张力还可通过调节主、副磨辊间相对速度来控制。磨辊直径为

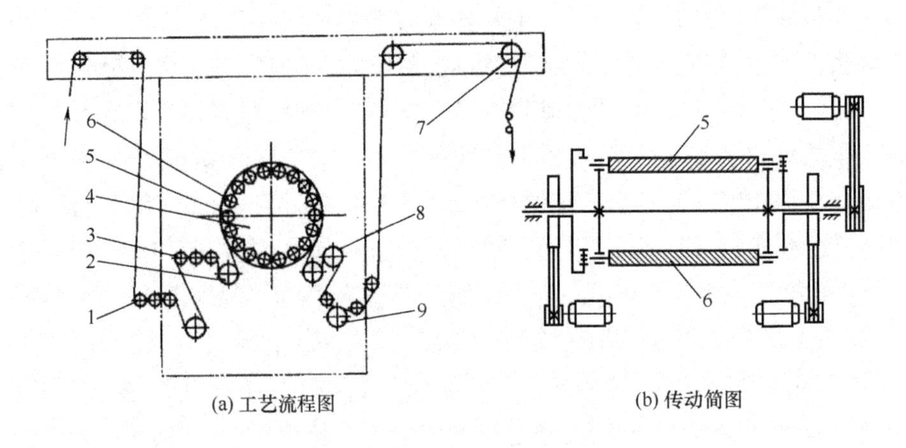

(a) 工艺流程图　　(b) 传动简图

图4-110　行星式磨绒机

1—紧布架　2—喂布辊　3—三辊式主动扩幅辊　4—大锡林
5—主磨辊　6—副磨辊　7—落布装置　8—输出辊　9—刷毛装置

100mm，主、副磨辊表面卷绕砂皮布时，分别采用左旋和右旋，副磨辊相对主磨辊具有反向磨绒功能。刷毛装置的作用是对磨毛后织物表面杂质的清理和绒面倒向的理顺。

行星式磨绒机的特点是：织物在通过锡林的一次磨毛过程中接触磨辊次数相当多，克服了采用多角形磨辊的多辊卧式磨毛机噪音大的缺点。

七、磨毛机的操作与维护

（一）开车前准备工作

（1）准备好磨毛织物。注意磨毛面的确认，用五线包缝机缝好布头，布头应尽量平整、牢固。

（2）确认设备。对全机巡查，确认电、汽、气、砂纸参数等是否符合要求，开关是否开启，参数是否达到工艺要求。注意松紧架位置、压辊位置、穿布路线是否正确，各运转部件防护装置是否齐全，落布是否正确，正常进入开车程序。

（二）开车

确认无误后进入开车程序，合上主开关，电源灯亮后根据要求预选单元机按钮确认预选正确后进行“信号联络”警告。无异常情况则调速旋钮调速至5m/min左右，按“本机运行”，全机所有拖动电动机即参与运行

（三）巡查

设备的运行中应不断巡查全机。发现问题降速停车，紧急时可按前中后“停止”按钮。巡查的主要部位如下：

（1）进布。检查布面是否平整，张力是否适当，吸边器工作是否正常。

（2）轧车部分。检查两端气缸的调整是否恰当，槽内液面位置是否正常。

（3）烘燥部分。检查布面是否平整，烘干出布是否干燥。传动有无异常，蒸汽压力表是否显示在固定的范围内，安全阀是否合格。

（4）松紧架。松紧架协调前后电动机转速及布面张力的机构，应注意气缸的压力，松紧摆动是否正常，松紧架与调节器的联接是否正常。

（5）磨毛机。检查进布是否平整，所有电动机是否运行正常，气缸压力是否在规定的压力范围内以及风机的吸尘情况。

（6）落布。检查磨毛出布是否合格，落布是否顺利，静电消除是否彻底。

（7）电器。检查电压表、布速表及各指示灯，散热风扇是否正常运行。

（四）停车

完成加工任务后，减速停车，紧急时采用紧急停车。一般停车顺序为：降速到5m/min左右，按“磨辊停”，抬起压辊，确认磨辊停后，按“停车”按钮，即可停车，依次关气、汽，关上电源开关。

八、起毛机

起毛也叫拉绒或拉毛。是用密集的刺针或刺果将织物表层的纤维一端拉出，形成一层绒毛的整理过程。覆盖在织物表面的绒毛层，使织物具有柔软丰满的手感，增进美观和保暖性。在粗纺毛织物整理中与缩呢工序配合，可以得到各种各样的绒毛织物。

起毛机主要由起毛滚筒、毛刷辊、导布辊、吸尘箱等组成。起毛滚筒上一般装有18～40根包覆钢丝针布的针辊，针辊上的针刺呈弯曲形。运转时，针辊与起毛滚筒分别传动，针辊既有自转又随起毛滚筒公转，起毛作用是起毛滚筒、针辊和织物三者各自的转向和速度合成的结果。按针辊上钢针指向的不同，钢丝针布起毛机可分为单动式（单作用式）和双动式（双作用式）两种，图4－111所示为常用的双动式钢丝针布起毛机。起毛滚筒直径为838mm，转速为90～100r/min，针辊直径为88mm，织物速度为8～15m/min。

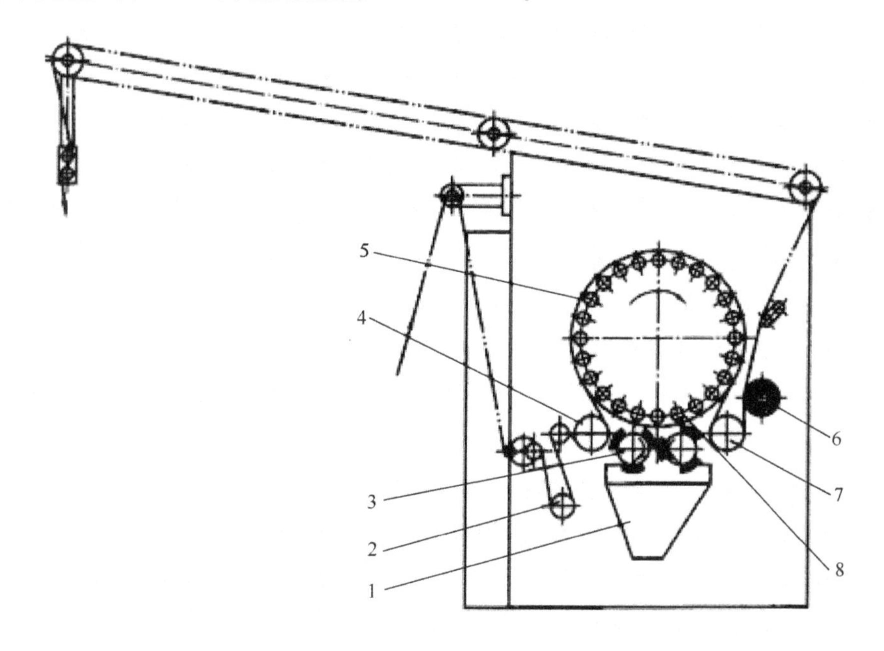

图4－111　双动式钢丝针布起毛机

1—吸尘箱　2—张力辊　3—毛刷辊　4—进呢辊　5—针辊　6—刷毛辊　7—出呢辊　8—起毛滚筒

单动式和双动式起毛机的起毛滚筒，在针辊的排列、转向以及针尖方向上，两者均不相同，如图4－112所示。

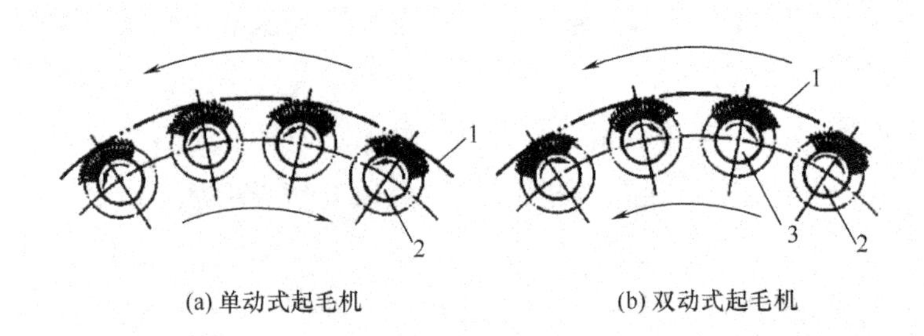

图4－112　起毛作用示意图

1—织物　2—顺针辊　3—逆针辊

一般将针尖指向与织物运行方向相同的称为顺针辊，反之则称逆针辊。针辊上刺针的针尖撞击织物表面（顺针辊针尖对织物的相对速度大于零或逆针辊针尖对织物的相对速度小于零）时，产生起毛作用；而刺针的针背撞击织物表面（顺针辊针尖对织物的相对速度小于零或逆针辊针尖对织物的相对速度大于零）时，产生梳毛作用。当针尖对织物的相对速度为零时，则顺、逆针辊均不发生起毛或梳毛作用，称作零点起毛。单动式起毛机上针辊均为顺针辊，其转向与起毛滚筒的转向相反，调节针辊转速的快慢，可获得不同的起毛效果。双动式起毛滚筒上依次间隔装有两组针尖方向相反的针辊，一组为逆针辊，完成起毛作用；另一组为顺针辊，起梳毛作用。由于起毛滚筒的转速是固定的，故改变织物速度或调节逆、顺针辊的转速，即可获得不同的起毛和梳毛效果。

九、剪毛机

剪毛是剪齐毛织物表面绒毛的整理工艺过程。通过剪毛可使精梳毛织物织纹清晰，表面光洁，或使起绒织物的绒毛和绒面整齐。

剪毛机按剪毛刀组数不同，可分为单刀、双刀和三刀剪毛机等多种型式，增加剪毛刀组数主要是为了进一步获得均匀的剪毛效果。图4－113所示为双刀剪毛机。该机由进布装置、两组剪毛机构、落布装置等组成，织物速度为2～30m/min，在进布系统一般设有金属探测器、缝头探测器和吸尘装置等。织物在进入剪刀机构之前，先经制动辊，使织物保持恒定的张力，再经毛刷辊和钢丝刷将织物正面的短绒毛刷起，并清除织物上的残结杂物，然后经扩幅辊展幅后平整地进入剪毛机构。

剪毛机构主要由螺旋刀、平刀和支呢架组成，如图4－114所示。

织物通过支呢架尖端发生急剧弯曲时，表面的绒毛竖起，由旋转的螺旋刀（转速为840～1500r/min）和固定的平刀进行剪切。平刀是一块狭长的薄刀片（厚1.5mm），刀刃部分十分锋利，安装在螺旋刀下面，与螺旋刀形成剪刀口。平刀背部有椭圆形长孔，可以用螺丝将其固定在平刀架上。螺旋刀是由螺旋刀片直立卷绕在圆芯轴上所形成的，螺旋角一般为28°～30°，刀片数为8～24片。螺旋刀外径为149mm和154mm，加大螺旋刀直径和提高螺旋刀转速，可提高剪毛效率。

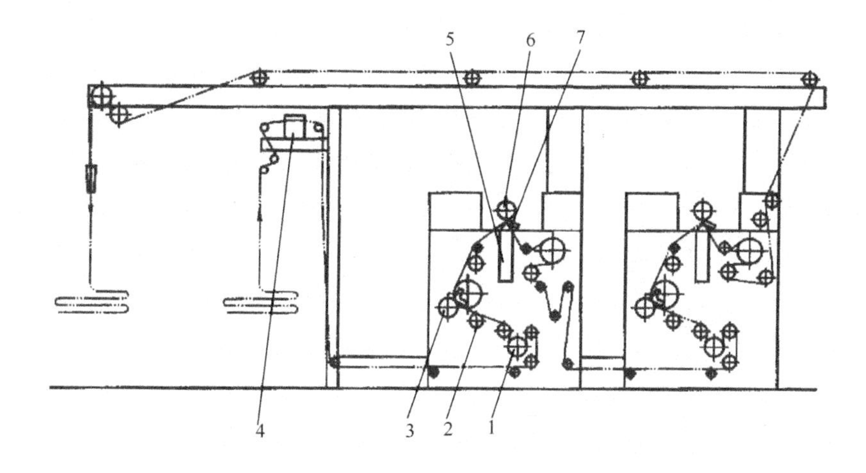

图 4 - 113 双毛剪刀机

1—制动辊 2—毛刷辊 3—钢丝刷 4—金属探测器 5—支呢架 6—剪毛螺旋刀 7—平刀

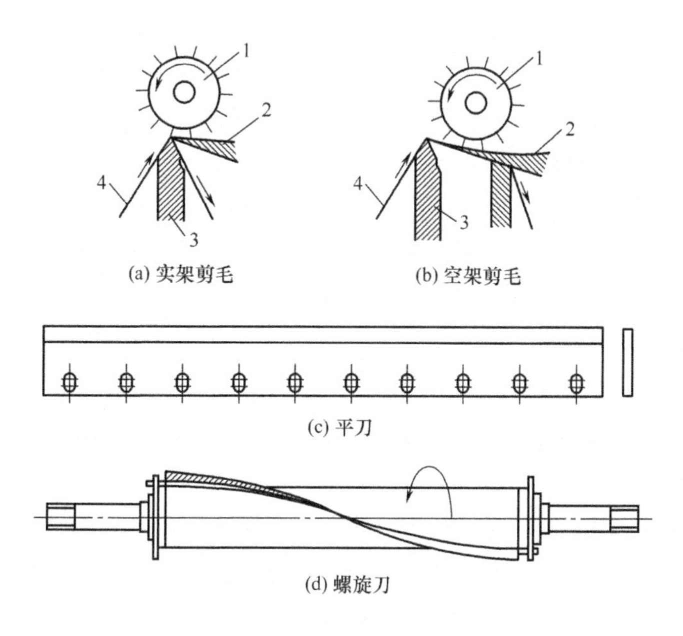

图 4 - 114 剪毛机构

1—螺旋刀 2—平刀 3—支呢架 4—毛织物

支呢架的作用是支承受剪呢匹，一般分实架剪毛和空架剪毛两种支呢架型式，如图 4 - 114 所示。使用实架剪毛，绒头整齐，生产效率高，但织物背面若有杂质带入，易将呢匹表面剪坏，甚至将呢匹剪破，所以实架适用于剪呢面平整的织物。空架剪毛效率较低，剪后毛头不如实架剪毛整齐，但不易剪坏织物，适用于有凹凸表面的织物剪毛。

十、柔软整理机

织物在染整过程中，经各种化学剂的湿热处理，并受到机械张力等作用后，不仅组织结构发生变形，而且能引起手感僵硬和粗糙。因此纺织物在后整理时为改善手感要进行柔软整理，使织物具有柔软、滑爽、丰满的手感并富有弹性。常用的柔软整理有机械整理和化学整理两种方法。

如图4－115所示的机械柔软整理是以挤压、揉搓等机械方法，使纤维发生应力松弛，释放掉在加工过程中因为受拉伸而产生的内应力，使纤维、纱线本身柔顺、松弛，进而表现为织物柔顺、松软，从而获得柔软效果。从织物整理过程来看，重要的条件就是对织物要有一定的机械作用。高压风机产生高压气流，通过文丘里管转换为高速气流，牵引绳状织物作循环运动。织物纤维周期性地经历拍打、变化作用力和撞击过程，可获得特殊的整理效果。完成这种效果整理，需要实现以下三个基本过程。

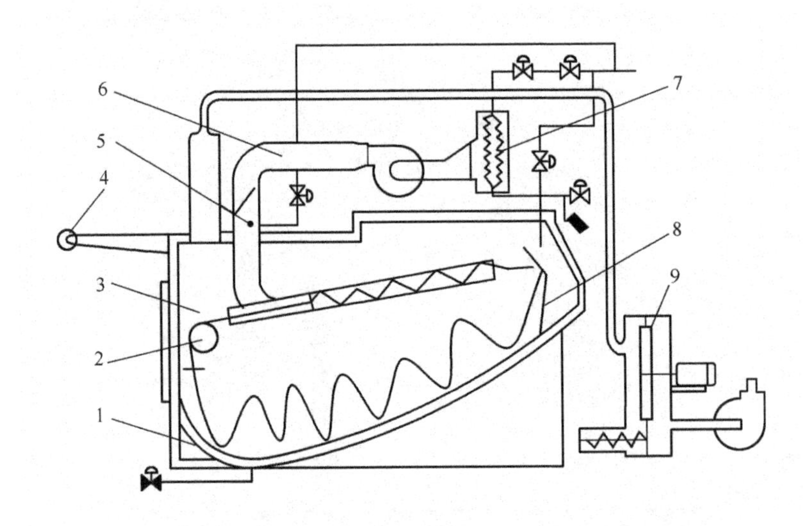

图4－115 机械柔软整理机

1—储布槽 2—提布辊 3—压布辊 4—出布装置 5—蒸汽喷管
6—气流循环系统 7—空气加热器 8—撞击栏 9—除尘系统

(1)在气流喷嘴和导布管之间，高速气流对织物进行剧烈抖动，织物之间相互产生摩擦，在气流与织物接触处的边界层内，气流对织物产生的相对滑动摩擦。空气温度的增加，或者提高气流速度，都可能增加织物运动的激烈程度。

(2)当完成一定区域内的气流与织物的相互作用后，织物在突然失压状态下，产生急剧蓬松，自由向四周撒开，织物纤维的状态会发生变化。织物弯曲或受挤压的纤维迅速展开，释放内应力。在这种周期性的作用下，织物的暂时性折痕能够得到消除，纤维分子的刚性也会不断减弱。

(3)失压状态下的织物以一定速度撞击栅栏，将动能全部转换为织物纤维的变形能，然后自由落入储布槽。织物沿斜滑槽(通常底部垫聚四氟乙烯板)滑到储布槽前部，经提布辊重新进入气流喷嘴进行下一个循环。

织物在整个动程循环中，气流喷嘴前的提布辊起不到牵引织物运行的主要作用，而是作为改变织物运行方向，减少阻力之用。织物在高速运行条件下，虽然提布辊有速度调节，但很难做到与气流牵引织物的速度同步。这种速度差是客观存在的。如果将该速度差控制在一定的范围内,让提布辊的线速度低于气流牵引织物的速度,那么就如同旗杆拉住在风中飘扬的旗帜一样,能够产生剧烈的抖动。这恰恰为气流对织物的作用,以及织物之间的揉搓提供了有利条件。

化学整理法是利用柔软剂来降低纤维间的摩擦系数,以获得柔软效果。只需将纺织物在柔软剂溶液中浸渍一定时间,然后脱液烘干即可,一般是把柔软剂与其他整理剂一并使用,同时完成柔软、上浆、定幅等整理。

十一、树脂整理机

树脂整理是采用某些高分子化合物(即合成树脂)为整理剂对织物进行处理,以赋予其防皱、免烫(俗称洗可穿)、耐久压烫(简称 PP 或 PD 整理)、防水、拒水、易去污或者防腐防霉等某种(或某些)特殊功能。其中又以防皱整理最为常见。

(一)树脂整理工艺

树脂整理工艺可按整理剂和纤维交联状态的不同而分为干态、潮态、湿态和分步交联等多种工艺。

由于防皱整理在生产中以干态交联工艺为主,所以树脂整理联合机是按照轧、焙、洗的工艺顺序,由单元机组合而成。

(二)树脂整理联合机

由于树脂整理工艺流程较长,因此树脂整理联合机全机分四段组成,图 4 - 116 所示为第 1 段至第 3 段。第一段为浸轧拉幅机,由两台浸轧机、一台预烘机和一台热风拉幅烘燥机组成;第二段为焙烘机;第三段为轧洗机,由若干格平洗机(或小蒸洗箱)、二辊小轧车和一台中小辊轧车组成;第四段为热风布铗拉幅联合机,由两辊浸轧机、预烘机和热风拉幅定形机组成。全机总长约 120m,工艺车速为 17.5 ~ 70m/min。

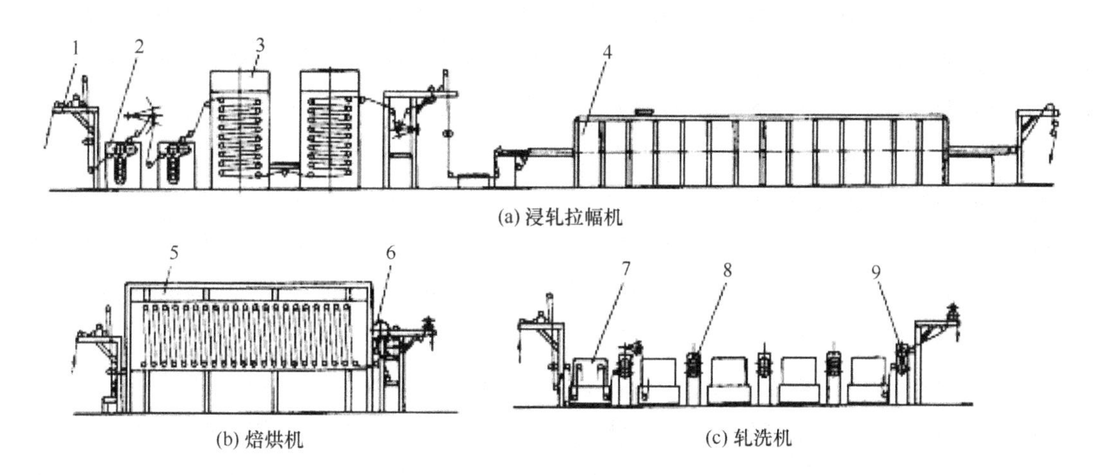

图 4 - 116　树脂整理联合机

1—进布装置　2—二辊均匀轧车　3—导辊式预烘机　4—拉幅定形机
5—导辊式焙烘机　6—冷却辊　7—蒸洗箱　8—轧车　9—中小辊轧车

1. 浸轧拉幅机 第一台均匀轧车浸轧温水,其作用一方面是轧去织物内的空气,另一方面使织物左、中、右含湿量一致,使第二台均匀轧车浸轧树脂液时更趋均匀。均匀轧车两轧辊间最大线压力为400N/cm,轧槽容量为100L。轧液后烘燥必须均匀,防止树脂初缩体在织物上发生泳移和形成表面树脂,一般采用导辊式热风烘燥(或红外线预烘)机进行预烘,将织物预烘到含液率在30%左右。图4-116(a)为横穿布型导辊式热风烘燥机,两室容布量为46m,烘房温度100~120℃。预烘后的织物进入热风拉幅定形机,在布铗或针铗握持下,利用热风烘去织物上残留水分,使织物达到基本定形的目的。采用针板拉幅可使织物超喂运行(超喂范围为-20%~40%),有利于改善织物的预缩效果。

2. 焙烘机 焙烘是在催化剂的作用下,利用较高温度使树脂初缩体与纤维素纤维交联或自身缩聚的过程,这是影响整理品质量的关键过程。焙烘机有悬挂式和导辊式等多种形式,图4-116(b)为上下穿布导辊式焙烘机,容布量约240m,上下导辊中心距为1500mm,采用导热油循环加热,烘房温度190~200℃,出焙烘房后有三只冷水辊,使织物冷却后落布。悬挂式焙烘机有长环式和短环式两种,焙烘时织物呈松弛状态,张力小,定形效果好,适用于轻薄织物的焙烘。

3. 轧洗机 焙烘后经洗涤处理,以去除未反应的树脂、游离甲醛、催化剂、含有鱼腥味的副产物和部分表面树脂等,以改善手感和服用性能。洗涤过程在平洗机上进行,如图4-116(c)所示,经过热水洗(60℃)、皂洗、氨水洗、清水洗等洗涤过程。

4. 轧烘定形机 根据工艺需要,洗净的织物可在两辊轧车上浸轧柔软剂,先经烘筒烘燥机或热风烘燥机预烘,最后再经热风布铗拉幅机烘干。对于不宜承受张力的织物,可采用短环热风烘燥和高温热风布铗拉幅组合机进行烘干。此机可单独作为上浆整理和加白整理使用。

十二、涂层整理机

涂层整理是在织物表面(单面或双面)均匀地涂覆或黏合一层(或多层)高分子材料,使其具有不同功能的一种表面整理技术。涂层织物不仅具有基布织物原有的功能,更增加了覆盖层材料的功能,由于可供选择的高分子材料品种很多,再加上涂层工艺技术的进展,涂层产品品种繁多,可广泛应用于衣着、装饰及其他工业领域。人们习惯于把织物涂层纳入染整后整理,实际上它和传统的轧、烘、焙工艺的树脂整理有较大的差异。树脂整理的整理剂(以氨基树脂为例)是渗入到织物组织、纱线甚至纤维内部,提高了织物某些性能(如防缩、防皱、尺寸稳定性等),但织物外观没有变化,而保暖、耐穿等功能则取决于织物本身的特性。至于在织物涂层加工后,高分子材料一般不进入织物组织内部,而是在织物表面形成连续的膜层,单独承担某种功能,有的涂层织物中,织物只起支撑作用。涂层技术能使织物产生以下三方面的变化:

(1)改变织物外观,使织物呈珠光、双面效应和皮革外观等效果。

(2)改变织物的风格,使织物具有高回弹性、油状手感和柔软丰满手感等。

(3)增加织物的服用性能,使织物具有拒水防绒、保暖防风、遮光和阻燃等性能。织物涂层工艺,一般分成直接涂层和转移涂层两大类。

(一)直接涂层整理设备

直接涂层整理是将涂层剂直接涂敷到基布(即基质材料)表面上,而后使其成膜,两者形成复合物。涂层剂可以是溶剂型的,也可以是乳液、乳液泡沫体和增塑糊等。

直接涂层按照成膜方法的不同,又可分为干法和热熔两种成膜方法。

1. 干法涂层设备 将涂层剂溶于水或有机溶剂中,添加必要的助剂,配制成涂层浆,通过涂布器将涂层浆均匀地涂敷于基布(织物)上,然后经热风烘干或焙烘,使水分或溶剂蒸发,涂层剂就在织物表面通过自身的凝聚力或树脂的交联作用,形成坚韧的薄膜。干法涂层整理应用方便,适用于各种涂层剂,且添加各类药剂和颜料也较方便。轻便舒适的防水织物、运动服、发泡遮光窗帘织物、双色织物等都可采用干法涂层工艺生产,但涂层织物的透气、透湿性能较差。

干法直接涂层机组成如图 4-117 所示。其主要工艺流程为:

基布→涂布→烘干→冷却→成卷。

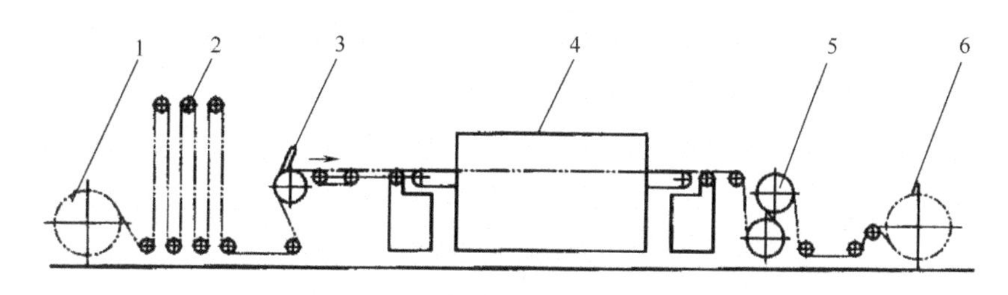

图 4-117 干法直接涂层机

1—退卷架 2—张力装置 3—涂布架 4—烘干机 5—冷却辊 6—成卷装置

涂层织物在烘干机出来后,还可进行附加功能整理,然后再进行烘干、焙烘,成为多功能涂层产品。其工艺流程为:

基布→涂布→烘干→冷却→涂布→烘干→冷却→成卷。

干法涂层工艺应注意两点:一是要防止涂层浆在涂布时渗透基布,造成产品手感发硬;二是必须控制溶剂或水的汽化速度,以防止形成涂层起泡和出现针孔。

涂布器涂层机的关键装置,有多种类型,见图 4-118 所示。

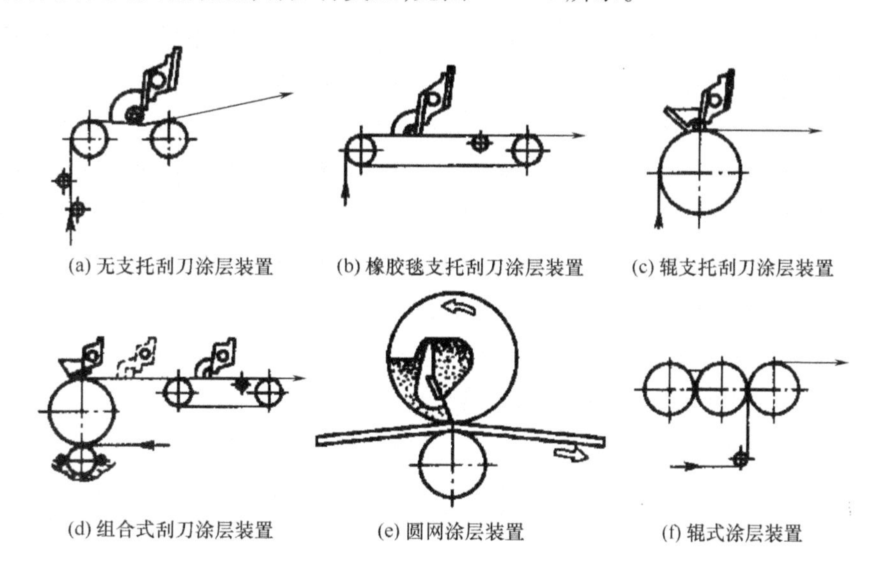

(a) 无支托刮刀涂层装置 (b) 橡胶毯支托刮刀涂层装置 (c) 辊支托刮刀涂层装置

(d) 组合式刮刀涂层装置 (e) 圆网涂层装置 (f) 辊式涂层装置

图 4-118 几种涂布器

(1)无支托刮刀涂层装置。如图4-118(a)所示,由两只托布辊、一把刮刀、左右挡浆板和刮刀调节器组成。主要用于底涂,涂层量可达100g/m²。

(2)橡胶毯支托刮刀涂层装置。如图4-118(b)所示,环形无接缝橡胶毯由两辊张紧,织物由该毯支托用刮刀涂层。这种方式几乎只用于直接涂层的预涂,也可用于厚织物的底涂和黏合涂层。除涂层介质的黏度、车速、刀口厚度外,刀口的位置是影响涂层厚度的主要因素。

(3)辊支托刮刀涂层装置。如图4-118(c)所示,由支托辊、刮刀、左右挡浆板组成,涂层量为100~150g/m²。一般用于已经预涂层织物上再进行直接涂层、涂层纸转移涂层工序。

(4)组合式刮刀涂层装置。如图4-118(d)所示,按涂层要求选用。

(5)圆网涂层装置。如图4-118(e)所示,可避免织物接头影响,涂层量可达800g/m²。

(6)辊式涂层装置。如图4-118(f)所示,两辊为金属辊,能够调节辊面间隙,另外一只辊为橡胶辊,起输送和支撑作用。这种涂层装置主要用于家具用布、仿皮革等涂层整理。

2. 热熔成膜法 热熔工艺是一种直接涂层新工艺,它是将一些具有热塑性的固体涂层剂加热至一定温度,使涂层剂呈熔融状态,然后涂布到基布上,经冷却即黏着在基布表面呈薄膜状或线状、网状和点状。此工艺在工业用涂层织物中应用较多。

(二)转移涂层整理设备

转移涂层整理适宜对张力敏感的基布(如绒布、针织物、非织造布等)进行涂层整理。它是先将涂层浆涂布在经有机硅处理过的转移纸(或称载体纸)上,然后将转移纸与基布叠合,并经轧压后进入烘燥机,使涂层浆自转移纸转移至基布上,经烘干冷却后,转移纸与涂层织物分离,分别成卷。

由于转移纸上的涂层要经两次涂布,所以转移涂层设备常将干法直接涂层机与转移涂层机串联,组成直接、转移两单元涂层机,如图4-119所示。

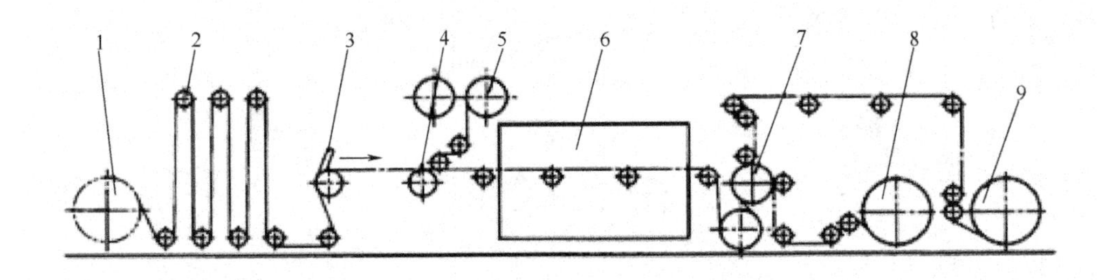

图4-119 转移涂层机

1—转移纸 2—张力装置 3—涂布器 4—黏合装置 5—基布退卷
6—烘干机 7—冷却辊 8—转移纸成卷装置 9—涂层织物成卷装置

十三、液氨整理机

近年来发现液氨处理棉纤维具有比一般烧碱处理更多的优点,如手感柔软、耐磨性提高、弹性增加及尺寸稳定性好。尤其是用于涤/棉织物或纯棉织物的整理上,比单一树脂整理更为透气,以及没有树脂整理后常会带来的黏滞手感。液氨整理设备简图如图4-120所示。

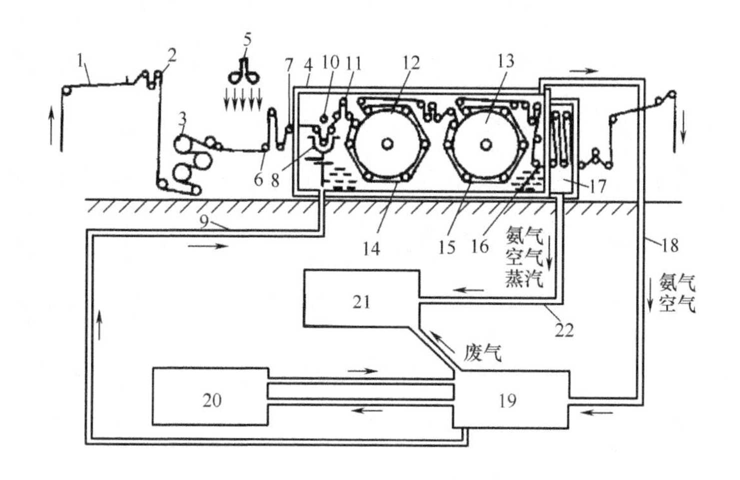

图4-120 液氨整理设备简图

1—织物 2—张力控制辊 3—加热辊 4—反应室 5—鼓风机 6—张力辊 7—进布双唇封口 8—轧液槽 9—进液辊 10—轧液辊 11—绷布辊 12、13—呢毯烘干装置 14—呢毯 15—呢毯循环装置 16—出布双层封口 17—汽蒸室 18—吸收管 19—液氨回收装置 20—液氨储存器 21—废气处理装置 22—混合气吸收管

全机单元及工艺流程如下:

全机共分两个部分,第一部分为液氨处理部分,第二部分为机械整理部分,并附回收装置。

织物进入氨化室前,先经过三个烘筒预烘,使织物获得均匀含湿率达3%左右,以保证液氨浓度恒定,并为了防止热布进入氨化室内液氨槽中,使液氨过度过早挥发,所以在烘后,应先急冷。氨化室入口处采用真空封口,防止氨气外逸。织物一进入氨化室后,即经二辊液氨轧槽(液氨温度在沸点-33.4℃左右),在99%氨气中处理5~7s,进入安装在氨化室内的两只大合纤呢毯烘干机(内用蒸汽加热),织物在呢毯弹性体内和在加热情况下,逐步去除布上的氨气达90%~95%程度,所排除的氨气抽至回收装置进行回收重用,约有5%~10%氨被织物吸收并与纤维发生化学结合。当织物出氨化室后,氨气可被蒸汽进一步去除,将氨和蒸汽浓缩至23.5%,作为副产品为农用肥料。液氨整理对相关部位的动密封要求高,并且氨气的回收率离理想状况还有一定差距。

十四、臭氧处理装置

臭氧具有极强的氧化性能,其氧化能力仅次于氟,高于氯和高锰酸钾。其作用主要是除臭、脱色、杀菌和去除有机物。

臭氧发生器按其原理可分为:电晕放电式臭氧发生器、电解式臭氧发生器、紫外照射式臭氧发生器、核辐射式臭氧发生器。应用最广泛的是电晕放电式臭氧发生器,它是一种干燥的含氧气体流过电晕放电区产生臭氧的方法,其中气隙放电臭氧发生器是目前工业应用最多,工作原理见图4-121。

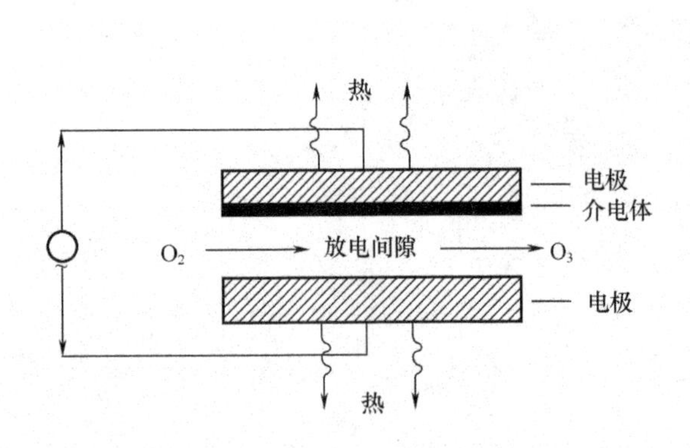

图4-121 气隙放电臭氧发生器工作原理图

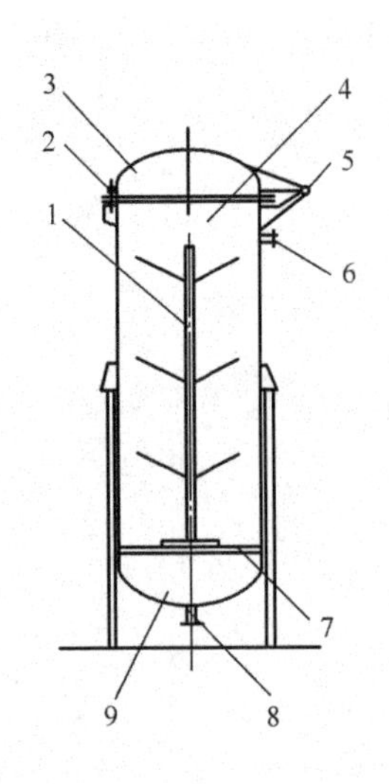

图4-122 臭氧处理装置

1—挂架 2—锁紧螺栓 3—上封头 4—缸体 5—铰链 6—排气管 7—花铁板 8—进气管 9—下封头

如图4-122所示的臭氧处理装置，缸体为筒体，下封头的下部设有进气管。上封头用铰链同缸体连接，上封头可以绕铰链进行转动打开或闭合，上封头与缸体用螺栓紧固密封。花铁板用来支撑活动挂架，筒体上部还装有排气管。当挂架上挂好一定量衣服后，吊入缸体内，紧密上封头。从进气管引入臭氧，由排气管引出尾气。完成漂白和消毒后，从进气管引入空气吹洗，由排气管引出空气。

十五、验布设备的类型与工作原理

（一）染整成品的检查

如图4-123所示的检布机以检布板为主体，检布板下端长约50cm与地平线垂直，上段长度为150~180cm，按规定应与地面成45°或60°左右的角向后倾斜，呈斜面式。织物自下而上，经检布板，向后出机，操作者面向检布板，可以仔细观察布上的疵病。检布板顶端有拖布辊，上包白布以引导织物落入机后J形箱（即伞柄箱）内，然后穿入量布机。

检布板面漆成白色，在斜面中段靠左边处可开一观测孔，检布者得随时看到伞柄箱内的容布堆积情况（最大容布量约200m左右）。也有在检布板上再覆盖一层透明的有机玻璃板面，以利于检查白色或浅色品种。检布板应正面向着光源，布面照度约750lx（照明单位），相当于3~4只40W加罩节能灯，光源离布面为1~1.2m。

目前检布机操作主要依靠人工眼力检查布面疵点，故检布机车速的快慢不仅对检布质量有着重要关系，且对操作者眼睛的劳动保护也有很大的影响，特别是当检验某些色泽较为艳亮的织物及花型，颜色耀眼的产品，更易刺激眼神经而易使眼睛疲劳或模糊。规定车速最高为45m/min。

织物上机检验时，应先核对布卡，了解品种、色泽，花号、色位，并检查卡上各工序有无疵病

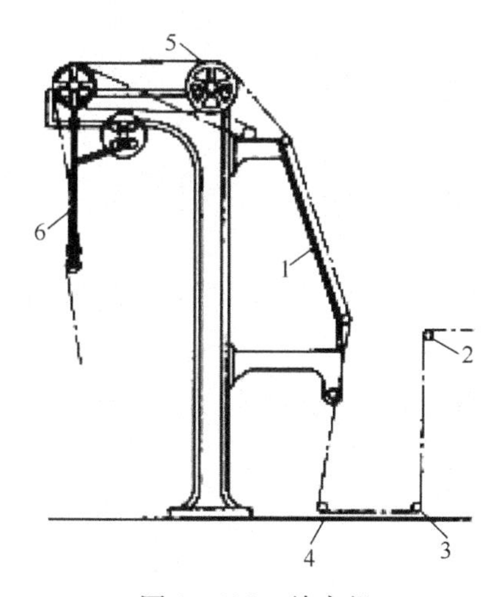

图 4－123 检布机

1—检布板 2、3、4—导布辊 5—拖布辊 6—落布架

记录，做到心中有数，以便避免或减少漏验。检布时按不同类型疵点，做上不同的标记（钉以色线或布条），遇分匹缝头处，在左侧布边用小剪刀撕开一裂口，或做出标志记号，以便在剪布时开剪。如发现连续性疵病较多时，需与剪布者相互取得联系，共同研究处理。

（二）量布

染整产品经质量检验后，进行量码、折叠或打卷和分匹，以备包装出厂。

普通成品经质量检验后，由检布机落入伞柄箱内，再导入量布机进行量长，故可将检布机与量布机连成一台检布、量布联合机，量长后按成品规定长度分匹。门幅超过 1200mm 的成品往往要经对折机沿布幅中央对折后，然后码长、折叠或打卷、包装出厂。娇嫩细致的织物不宜对折或折叠，可分匹卷绕在截面为圆形的纸管或塑料管上，以避免皱纹或扭变等疵病的产生而影响成品的质量。

1. 量布机 现在广泛采用检布、量布联合机。检布、量布联合机是由检布机、J 形容布箱和量布机配合组成。织物经检布后落入 J 形容布箱内，然后进入量布机，往复折叠出布。J 形容布箱的容布量约 200m，全机长度约 8m，见图 4－124。

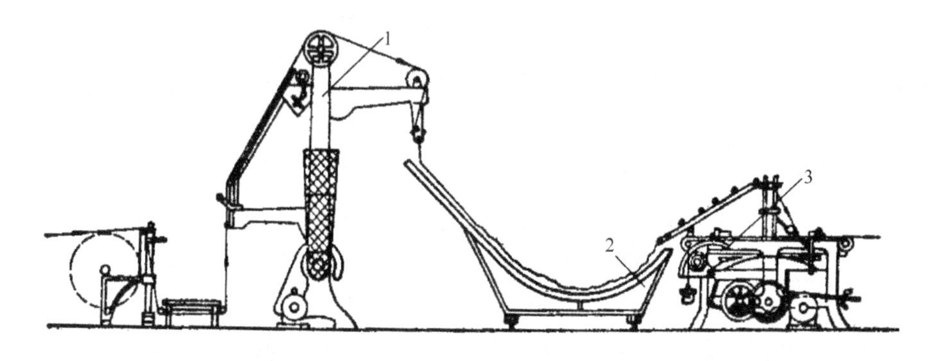

图 4－124 检布、量布联合机

1—检布机 2—调节箱 3—量布机

2. 对折量布机 对折量布机是一种把两种不同的工艺操作——对折和量布连续地一次完成的设备，能节约人力和占地面积。并加速生产周转。该机设备结构简单，一人可以进行操作。

操作时，成品准确地通过张力杆，在控制适当的张力下，通过导布器将布边校直，使在三角对折布架上整齐地经向对折，轧平后引导至小型J形容布箱中，连续不断地供应量布机。

十六、验布设备的操作与维护

(一)验布设备操作

(1)验布机是链条传动，多辊作业，链条传动部分安全防护罩应完整、牢固可靠，验布机电气部位应有保护箱，验布机控制箱应有良好接地，验布机要有良好的工作照明，验布机码布台平整完好，送布辊应稳定，坚固。

(2)开机前应认真检查验布机周围有无杂物，验布机上有无尖硬锐器，防止妨碍工作和损伤机器，搬运布卷要轻拿轻放。

(3)开机后空转几周，检查后有无异常声响，无卡夹现象后方可正式开车使用。

(4)验布机运行中，严禁更换布卷或用棍棒拨弄布卷，防止卷入机器，损伤部件，更换布卷应在停机后进行。

(5)经常检查机器轴承发热情况，必要时应予更换，每周对轴承加油一次经常做好日常保养工作，每月至少做一次清洁工作，每季度对传动链条进行清洗一次。

(6)在运行中发现异常情况，立即关车，由维修人员检查修理后方可再行开车。

(二)验布设备的维护

(1)面料倾斜，在验布机上前进时出现“咬死”情况。这主要是由于验布机的导布辊不平行所导致的，设备操作人员只要调整导布辊的平行度就可以解决。

(2)卷布不整齐。卷布不整齐是由于卷布辊与导布辊不平行造成的，所以调整卷布辊与导布辊的平行度可以彻底消除卷布不整齐的问题。

(3)验布机导布、卷布沉重。造成这一问题的原因可能是机器的传动部分有灰尘、布毛以及油污，或者传动零部件没有安装好，只要正确安装验布机的传动零部件，并定期清理机器内即可。

(4)机器噪声较大。机器噪声较大的问题多是由于机器润滑不良、零部件磨损或者螺丝松动，以及传动轴某些配合磨损造成了间隙较大，左右窜动导致的，可以通过定期为设备加润滑油、正确安装各种零部件、修正或者更换损坏或不合格的零部件来解决这一问题。

(5)导布辊或卷布辊每转一周都会发生部分沉滞的现象。这一现象主要是因为更换的轴承与原配件配合不好，导布辊和卷布辊轴受损而弯曲所导致的，可以通过调整配合不好的设备零部件，然后校正轴的弯曲偏斜来解决。

(6)验布台玻璃板光照亮度不够。验布台玻璃板光照亮度不够主要是因为日光灯管及验布台的玻璃板上落有灰尘、布毛碎屑，或者是灯管电压不稳造成的，只要经常清除日光灯管以及验布台玻璃板上的灰尘、布毛碎屑，并稳定照明电压就可轻松地解决这一问题。

(7)复码装置计长不准确。在布料的输送过程中，摩擦力不够、计长轮长期使用磨损或者运转受阻等原因,可能造成验布机复码装置计长不准确的问题,可以通过如提高布料的相对温度来增加布的输送运动摩擦力、更换计长轮、经常清扫计长轮上的灰尘和油污等方法予以解决。

(8)其他运转故障。长期不加注润滑油就造成了设备在运转过程中出现其他运转故障,只需定期为设备加注润滑油就可以避免这些故障的产生。

思考题:

1. 气体烧毛机火口的基本要求是什么?
2. 作图说明高效火口的工作原理。
3. 根据辊封与唇封的工作原理,试说明其各自特点。
4. 说明布铗丝光机轧车的特点。
5. 直辊丝光机是如何施加经向和纬向张力的?
6. 某台卷染机出现边中色差和前后色差,试分析其原因。
7. 作图说明平网印花机电磁铁的工作原理。
8. 试说明平网印花机导带的液压驱动的工作过程和要求。
9. 圆网印花机的金属刮刀应该如何选择与调整?
10. 简述圆网印花机导带和圆网的驱动过程。
11. 分析蒸化机局部过热的原因。
12. 试比较摩擦轧光辊、电光辊、凹凸轧花辊的异同之处。
13. 三辊橡胶毯预缩机预缩作用由哪些因素决定? 预缩率与哪些因素有关?

参考文献

1. 戴铭辛，金灿．染整设备[M]．北京：高等教育出版社．2002
2. 盛慧英．染整机械[M]．北京：中国纺织出版社．1999
3. 陈立秋．新型染整工艺设备[M]．北京：中国纺织出版社．2002
4. 吴立．染整工艺设备[M]．北京：中国纺织出版社．2010
5. 陈立秋．染整工业节能减排技术指南[M]．北京：化学工业出版社．2009
6. 荆涛．染整设备机电一体化[M]．北京：中国纺织出版社．1997
7. 陈任重．染整设备[M]．北京：中国纺织出版社．1994
8. 吴赞敏．针织物染整[M]．北京：中国纺织出版社．2009
9. 吕淑霖．毛织物染整[M]．北京：中国纺织出版社．1994
10. 周宏湘．涤纶仿真丝绸织造和印染[M]．北京：纺织工业出版社．1990
11. 马时中．轧洗烘蒸单元机械[M]．北京：纺织工业出版社．1993
12. 孙金阶．服装机械原理[M]．北京：中国纺织出版社．2000
13. 王益民，黄茂福．新编成衣染整[M]．北京：中国纺织出版社．1999
14. 邹衡．纱线筒子染色工程[M]．北京：中国纺织出版社．2004
15. 宋心远．新型染整技术[M]．北京：中国纺织出版社．2001
16. 朱亚伟，赵建平．丝织物染整设备[M]．北京：中国纺织出版社．1998